SHENGZH
DI DANBAI JINGZH
SIYANG JISHU

生猪
低蛋白精准饲养技术

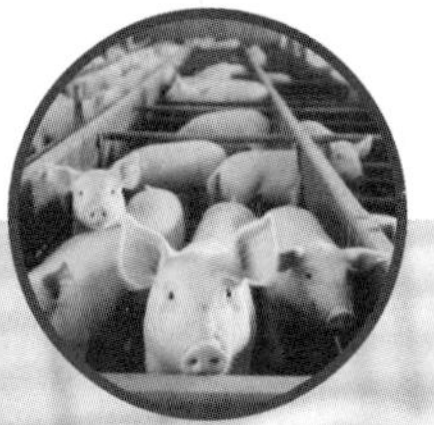

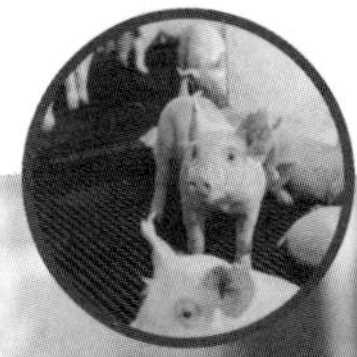

高书娟　卢文成　张爱国　主编

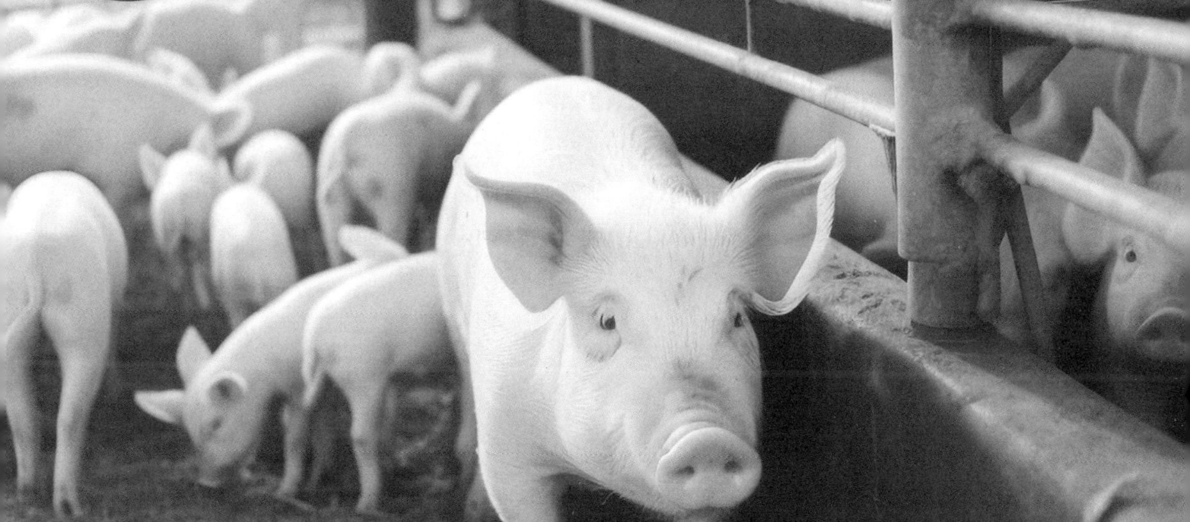

中国农业科学技术出版社

图书在版编目（CIP）数据

生猪低蛋白精准饲养技术 / 高书娟, 卢文成, 张爱国主编 . -- 北京：中国农业科学技术出版社, 2024. 12. --ISBN 978-7-5116-7193-6

Ⅰ. S828.5

中国国家版本馆 CIP 数据核字第 2024XF5850 号

责任编辑　张国锋
责任校对　李向荣
责任印制　姜义伟　王思文

出 版 者	中国农业科学技术出版社 北京市中关村南大街 12 号　邮编：100081
电　　话	（010）82109705（编辑室）　　（010）82106624（发行部） （010）82109709（读者服务部）
网　　址	https://castp.caas.cn
经 销 者	各地新华书店
印 刷 者	中煤（北京）印务有限公司
开　　本	170 mm×240 mm　1/16
印　　张	14.5
字　　数	300 千字
版　　次	2024 年 12 月第 1 版　2024 年 12 月第 1 次印刷
定　　价	58.00 元

◥◣◣ 版权所有·翻印必究 ◢◢◤

《生猪低蛋白精准饲养技术》
编写名单

主　编　高书娟　卢文成　张爱国
副主编　季旭东　韩云胜　朱金清　王　丹
　　　　陈　博　李明梅
编　委　张　琪　杨肖祎　邢雅茹　敖之练
　　　　秦洪建　张金龙　陈　坤　池跃杰
　　　　吉淑君　林春红

前　言

我国是养猪大国，2023年全国生猪出栏72 662万头，猪肉产量5 794万t，约占世界总量的一半。随着生猪产业的迅速发展，配合饲料产量飞速提升，2023年产量达29 888.5万t，然而我国蛋白资源短缺，大豆进口量高达9 941万t，比2022年提高11.4%，占全部粮食进口量的六成以上。低蛋白日粮是相当长时期内解决蛋白饲料资源短缺的最大依仗。加快推广低蛋白日粮，可提高原料利用效率，降低豆粕用量，减少大豆进口依赖，降低养殖成本，减少氮排放等。在生产实践中，在保证生产性能的前提下进一步降低日粮蛋白质水平，以减少氮排放，为构建资源节约型、环境友好型畜牧业提供支撑。为了推广生猪低蛋白日粮技术，解决生产中的实际问题，我们编写了《生猪低蛋白精准饲养技术》。

本书介绍了生猪产业发展现状及饲料粮需求、低蛋白日粮技术、生猪低蛋白日粮的理论基础氨基酸营养代谢、生猪低蛋白饲养之品种选择、生猪低蛋白饲养之科学饲养与管理、生猪低蛋白饲养之全价营养饲料的配制与使用、低蛋白日粮在生猪上的应用进展及生猪低蛋白日粮的应用与案例分析等。书中介绍的案例丰富，技术先进，实用性强，是学习生猪低蛋白饲喂技术的理想参考书。

本书在编写过程中参阅了许多专家学者的著作或论文，谨向原作者表示感谢，同时也向在本书编写过程中给予支持和帮助的同事和朋友们表示感谢。

感谢北京中惠农科文化发展有限公司为本书做的宣传推广工作。

由于笔者水平有限、经验不足，且编书时间仓促，书中难免有疏漏之处，敬请广大读者批评指正。我们热切地期望本书的出版能为我国进一步深入开展生猪低蛋白精准饲养技术研究提供参考。

编　者
2024年3月

目 录

第一章 生猪产业发展现状及饲料粮需求 ... 1
- 第一节 世界生猪生产现状 ... 1
- 第二节 中国生猪生产现状 ... 4
- 第三节 中国生猪发展与展望 ... 7
- 第四节 世界粮食安全及中国生猪饲料粮的需求 ... 10

第二章 低蛋白日粮技术 ... 13
- 第一节 低蛋白日粮的意义 ... 13
- 第二节 低蛋白日粮的理论与技术基础 ... 17
- 第三节 低蛋白日粮的应用现状 ... 19
- 第四节 豆粕的减量替代 ... 22
- 第五节 未来低蛋白日粮的发展 ... 26

第三章 生猪低蛋白日粮的理论基础氨基酸营养代谢 ... 28
- 第一节 氨基酸门静脉回流组织中的代谢 ... 28
- 第二节 氨基酸在后肠道中的代谢 ... 32
- 第三节 氨基酸在肝脏中的代谢 ... 36
- 第四节 影响生猪氨基酸代谢的主要因素 ... 42

第四章 生猪低蛋白饲养之品种选择 ... 47
- 第一节 猪的常见品种 ... 47
- 第二节 猪的选种与选配技术 ... 58

第五章 生猪低蛋白饲养之科学饲养与管理 ... 68
- 第一节 仔猪的科学管理 ... 68
- 第二节 育肥猪的科学饲养与管理 ... 76

第三节　种母猪的科学饲养与管理……………………………79
   第四节　种公猪的科学饲养与管理……………………………97
第六章　生猪低蛋白饲养之全价营养饲料的配制与使用…………111
   第一节　饲料的营养物质与常用饲料…………………………111
   第二节　猪饲料常用的加工调制方法…………………………135
   第三节　全价营养饲料配方的设计……………………………136
   第四节　猪饲料的正确选择……………………………………151
   第五节　低蛋白日粮配方技术实践……………………………160
第七章　低蛋白日粮在生猪上的应用进展…………………………168
   第一节　低蛋白日粮对生猪生长性能的影响…………………168
   第二节　低蛋白日粮对肉品质的影响…………………………171
   第三节　低蛋白日粮对消化、吸收和代谢的影响……………172
   第四节　低蛋白日粮对生猪氮平衡的影响……………………174
第八章　生猪低蛋白日粮的应用与案例分析………………………175
   第一节　低蛋白日粮补充天冬氨酸对断奶至育肥阶段猪生长
        性能及肉品质性状的影响……………………………175
   第二节　低蛋白日粮不同氨基酸平衡模式对藏香猪生产性能、
        肉品质的影响…………………………………………186
   第三节　低蛋白日粮对杜长大猪生长性能、肉品质和抗氧化的
        影响……………………………………………………198
   第四节　低蛋白日粮对仔猪小肠形态、消化酶及血清生化指标
        的影响…………………………………………………205
   第五节　不同蛋白源低蛋白日粮对肥育猪血液生化指标及小肠
        氨基酸转运载体表达量的影响………………………215
参考文献……………………………………………………………………223

第一章　生猪产业发展现状及饲料粮需求

第一节　世界生猪生产现状

一、生产变化

全球生猪存栏量略有下降。2023 年，全球生猪存栏量为 77 810.9 万头，同比降低 0.8%。尽管如此，全球猪肉总产量仍同比增长 0.85%，达到 11 550 万 t。从饲料原料生产来看，2022—2023 年，全球玉米产量达到 12.14 亿 t，同比增长 1.04%。全球大豆总产量为 3.995 亿 t，同比上升 3.63%，其中巴西大豆产量同比上涨 13.19%。预计 2024 年全球猪肉产量将稳定在 1.155 亿 t。巴西和美国猪肉产量有望增长，欧盟面临种猪数量减少、国内需求疲软的问题，预计猪肉产量将有所下降。我国猪肉产量将受国内需求乏力影响，呈小幅下滑趋势。

二、市场与贸易变化

（一）市场价格变化

2023 年美国生猪市场总体上陷入了价格的低迷期，全年生猪月平均价格为 1.37 美元/kg，同比下滑 15.01%。这波降价潮主要归咎于市场上生猪供应充裕。7—8 月，高温天气给生猪运输和屠宰加工带来了不小的困扰，且随着学校开学季的到来，猪肉消费需求出现回升，美国生猪价格出现企稳回升态势。同时，7 月美国猪肉出口量的大幅攀升也为生猪价格带来了一定程度的提振。

欧盟生猪价格的走势则呈现出一波三折的局面。受到通货膨胀的冲击以及非洲猪瘟疫情的影响，欧洲生猪产量明显减少，上半年猪肉价格维持在相对较高的水平。全年欧盟生猪月度平均价格为 2.28 欧元/kg，同比上涨 23.67%。尽管中国作为欧盟猪肉的最大出口目的地，拥有着不可估量的市场潜力，但由于生猪价格高企，欧盟猪肉在国际市场上的价格竞争力受到削弱，出口量出现了明显下滑趋势。

（二）贸易变化

2023年，全球猪肉贸易总体呈现小幅下滑态势。全年全球猪肉总进口量为964.1万t，相较于上年同期下降了1.6%。在全球猪肉进口市场中，中国、日本和墨西哥保持领先地位，3国进口总量占全球的52.6%。尽管全球猪肉贸易在2020—2023年呈现出下滑趋势，但得益于中国、日本和墨西哥的稳定需求，全球猪肉市场得到有效支撑。

在猪肉出口方面，非洲猪瘟疫情对欧盟猪肉产业产生了严重影响，导致猪肉生产量和出口量明显下滑。欧盟猪肉在国际市场上的竞争力减弱，2023年出口仅320万t，同比下滑18.1%。巴西和美国的猪肉出口量却显著上升，主要是因为巴西和美国实施了严格的非洲猪瘟等疾病防疫措施，确保猪肉生产稳定。

2024年全球猪肉贸易将保持稳定，但各地区仍存在不确定因素。

三、技术研发变化分析

（一）世界遗传改良技术研发变化

针对猪中性粒细胞确定了转录因子调控猪中性粒细胞共表达网络，为猪先天性免疫的遗传机制研究提供了重要基础；AG（Animal Genomes）数据库平台发布，为猪等家养动物的基因组功能位点搜索和注释提供了重要的开源数据平台；针对基于RNA-Seq数据开展生物信息学注释的工具在功能和数据时效性方面的限制，开发了一个能够有效扩展动物编码和非编码基因及转录本注释数量的分析软件TAGATA，为组学数据分析和研究提供了新的选择。基于RNA-Seq等高通量测序技术，分析了猪肌肉脂肪酸组成与基因表达之间的复杂关系，揭示了影响肌肉品质的关键生物过程和代谢途径；通过分析欧洲本地猪品种的遗传和表型数据，发现与生产性状品种差异相关的重要基因组区域。系统研究了非加性遗传效应对杂交和纯种猪群体耐热性和生产性能性状方差成分估计和基因组预测的影响，发现在模型中加入非加性遗传效应并没有提高纯种猪性状基因组育种值的准确性，但备选个体的育种值排名有明显的变化；基于全基因组芯片数据，通过结合特征选择和机器学习算法从高密度基因分型数据中识别种群信息标记，可应用于品种识别和鉴定；基于ssGBLUP方法，整合不同品系来源的大规模数据的多品系基因组评估（MLE）发现，预先选择的遗传变异进行多品系基因组预测的优势有限,准确地考虑品系间差异及祖先信息更加重要。

(二) 世界营养与饲料技术研发变化

一是精准营养,不同生理阶段饲粮净能、钙、磷、氨基酸等适宜添加量仍为研究重点。二是饲料营养价值评定,持续评估不同加工工艺条件下豌豆粉、向日葵粉等的营养价值评定及养分消化率,开展了饲料成分表查表法、化学成分+体外消化率法以及基于饲料和粪便光谱的近红外光谱校正法评估饲料营养成分的研究。三是抗生素替代,集中在抗生素替代产品(如益生菌、抗菌肽等)的研发以及其他直接或间接提高仔猪免疫的饲料添加剂;围绕提高育肥猪生长性能、抗氧化功能和改善肉品质,开展饲料添加剂对生长育肥猪生长性能和肉品质影响研究,开展本地高产量的蛋白来源饲料原料替代进口的高价蛋白质、低蛋白氨基酸平衡饲粮对育肥猪生长性能和肉品风味的影响。四是豆粕减量替代,充分挖掘蛋白饲料及复合酶制剂在提高饲料养分利用率上的应用。

(三) 世界疾病防控技术研发变化

非洲猪瘟已对全球生猪产业构成威胁,欧洲和亚洲的疫情严重。猪繁殖与呼吸综合征(PRRS)主要存在于北美、欧洲(主要是东欧)和亚洲,北美以猪繁殖与呼吸综合征病毒2(PRRSV-2)为主,欧洲以PRRSV-1为主;PRRSV-2和PRRSV-1同时流行于亚洲,但以PRRSV-2危害较重。非洲猪瘟疫苗的研发成为国际关注的重要领域,世界动物卫生组织(WOAH)对非洲猪瘟疫苗的研发高度重视,强调了高质量的疫苗对非洲猪瘟防控的重要性,正组织相关国家兽医行政管理与科研人员讨论与修订关于非洲猪瘟疫苗的标准和要求。

(四) 世界生产与环境控制技术研发变化

国际上,在甲烷排放控制的新形势下,甲烷利用受到重视。甲烷选择性氧化制甲醇、甲醛、甲酸和乙酸等以及沼气中二氧化碳加氢制绿色甲醇,实现基于高附加值产品的养殖废水资源化利用正成为研究的热点。智能设施装置的研发成为新热点,如自动下料喂食槽、全自动刮粪机、猪舍循环保温、智能恒温、猪舍除臭设备和智能机器人等。有关非洲猪瘟病毒的灭活装置和猪舍的消毒装置也是热点研究之一。

(五) 世界加工技术研发变化

开展屠宰方式和宰后管理对猪肉品质的影响、智能化屠宰技术和装备研发,以及屠宰线微生物检测等。生物信息分析技术取得突破,Source tracker作为一种新方法来识别特征单核苷酸变异（SNVS），比 FEAST 分析具有更准确的源追踪贡献率。开展绿色加工材料和技术研发，其中壳聚糖和海藻酸钠在肉和肉制品中的应用最多。通过多组学联用和分子模拟等技术评估新型包装材料的抗菌、保鲜性能和风味改善作用。开展猪肉及其相关产品的加工工艺以及猪肉风味的研究，以及不同加工技术对猪肉品质的影响。关注猪肉安全，包括猪肉中常见病原微生物以及不同处理方式的杀菌效果等，研究多以拉曼光谱、高光谱成像、荧光定量技术、双波段近红外光谱等方法应用于猪肉品质、猪肉加工等相关指标检测。

（六）世界产业经济技术研发

生猪产业生产和效率提升是 2023 年的研究焦点。随机前沿分析显示西班牙加泰罗尼亚养猪技术效率高，平均值为 0.94。加纳小规模养猪户市场销售渠道研究表明，直接销售等渠道能盈利，农民协会销售回报率达 71.54%。价格不稳定等因素影响营销渠道选择。新冠疫情影响生猪生产，欧洲农民在获取疫情信息后不愿扩大生产规模，实际受疫情影响较大的农民，在获得疫情信息后，也较少愿意扩大规模。

第二节　中国生猪生产现状

一、生产变化

2023 年我国生猪产能持续增长，全年出栏 72 662 万头，同比增长 3.81%，猪肉产量 5 794 万 t，同比增长 4.6%，生猪年末存栏 43 422 万头，同比下降 4.1%，但市场供应仍充足。自 2022 年第二季度起，我国生猪存栏量一直在 4.3 亿头以上，市场供应能力强。因供过于求，生猪价格持续下跌，给养殖户带来了很大的经营压力。

二、市场与贸易变化

（一）市场价格变化

2023 年生猪市场供应充裕，行情低迷，是自 2014 年以来首个全年算总账的亏损年。据农业农村部发布数据，2021 年、2022 年、2023 年活猪月度平均价格分别为 20.78 元/kg、19.10 元/kg、15.45 元/kg，呈逐年下降趋势。全年生猪价格波动的特点是旺季不旺，价格长时间持续疲软。

在供需关系主导下，供大于求成为价格持续低迷的关键原因。近2年来，全国能繁母猪存栏量一直高于4 100万头，虽然一直在去产能，但去产能速度慢、幅度小，缺乏有效的调减模式和手段。截至2023年末，全国能繁母猪存栏4 142万头，同比仅下降5.7%。但是由于我国能繁母猪整体生产效率逐年攀升，上市活猪体重持续提高，同时猪肉消费在肉类消费结构中的比例却趋势性下降，生猪产能合理水平有待进一步评估并适当下调。

（二）生猪贸易变化

2023年我国猪肉进口量仍保持第一位，全年进口227.5万t，主要进口国包括巴西、西班牙与加拿大等。2023年我国猪肉进口量未出现显著变化，但长远来看，随着中国消费者对高品质肉类产品的需求不断提升，进口猪肉市场仍有较大发展空间。全年猪肉出口9.2万t。预计2024年我国猪肉进口维持在230万t。

三、技术研发变化

（一）遗传改良技术研发变化

2023年乡下黑猪、山下长黑猪、天府黑猪3个新品种和龙民黑猪、蓝思猪2个配套系通过国家审定；开发了基因组育种大数据计算新工具HIBLUP，提出了更适合基因组育种大数据计算的"HE+PCG"新策略；分析了不同营养条件下的染色质构象和转录组学变化，发现染色质结构重塑支持ATS中的转录差异；整合猪的育种芯片数据GWAS和表观基因组鉴定的顺式调控元件分析结果，确定了 *BMP2* 基因作为主要候选基因，SNP rs1111440035 和 rs321846600 为影响 LMD 性状的候选功能突变；通过对全球43个猪种共计1 096个高深度重测序样本结合系谱信息、有效单倍型读长（Phase Informative Reads）以及连锁不平衡信息，构建了覆盖全球多品种、大样本、最准确的千猪单倍型数据库，并应用该单倍型数据库对猪复杂性状因果机制进行了解析。

（二）营养与饲料技术研发变化

一是精准营养。集中在不同生理阶段日粮蛋白质、氨基酸、能量和钙磷等的需要量研究，建立不同品种不同来源的大麦、大豆、米糠等饲料原料的营养指标与生长猪消化能和代谢能的预测方程，评价不同生长阶段猪的净能分配模式，并利用线性回归（NLR）和人工神经网络（ANN）建立相应的预测模型。

二是饲料原料营养价值精准评定。开展米糠粕、棉籽蛋白、葵花籽粕等常规饲料原料和非常规饲料原料的营养价值评定和养分消化率评价，发酵类饲料原料研究呈增加趋势。

三是减抗替抗饲料营养关键技术。抗生素减量替代聚焦于益生菌饲料、植物提取物、饲料添加剂、氨基酸等提高仔猪生长性能、改善机体免疫功能、降低腹泻等方面。在猪肉品质营养调控方面，葡萄籽原花青素、绿原酸、黄芩苷和姜黄素等植物提取物，香菇多糖、黄芪多糖等功能性多糖，中草药副产物或复方中药饲料，生物发酵饲料仍是提高生长育肥猪生长性能和改善猪肉品质的关注热点。

四是豆粕减量替代与非粮饲料生物发酵提质增效。减量替代主要通过开源节流和提质增效来实现。非粮饲料的资源化利用是饲料端开源的重要途径，主要利用微生物菌体蛋白、昆虫蛋白、微藻、谷物加工副产品、果蔬废弃物等全方位开拓饲料蛋白来源。

（三）疾病防控技术研发变化

非洲猪瘟疫情形势严峻，非洲猪瘟病毒毒株多样以及Ⅰ型/Ⅱ型重组毒株的出现和流行，给养猪企业造成巨大经济损失，且严重影响种猪生产和猪肉制品质量。非洲猪瘟疫苗研发成为关注的焦点和热点，但不同的技术途径并未取得实质性进展。研究发现非洲猪瘟病毒劫持宿主细胞胞葬途径，利用凋亡小体进行胞间传播，进而逃逸抗体的中和作用，由此提示研发安全高效非洲猪瘟疫苗的难度非常大。安全高效的基因工程亚单位疫苗、病毒样颗粒疫苗、多价/多联疫苗、黏膜免疫疫苗以及新型佐剂成为猪用疫苗研发的重点方向。种猪场疫病净化的持续推进有助于从种源控制疫病传播和提升种猪健康程度和质量，2023年新增国家级猪伪狂犬病净化场41个、猪瘟净化场3个、猪繁殖与呼吸综合征净化场2个。

（四）生产与环境控制技术研发变化

主要聚焦绿色养殖、机械化和智能化养殖；研究早期生活条件、玩耍行为、猪舍结构、饲槽空间、富集材料、饲养密度等对商品猪福利和健康的影响；利用机器视觉等开展猪只表情、姿态、采食行为、个体数量、体重预估等识别方法、算法及模型构建，研发群养动物的呼吸频率（RR）监测系统、基于物联网的猪舍环境智能控制系统等；人工智能结合的环控技术发展迅速，基于检测设备和无线传感技术的猪舍环境监测与控制、基于数学模型的猪舍环境因子分布与规律性、基于计算机技术的猪舍环境模拟与检测等成为研究热点；聚焦废弃物处理利用技术向多种废弃物混合处理及污染减排协同方向发展、国家碳达峰碳中和政策和修订后的《中华人民共和国畜牧法》实施，建立畜产品全生命周期碳排放估算方法、实现资源化利用与减污降碳协同，也成为研究热点。

（五）加工技术研发变化

机械化、自动化和智能化的技术设备成为研究热点，旨在提高生猪屠宰的效率，确保生猪屠宰质量与安全等。自主研发的智能三段分割技术及设备，打破了国外长期在猪胴体智能分割设备中的垄断。新型保鲜技术和新鲜度指示技术受到关注，在肉制品物流保鲜和新型包装方式的研发中，生物基可降解聚合物支撑的可食用性薄膜和涂层依旧是研究热点。肉品安全及控制方面，关注抗生素残留、耐药性、沙门氏菌、非洲猪瘟防控、猪肉溯源与新检测技术的研究应用。肉制品发酵剂、钠盐替代、危害物控制等技术取得突破性进展。预制菜行业多元化、规范化发展趋势明显。探索新型营养化加工方式成为热点。研究发现猪油能够改善肠道菌群，缓解肠道炎症，对肠道健康具有积极的影响，其中 sn-2 棕榈酸酯是介导猪油抵抗肠道炎症的关键功能成分。

（六）产业经济技术研发

生猪产业经济技术研发集中在非洲猪瘟和新冠疫情对生猪产业的影响。非洲猪瘟的影响较大，新冠疫情的影响较小。非洲猪瘟对不同省份的影响不同，猪肉产品具有跨区域性。产业链各环节存在价格修正机制和市场势力影响，须保证产业链价格稳定，调控产能，建立风险规避机制。科技创新应用包括基因编辑、智能养殖等正在改变生产经营方式，研究重点是如何推动产业转型升级。生猪生产须加强数字基础建设、科技创新应用和智慧化发展体系，构建全产业链数字化转型升级。

第三节　中国生猪发展与展望

一、节粮、高繁成为主要猪育种目标

当前我国母猪整体繁殖效率低，2023 年每头母猪提供上市猪仅 16.7 头，丹麦等养猪发达国家达到 30 头以上；同时，耗料增重比普遍为 3.0∶1，与国外 2.5∶1 差距显著。耗料增重比每降低 0.1，全国可减少 100 万 t 豆粕用量。培育节粮、高繁种猪，一方面通过提升母系猪效率，减小母猪养殖规模；另一方面通过节粮，降低玉米、豆粕的消耗，是目前最重要的育种目标。

二、非洲猪瘟防控形势严峻，疫苗研发仍很漫长

非洲猪瘟病毒毒株多样，发生疫情的风险持续加剧。猪繁殖与呼吸综合征、猪流行性腹泻仍将持续影响生猪生产，造成的经济损失不容忽视，强化以生物安全为主的综合性防控措施是生猪养殖场的重要抓手。非洲猪瘟疫苗研发之路仍很漫长和艰辛，高质量疫苗短期内难以实现突破。推动种猪场非洲猪瘟、猪瘟、猪繁殖与呼吸综合征、猪伪狂犬病、猪口蹄疫的净化势在必行，构建非洲猪瘟生物安全区、实现非洲猪瘟的区域控制是目前我国非洲猪瘟防控的必由之路。

三、饲用豆粕减量取得初步成效

通过《饲用豆粕减量替代三年行动方案》的实施，初步构建了低蛋白高品质饲料标准体系。2023 年全国养殖业饲料消耗量 4.72 亿 t，同比增长 4.0%。豆粕饲用消费量 6 150 万 t，同比减少 430 万 t，直接减少大豆饲用需求 550 t。豆粕在饲料消耗量中占比为 13.0%，同比下降 1.5 个百分点，饲用豆粕减量取得初步成效。

四、多层养殖亟须规范化

多层养殖具有节约土地、利于设施自动化、易环境调控等优点，但也存在建设成本大、缺乏建设规范和标准、生物安全挑战大等不足。为引导多层养殖科学发展，国家生猪产业技术体系组织专家制定《生猪多层养殖技术指导意见》，旨在规范多层养殖选址、工艺、建设、生物安全、设施装备、智能化控制等方面内容。

五、生猪价格低迷，母猪去产能不及预期，罕见出现几乎全行业亏损

2023 年生猪均价 15.45 元/kg，受玉米、豆粕等主要饲料原料价格高位运行等综合因素影响，外购仔猪养殖全年平均亏损 272 元/头，自繁自养全年平均亏损 135 元/头，整个养殖行业现金压力大，部分头部企业因资金链断裂被迫重组。通过产能调控，能繁母猪存栏量平均每月减少 21 万头，但年末能繁母猪存栏 4 142 万头，同比下降 5.65%，12 月末价格仅 14.83 元/kg，去产能工作仍需持续推进。只有当产能与需求相匹配，才能有效缓解价格波动。

六、政策建议

（一）加快节粮高繁型种猪培育与推广

依托国家生猪核心育种场、国家种业振兴企业，结合国家种源核心技术攻关、生物育种等专项的实施，加快培育节粮高繁型种猪，采用边培育、边推广模式，以国家核心种公猪站或区域性核心种公猪为纽带，加快推进区域性种猪联合育种及优质高效种猪基因的普及。

（二）加强非洲猪瘟等重大疾病防控，非洲猪瘟疫苗审批要谨慎

加强生猪养殖场非洲猪瘟病毒流行病学监测与检测，科学优化疫情上报机制，强化各级畜牧兽医管理部门在非洲猪瘟疫情管控中的作用，严格疫情处置，落实养殖企业主体责任。加强屠宰、销售和食品生产经营等环节的监管，强化与猪相关的各流通环节的消毒工作。尤其是乡镇综合类市场，严禁销售和加工来源不明的、未经检验检疫或检验检疫不合格的生猪及其产品。非洲猪瘟疫苗研发审批要谨慎，应组织相关单位开展目前申报应急评审的非洲猪瘟亚单位疫苗等的验证工作，明确其安全性和有效性。

（三）加大低蛋白日粮等豆粕减量技术推广，持续优化减抗替抗技术

围绕豆粕减量替代，以低蛋白、低豆粕、多元化、高转化率为目标，加快食用动物副产品、微生物蛋白、昆虫蛋白等新饲料资源的开发利用，持续推广低蛋白日粮、饲料精准配方等技术，推动养殖企业减豆粕、降蛋白，供需两端协同发力保障饲料粮安全。开发多种饲料添加剂组合技术，优化减抗替抗技术，完善新饲料和新饲料添加剂审批制度体系，支持和鼓励饲料企业和研发机构创制绿色高效安全的新饲料和新饲料添加剂产品。

（四）加快提升养殖场设施化水平，推进智能化养殖

围绕"生产高效、生态环保、管理先进、产品安全"的理念，提升养殖场设施化水平，包括空气过滤、环境自动控制、自动送料、自动饮水、精准饲喂、臭气控制等关键环节设备，推进智能化养殖设施设备研发，实现智能化养殖。

（五）推进高品质、安全、绿色猪肉的生产

低盐低脂成为肉制品消费的主要趋势，应加快提升产品结构、风味等食用品质。生猪屠宰后多以白条形式运输，重点解决配套保鲜、运输过程中微生物超标等安全问题。推进肉类预制菜相关技术、产品、规程等标准体系的建设。

推进建立以肉类加工业为核心，涵盖养殖、屠宰及精深加工、冷藏储运、批发配送、商品零售及相关服务的全产业链标准化技术体系。推进特需肉制品、功能性肉制品的研发与推广，助力肉制品加工行业高质量发展。

（六）提升行业预警能力，优化产能布局

完善生猪市场价格监测预警体系，实现对生猪产业的有效调控，确保监测预警数据的准确性和实时性。基于数据分析，对生猪市场进行科学预测，为政策制定提供有力支撑。关注生猪期货对我国生猪市场价格波动的影响及其机制，开展金融创新研究，探寻通过期货市场服务我国生猪生产的新途径。同时，基于当前非洲猪瘟等疫情以及消费等关键因素的变化，优化产能布局，减少跨区流动。

第四节　世界粮食安全及中国生猪饲料粮的需求

一、世界粮食安全

2023年，《世界粮食安全和营养状况》报告指出，2022年全世界有6.91亿~7.83亿人面临饥饿，中位数高达7.35亿人。也就是说，与2019年新冠疫情暴发前相比，全球增加了1.22亿饥饿人口。

2021—2022年，尽管全球饥饿人口的增加态势已经得到遏制，但全世界还有很多地区在粮食危机中越陷越深。2022年，亚洲和拉丁美洲在减少饥饿方面取得了进展，但西亚、加勒比和非洲部分地区的饥饿水平仍在攀升。非洲大陆依旧首当其冲，每5人中就有1人面临饥饿，饥饿人口比例是全球平均水平的两倍多。

报告发现，按照中度或重度粮食不安全发生率衡量，全世界有24亿人无法持续获得食物，约占全球人口的29.6%，其中约有9亿人处于重度粮食不安全状态。

同时，世界各地人们获取健康膳食的能力有所减弱：2021年，全球超过31亿人无力负担健康膳食，比例高达42%，总人数较2019年增加1.34亿人。

二、中国粮食安全概况

中国粮食安全的基本情况可以从粮食生产、粮食进出口和粮食消费3个方面来分析。从粮食生产来看，近40年来，中国粮食产量呈现出明显的增长趋势，但农产品国际竞争力仍显不足。根据国家统计局数据，中国粮食产量自

1979年的3.3亿t增长为2023年的13.9亿t，实现了翻倍增长。虽然粮食产量增长明显，但由于中国农业机械化水平低、农业科技水平相对落后，多数中国农产品的国际竞争力仍然不足。除水稻和蔬菜以外，玉米、大豆、小麦、畜禽肉类等农产品的单位产品生产成本均高于美国，国际竞争力不足。以玉米为例，中国玉米单产低，每千克玉米生产成本是美国的2.2倍，进口玉米加上运输费、税费后仍有价格优势。

从粮食进出口来看，近20年来，我国粮食进口量呈增长趋势，出口量呈下降趋势，粮食自给率下降。2023年我国进口粮食1.6亿t，同比增长11.7%。从结构看，大豆仍占大头。全年进口量为9 941万t、比上年增长11.4%，占全部粮食进口量的六成以上。

从粮食消费来看，中国农产品消费总体呈上升趋势，但不同类别间存在分化，且未来分化趋势将越发明显。近年来，中国居民谷薯类消费已经趋于稳定，而畜禽肉类、蛋奶类、蔬菜类和水果类消费增长明显。目前，人均谷薯类与蛋类消费量已达到甚至略高于中国膳食营养指南推荐的水平，未来需求增长空间有限。在居民收入上升、城镇化进程加快等因素的影响下，人均畜禽肉类、水产品和奶类消费量均会出现较大幅度的增长，预计人均牛羊肉、奶类、鱼虾、禽肉等消费增长幅度最大，产品及饲料均面临较大的进口压力。此外，国民受健康食品、营养均衡等信息的影响，未来蔬菜和水果的消费还会有一定增长空间，而人均食用油消费则会出现一定程度的下降，且较便宜的大豆油还将替代部分菜籽油等植物油的消费。

三、中国生猪饲料粮的需求

（一）近5年全国工业饲料生产情况

近5年，全国工业饲料产量保持增长态势，产品结构调整加快，饲料行业高质量发展取得新成效。2019—2023年全国工业饲料产量分别为22 885万t、25 276万t、29 344万t、30 223万t、32 162.7万t，连续5年持续增长，累计增长40.5%。全国猪饲料产量分别为7 663万t、8 923万t、13 077万t、13 598万t、14 975万t，累计增长95.4%。

（二）饲料蛋白原料供给

我国生猪饲料配方参照美国配方设计，以"玉米-豆粕"型日粮为主，大量使用饲用大豆类原料。由于受国内耕地限制和大豆单产低影响，国产大豆主要在食品中使用，国产饲用大豆严重缺乏，导致我国饲用大豆原料严重依赖进口。根据中国海关最新数据，2019—2023年我国进口大豆分别为8 851万t、10 033万t、9 651.8万t、9 108万t、9 941万t。2020年我国大豆进口量为历年最高，达到10 031.50万t，进口依赖度达80.46%。因此，应用低蛋白日粮技术以减少大豆蛋白的用量，同时寻找替代蛋白原料，可缓解我国蛋白原料缺乏的问题。

我国非常规蛋白资源非常丰富，其中包括农产品加工副产物（如菜籽粕、棉籽粕和花生粕等杂粕，玉米、小麦、大米等谷物加工副产物）、植物及其副产物（如牧草、桑叶、构树叶、蔬菜茎叶和藤等）、糟粕类（如酒糟、醋糟、酱渣和果渣等）、动物源副产物等。经初步统计，我国农产品加工副产物每年超过5亿t，但是综合利用率极低，因此我国目前资源浪费现状亟待改善。

目前，我国非常规蛋白资源开发利用受到多种因素影响和阻碍。多种蛋白资源受到季节和地理文化因素影响，限制了其被广泛应用。国内缺乏不同蛋白资源收割和加工规范标准，这影响到其饲料配制。例如，蛋白桑具有较高蛋白含量，是一种理想的饲料蛋白资源，但是采摘时间点不同对其蛋白含量影响较大，同时也缺乏较为统一的加工利用标准，这极大地限制了蛋白桑在饲料中的应用。多种蛋白资源含有毒素或抗营养因子，降低了饲料的营养价值，影响动物的生长和健康。例如，杂粕普遍含有硫代葡萄糖苷、游离棉酚、植酸、单宁、芥子碱、皂素等抗营养因子。然而，目前我国饲料中有毒有害物质和抗营养因子等的去除方法有限，因此需要大力研究非粮蛋白资源中有害物质和抗营养因子含量快速检测及有效去除的方法，为替代豆粕提供保障。当前饲料营养价值评定标准的缺乏，以及蛋白质效价与氨基酸平衡不能很好地满足动物生长需要，也造成了大量蛋白质资源的浪费。

总之，我国非常规蛋白资源储备丰富，但是利用率较低。因此，相关部门迫切需要深化饲料行业供给侧结构性改革和应用先进的原料处理及饲料配制技术，从而利用好非常规蛋白资源，避免资源浪费，实现产业转型升级。

第二章 低蛋白日粮技术

第一节 低蛋白日粮的意义

一、低蛋白日粮概念与种类

日粮中的蛋白质是供给动物生长发育或生产所必需的，从营养学的角度来讲，动物对蛋白质的需求本质上是对氨基酸的需求。日粮中氨基酸的含量并非越多越好，过多氨基酸只能通过脱氨基作用作为能源被利用，增加机体能耗和排泄量；而日粮中蛋白质过低则不能满足猪的维持需要，机体就会出现氮的负平衡，不仅降低能量的利用，还会影响生产性能和繁殖性能等。我国是一个蛋白饲料资源严重匮乏的国家，虽然一些植物性日粮蛋白饲料资源丰富，但由于抗营养因子的存在以及营养成分评估的缺乏，限制了其在畜禽日粮配制中的广泛应用。目前，我国蛋白饲料主要依赖于进口。根据国家统计局公布的数据，2023年我国大豆进口量高达9 941万t，国产大豆只有2 084万t。因此，在不影响动物生长性能的前提下，提高氨基酸利用效率、减少蛋白饲料资源浪费对于畜牧业的持续、稳定发展具有重要意义。

近年来，畜禽低蛋白日粮越来越受到重视。低蛋白日粮是根据蛋白质营养的实质和氨基酸营养平衡理论，在不影响动物生产性能和产品品质的条件下，以有效能（净能）体系为基础，通过添加适宜种类和数量的合成氨基酸，精准地满足养殖动物营养需要，减少日粮蛋白质原料用量、降低日粮粗蛋白质水平和氮排放的日粮。低蛋白日粮是目前精准营养的最好体现，是组成蛋白质的各种氨基酸营养生理功能深入研究和实践应用的集成技术，也是现代氨基酸工业发展的必然结果。按照添加氨基酸种类的不同，低蛋白饲料大致可以分为3种：①平衡所有必需氨基酸的低蛋白日粮；②平衡部分必需氨基酸的低蛋白日粮，其中以平衡赖氨酸、蛋氨酸、苏氨酸和色氨酸为主；③平衡所有必需氨基酸和非必需氨基酸的低蛋白日粮。根据氨基酸平衡理论，低蛋白日粮中氨基酸的比例和含量应与动物机体一致或者接近，此时氨基酸利用率最高。以猪为例，根据 NRC（1998）的猪营养需要标准，仔猪、生长猪和育肥猪饲料粗蛋白质需要量分别是 20%、18% 和 16%，低蛋白日粮则是指将日粮蛋白质水平按 NRC 推荐标准降低 2~4 个百分点，即仔猪、生长猪和育肥猪饲料中粗蛋白质水平分别控制在 16%~18%、14%~16% 和 12%~14%，然后通过添加合成氨基酸、降低蛋白饲料原料用量来满足动物对氨基酸需求（即保持氨基酸平衡）的日粮。在 2012 年第 11 次修订的 NRC 标准中，进一步强调了猪饲料配制中氨基酸的需要量（其中包括许多非必需氨基酸），而不再是蛋白质水平。NRC 的改版突出了饲料中氨基酸的重要性，更有利于猪低蛋白日粮的研发以及配制技术的进一步发展与完善。研究证实，只要进行科学配比设计，低蛋白日粮不仅不会降低畜禽的生产性能，反而对于减少氮排放、降低饲料成本、节约蛋白饲料资源都大有益处。目前，配制低蛋白氨基酸平衡日粮在养猪业中的研究已相对成熟，在生产中也得到了应用。

二、低蛋白日粮的意义

低蛋白日粮除降低氮排放外，还具有以下实践意义。

（一）改善幼龄动物肠道健康

幼龄畜禽生长迅速、生理急剧变化，营养需要高，但其消化系统发育不完善，同时还要面临环境应激（离开母畜、转群、转圈）、日粮转换应激（由母乳转向固体饲料）。豆粕为主的大豆蛋白，价格低廉、蛋白质含量丰富、氨基酸组成适宜，是畜禽饲料中主要的蛋白质饲料资源，但是豆粕含有大量的抗营养因子，如胰蛋白酶抑制因子、凝集素、大豆抗原等，会引起幼龄动物肠道过敏。日粮中蛋白质过高会导致幼龄动物腹泻和生长抑制。通过补充合成氨基酸，低蛋白日粮在精准满足养殖动物的氨基酸营养需要的同时，大幅降低了蛋白质饲料原料用量，其可缓解肠道前段消化日粮蛋白质压力，避免大量未被消化吸收的蛋白质进入后肠进行有害发酵，优化养殖动物的肠道菌群，降低幼龄畜禽腹泻率。在生猪养殖中，仔猪断奶腹泻一直是困扰行业的问题，尤其是抗生素和氧化锌添加日趋限制的情况下，该问题亟待解决。过去的研究表明，降低 4~6 个百分点的粗蛋白质含量，对于仔猪的生长性能是没有影响的，同时改善仔猪肠道健康、减少腹泻、提高仔猪健康状态。丹麦养猪研究中心（2014）建议在高腹泻风险阶段（6~15 kg），日粮钙和蛋白质水平含量不能超过 0.76% 和 17.7%。当断奶仔猪发生腹泻时，猪场会调整营养配方，丹麦专门制定了仔猪腹泻时的营养标准。以 9~20 kg 猪为例，日粮可消化蛋白质水平由17.7%降低至16.8%，可消化赖氨酸水平由1.13%降低至1.07%，钙水平由0.76%降低至0.7%。同时也会采取一些管理措施，如增加饲喂次数及限制饲喂量。

（二）影响能量代谢

大多数试验显示，降低2~3个百分点的日粮粗蛋白质含量不会影响生长猪与育肥猪的生长性能。但也有试验指出，饲喂低蛋白日粮会增加猪的背膘厚、降低瘦肉率。在很多研究中，当设计日粮时仅仅通过增加玉米比例来降低日粮蛋白质比例，尽管玉米和豆粕的代谢能值相近（玉米为3.65 Mcal/kg，豆粕为3.66 Mcal/kg），但玉米的净能（2.97 Mcal/kg）大大高于豆粕的净能（1.93 Mcal/kg），这样会导致日粮配方代谢能差异不明显的情况下日粮的净能水平却差异显著，低蛋白日粮的净能含量会大大增加，从而导致胴体过肥。因此，在配制低蛋白日粮时需要应用SID氨基酸和净能值。此外，脂肪、淀粉产生的热增耗与蛋白质和日粮纤维相比要低很多，因此，减少日粮中的粗蛋白质和纤维水平会降低热量产生，进而导致环境高热气候条件下的应激反应。

（三）缓解蛋白质饲料资源缺乏

随着畜禽养殖业的不断发展，我国对饲料原料特别是蛋白质原料的进口量逐年增加，其中大豆的对外依存度达到85%以上，鱼粉的进口依存度也达到70%以上。因此，使用低蛋白日粮可降低日粮中蛋白质的含量，减少饲料成本，缓解蛋白质资源缺乏的形势。以生猪养殖为例，猪生产的全程料肉比大约在2.6∶1，每头猪出栏体重按照125 kg计算，出栏1头猪需要消耗饲料325 kg。假设日粮中的粗蛋白质含量降低2.5个百分点，那么出栏1头猪可以节约蛋白质8.13 kg，相当于节约豆粕18.9 kg。按我国每年出栏肉猪7亿头计算，每年则可节约1 323万t豆粕或1 653万t大豆。

（四）降低成本

在畜禽养殖成本中，饲料成本占60%~70%，如何降低饲料成本是市场关注焦点。减少豆粕等价格高的饲料原料是降低成本的重要途径。日粮粗蛋白质水平每降低1个百分点，大约可减少3个百分点的蛋白质原料用量。研究表明，25 kg生长猪日粮蛋白质水平降低2个百分点，饲料成本可下降0.3元/kg；日粮蛋白质水平下降3个百分点，饲料成本可下降0.5元/kg。研究指出，50 kg中猪饲料蛋白质水平下降3个百分点，饲料成本可减少0.17元/kg。此外，随着环保压力的增大，粪污处理成本在规模养殖成本中的比例逐渐增大，低蛋白日粮由于减少了氮排放，也将显著减少环保处理成本。

(五) 降低氮、磷排放

一般而言，平均每天每头育肥猪产生 4.55 L 的粪便，即每年排出约 9.5 kg 的氮和约 6.8 kg 的磷。1 头猪从断奶到体重达 100 kg 屠宰时止，消耗 8~9 kg 氮，其中被吸收沉积为瘦肉的氮不超过 3 kg，而 5~6 kg 氮则被排泄掉，被排泄的氮，33%在粪便中，67%在尿液中。在自繁自养的猪场，排入环境中的氮和磷都在 70%以上。其中的氮和磷主要来自饲料中的蛋白原料、无机磷及植酸磷，成为猪场环境污染的主要来源之一，氮、磷的排泄量与日粮中的蛋白水平、无机磷的添加及酶制剂的使用密切相关。通过向低蛋白日粮中补充必需氨基酸并保持平衡，可以减少氮的排放。研究表明，在把生长育肥猪的日粮蛋白质水平降低 3.8%、5.8%和 8.5%时，尿氮的排出量分别降低 7.7 g/d、10 g/d、12.7 g/d，总氮排放量分别降低 7.2 g/d、12 g/d、13.2 g/d，氮利用率分别提高 4%、8%和 5%。可见，低蛋白日粮对于氮的减排有良好效果。日粮蛋白水平降低，生猪食入氮也相应减少，排泄氮下降 10.87%~40.17%，蛋白水平降低 1%，氮排泄减少 4.35%~10.99%。

通过添加酶制剂或微生态制剂的清洁型日粮均可降低猪粪、尿中氮、磷排泄对环境的污染，其中添加植酸酶等酶制剂的低蛋白清洁日粮效果最佳，可使粪氮的排泄量降低 10%，粪磷的排泄量降低 36.63%。在仔猪低蛋白低磷日粮中添加 500 单位的植酸酶，与对照组相比，粪中磷排泄量下降 58%，而各组的磷沉积量差异不显著，原料中的植酸磷得到了充分利用，完全可以取代无机磷，对生产性能及氮代谢没有影响。

(六) 对生产性能的影响

传统日粮中设置较高的蛋白水平及大量使用豆粕的目的是使生猪能够表现出更佳的生产性能，包括采食量、体增重和饲料转化率，从而提升猪场的经济效益。所以，动物的生产性能是低蛋白清洁日粮技术可行性的关键指标之一。随着合成氨基酸工业的发展，理想蛋白质模式及净能体系的完善，适当降低日粮蛋白水平并平衡日粮中的必需氨基酸，可使猪的生产性能不受影响。根据蛋白质计算，日粮蛋白含量每降低 1%，则豆粕（CP43）用量可减少大约 2.3%；按实际配方应用优化，豆粕用量可减少约 3%，节省的蛋白原料数量还是很可观的，同时也缓解了环境污染下降的压力。配方中用量的蛋白原料主要被蛋白含量低的谷物及其副产物代替，而谷物及其副产物的价格一般都比蛋白原料价格低，所以低蛋白日粮既节约了蛋白原料，也降低了饲料成本。研究表明，日粮中分别降低 2%和 3%蛋白水平，且保持氨基酸平衡，仔猪的日增重均有所提升，降低2%蛋白水平试验组提高了2.8%，降低3%蛋白水平试验组提高了7.1%。在育肥猪日粮蛋白水平降低3个百分点并平衡氨基酸的情况下，平均日增重不受影响，而且提升了日粮的吸收利用率。低蛋白日粮的蛋白水平应保持在适当的范围，生猪的生产性能不受影响，而蛋白水平下降超过4%，采食量、日增重及料肉比则会受到不同程度的影响。设计低蛋白日粮按照可消化赖氨酸与蛋白含量比值最大为6.9%，或总赖氨酸与蛋白含量比值最大为7.4%，超过此数值则对猪的生产性能会有影响。

第二节　低蛋白日粮的理论与技术基础

一、理想氨基酸模式

我国畜禽日粮以玉米-豆粕型为主，而玉米-豆粕型日粮存在赖氨酸缺乏以及氨基酸配比不合理的缺点，因此，尽管日粮中粗蛋白质水平满足营养标准，但实际上能够被利用的氨基酸数量和种类满足不了动物的需要。在实际生产中往往通过增加日粮粗蛋白质水平来克服这一问题，但会造成饲料资源的浪费和环境污染。此外，随着日粮蛋白质水平的增加，大量未消化吸收的氮进入大肠并在此进行有害发酵，为避免由此带来的仔猪腹泻，往往需要在日粮中添加大量的抗生素。理想氨基酸模式的提出为解决这些不利影响带来了希望。理想氨基酸模式最早来源于有关蛋鸡氨基酸需要量的论述，即蛋鸡产蛋的氨基酸需要量与一个"全蛋"所含的氨基酸相等。20世纪80年代初，英国农业研究委员会重新定义了理想氨基酸模式的概念，即日粮蛋白质中的各种氨基酸含量需要与动物用于生长或生产所需的氨基酸一致。理想氨基酸模式实质上是指日粮中氨基酸的比例需要达到最佳，在理想氨基酸模式模型中所有氨基酸都被看作是必需和同等重要的，它们都可能成为第一限制性氨基酸，添加或减少任何一种氨基酸都会影响氨基酸之间的平衡。理想氨基酸模式模型中最重要的是必需氨基酸之间的比例，为便于推广和应用，通常把赖氨酸作为基准氨基酸，将其需要量定为100，其他必需氨基酸的需要量表示成与赖氨酸的百分比，这就是所谓的必需氨基酸模式。赖氨酸作为基准氨基酸的原因是理想氨基酸模式模型的研究始于猪，而赖氨酸通常是猪的第一限制性氨基酸与其他必需氨基酸之间不存在相互转化的代谢关系。而且赖氨酸主要用于蛋白沉积，其需要量受维持需要的影响比较小，赖氨酸与其他必需氨基酸之间不存在相互转化的代谢关系。

二、可消化氨基酸

过去很长一段时间人们在考虑和配制畜禽日粮中的氨基酸数量与比例时，基本上仍以所含各种氨基酸总量为基础。从理论上讲这种做法不尽合理，因为饲料中的氨基酸进入动物体要经过消化、吸收、利用一系列过程，在体内也存在生物学利用效率的问题。因此从实际角度出发，提出采用可消化氨基酸评定饲料蛋白质的营养价值及配制畜禽的日粮。氨基酸回肠消化率（氨基酸回肠末端消化率）是指饲料氨基酸已被吸收，从肠道消失的部分。它采用回肠末端瘘管技术收集食糜，根据饲料和食糜中不消化标记物（通常是三氧化二铬）的浓度计算得到氨基酸回肠消化率，即氨基酸回肠表观消化率。计算公式如下：氨基酸回肠表观消化率（%）=（食入氨基酸量-食糜氨基酸量）/食入氨基酸量×100。1988年荷兰已将可消化赖氨酸、可消化蛋氨酸、可消化胱氨酸列入猪、鸡饲养标准与饲料成分表。然而"表观回肠消化率"未考虑到内源氨基酸的损失，导致低蛋白质含量饲料比高蛋白蛋含量饲料的氨基酸表观消化率低，这是因为前者内源氨基酸损失相对较多。"真消化率"对内源氨基酸损失进行了校正。此外，考虑到理想蛋白质模式的确定方式，它实际上反映的是真回肠消化率，而不是表观回肠消化率，所以将不同饲料原料的氨基酸表观消化率和真消化率一起发表。有研究人员建议以可消化氨基酸来表述猪对氨基酸的需要量更合理。目前，在权威机构发布的营养标准中，以可消化氨基酸为基础的理想氨基酸模式主要有4个：英国猪营养需要、美国科学研究委员会的猪营养标准、赢创德固赛公司发布的氨基酸推荐需要量以及美国猪营养指南。

三、净能体系

目前，配制猪饲料普遍采用消化能和代谢能体系，但随着研究深入，人们发现消化能和代谢能体系已不能完全满足动物营养的需求，越来越多的学者推荐使用净能来配制日粮。动物有机体在采食时常有身体增热现象产生，代谢能减去体增热（热增耗）能即为净能。净能又可分为维持净能和生产净能。动物体维持生命所必需的能量称为维持净能，用于动物产品和劳役的能量称为生产净能。由于蛋白质、纤维素等饲料原料在消化过程中代谢时间长，导致热增耗增加，从而降低了饲料的净能。因此，饲料代谢能并不能完全反映饲料能值，而净能相对更为准确。降低日粮蛋白质水平减少了机体在物质消化代谢过程中的能耗，因而有利于能量的利用与沉积。配制低蛋白日粮时若不采用净能体系，很容易导致生长育肥猪胴体变肥，而采用净能体系能够解决低蛋白日粮致胴体变肥的问题。但净能值测定的过程比较烦琐，这是制约其应用的一大因素。在实际中，通常将氨基酸的总能值乘以 0.75 转化为净能值使用。此外，不少研究表明，赖氨酸在机体生长发育中具有重要作用，是第一限制性氨基酸，日粮中赖氨酸和能量的绝对数量和比例对机体蛋白质和脂肪的沉积有显著影响，采用赖氨酸/净能比配制低蛋白饲料，能更好地平衡营养，提高胴体性能。

四、功能性氨基酸

随着氨基酸研究的深入，一些氨基酸功能逐渐被揭示出来，特别是一些支链氨基酸的功能，在不同生长阶段的猪中加入不同种类的支链氨基酸，有利于机体机能和生产性能的提升，如在母猪低蛋白日粮中添加缬氨酸和异亮氨酸等支链氨基酸，可有效提高母猪泌乳和生产性能；在仔猪低蛋白日粮中添加亮氨酸、缬氨酸和异亮氨酸等支链氨基酸能刺激蛋白合成和提高免疫力，促进仔猪健康生长，减少抗生素使用；在生长育肥猪低蛋白日粮中添加精氨酸，可提高瘦肉率、降低脂肪率、改善猪肉质性状（周招洪等，2013）。因此，在低蛋白日粮配制过程中应充分考虑功能性氨基酸的使用。

五、氨基酸的合成工艺

低蛋白日粮尽管经济和环保效益显著，但是需要添加大量的合成氨基酸，尤其是必需氨基酸和一些关键非必需氨基酸，否则动物的生长或生产会受到明显影响。受氨基酸生产工艺的影响，氨基酸之间的价格差异极大。饲料和养殖企业主要添加一些成本较低的限制性必需氨基酸来配制低蛋白日粮，因赖氨酸、蛋氨酸、苏氨酸和色氨酸工艺相对成熟，价格较低，因此，在低蛋白日粮中应用得较为普遍。一些重要的氨基酸（如亮氨酸、异亮氨酸和缬氨酸等）虽然对猪的生长性能有显著影响，但因价格高昂，很少在生产中添加，仅仅停留在研究层面。因此，未来应加强此类氨基酸生产工艺的研发，以降低功能性氨基酸的使用成本。

第三节　低蛋白日粮的应用现状

一、国内外低蛋白日粮的研究与应用现状

最近几年，我国在低蛋白日粮的研究与应用上做了不少尝试和努力。

生猪低蛋白精准饲养技术

2013—2017 年，南京农业大学朱伟云教授主持了国家 973 项目"猪利用氮营养素的机制及营养调控"。该项目围绕 3 个科学问题：①胃肠道消化代谢如何改变氮营养素供给模式？②肝脏和肌肉组织高效利用氮营养素的机制是什么？③氮营养素消化代谢网络的关键靶点是什么，如何实现营养调控？围绕这 3 个科学问题，设置了 6 个研究内容：①胃肠道化学感应与氮营养素的消化；②小肠黏膜结构、功能与氮营养素吸收利用；③肠道微生物与氮营养素的消化代谢；④肝脏中氮营养素的代谢通路及其调节；⑤氮营养素的感应与肌肉蛋白质沉积；⑥氮营养素消化代谢网络关键靶点解析与营养调控。通过南京农业大学、中国科学院亚热带农业生态研究所、中国农业大学、华中农业大学、西南大学、华南农业大学、吉林农业大学、广东省农业科学院等单位的学术骨干的不懈努力，在以下方面取得突破性成果：①系统阐述了日粮氨基酸在消化道—肝脏—肝外组织间的代谢转化规律；②发现肠道微生物与肠黏膜在氨基酸代谢过程中的分工协作机制，阐明了肠道微生物影响猪氮利用的机制；③揭示了支链氨基酸（BCAA）调节猪氮营养素利用的机制；④明确了在不影响生长性能、总氮排放降低的前提下，确定日粮蛋白可下降的最低临界点及平衡氨基酸的种类；⑤建立了多种猪营养研究关键技术平台，例如，猪肠道原位结节灌流评价氨基酸净吸收量技术、猪小肠隐窝干细胞的分离培养技术、猪的多重血管插管（门静脉—肝静脉—肠系膜静脉—颈动脉血管插管）技术等。该项目的实施推动了我国氨基酸代谢与低蛋白日粮技术的研究水平，而且某些方面处于世界领先水平，此外还为动物营养与饲料科学学科培养了一大批中青年学术骨干。

低蛋白日粮氮减排效果非常显著，日粮蛋白质每降低 1 个百分点，日粮中豆粕用量降低 2.82 个百分点、氮排放降低 10%、圈舍氨气浓度降低 10% 以上。做到限制性氨基酸的平衡是低蛋白日粮技术的关键，目前主要补充的是 L-赖氨酸、DL-蛋氨酸、L-苏氨酸和 L-色氨酸。过去的研究表明，降低猪日粮粗蛋白质含量的同时平衡重要必需氨基酸，可以在不影响猪生长性能的情况下减少动物对摄入的多余氨基酸脱氨基代谢的能量消耗、降低氮的排出量。除平衡赖氨酸、蛋氨酸、色氨酸、苏氨酸 4 种氨基酸外，近年来的科研工作者也尝试添加其他氨基酸如 BCAA 来提高低蛋白日粮的减氮与促生长效果。总体来看，在补充重要氨基酸的情况下，日粮粗蛋白质水平降低 2~3 个百分点不会影响动物的生长性能。低蛋白日粮氮减排效果极佳，与发展资源节约型、环境友好型畜牧业相符。但是，低蛋白日粮在降低粗蛋白质含量的同时需要补充重要氨基酸，因为氨基酸价格远高于普通蛋白质饲料原料，造成低蛋白日粮没有明显的价格优势,因此,在低蛋白日粮生产中尤其是集约化生产中很难得到广泛应用。

二、制约低蛋白日粮广泛应用的因素

低蛋白日粮研究与应用已有100多年的历史,但推广面仍然不大,主要限制性因素在于:①我国多年形成的以饲料蛋白质含量判定饲料质量的思维习惯短时间内难以纠正,养殖场(户),特别是小的养猪场(户)以饲料中豆粕含量和粗蛋白质水平来判定饲料的质量优劣;②高蛋白质日粮有促进动物生长的作用,在部分饲料企业利益的驱使下,相当数量的养殖场(户)将蛋白质含量高的小猪料一直饲喂到育肥,造成大量蛋白质浪费;③蛋白质含量高的日粮配方容易配制,不用过多考虑能氮和氨基酸平衡等较为复杂的技术问题;④我国预混料产量很大,各饲料企业的推荐配方中豆粕用量很大;⑤我国2020年发布的推荐性国家标准《仔猪、生长肥育猪配合饲料》(GB/T 5915—2020)、《产蛋鸡和肉鸡配合饲料》(GB/T 5916—2020)均规定了饲料蛋白质的最低要求,一些饲料执法机构将这2个标准中的蛋白质含量作为饲料质量合格的执法依据;⑥降低日粮蛋白质水平需要补充重要氨基酸,降低得越多补充得越多,否则会影响动物生长,尽管氮减排效果显著,但经济效益不明显,这一重大技术缺陷导致日粮蛋白质水平仅能降低2~3个百分点,当日粮蛋白质水平降低幅度超过这一范围时,动物的生长性能往往会受到抑制。

三、低蛋白日粮推广契机

由于以上限制因素,我国低蛋白日粮配制技术的推广进程一直比较缓慢,仅限于一些大型饲料和养殖企业的小规模试用,中小型饲料企业以及散户等由于技术和日粮配制理念缺失,还一直处于观望态势。2018年对于低蛋白日粮配制技术的推广应用是一个契机,因为豆粕价格在2018年10月中旬已突破3 900元/t,创近年来新高,采用低蛋白日粮配制技术平均可降低2~3个百分点的日粮蛋白质水平,每吨饲料可减少50 kg左右的豆粕用量。我国每年生产的配合饲料大约为2.1亿t,因此可减少1 050万t左右的豆粕使用量,折合减少大豆约1 313万t(每吨大豆可产出0.8t豆粕)。

自2019年起,农业农村部已组织评定了猪、肉鸡、肉牛、肉羊等8个畜种70种大宗饲料原料的营养价值参数,逐步完善主要畜禽品种大宗饲料原料的营养价值数据库和动态预测方程。下一步,将加快测定杂粮、杂粕、粮食加工副产物等资源的营养和加工参数,完善国家饲料原料营养价值数据库和应用平台系统，面向饲料养殖全行业提供免费查询和应用服务。

2020年以来，农业农村部组织制定发布了《仔猪、生长育肥猪配合饲料》等国家标准及行业标准，为全行业推行低蛋白日粮提供了遵循标准。据专家测算，推广低蛋白日粮技术，最低可减少饲料蛋白需求约1320万t，相当于36%的进口饲料蛋白。

制定低蛋白、多元化日粮配方，离不开饲料配方软件。据中国饲料工业协会调查，当前国产配方软件受限于企业影响力、盈利模式等客观条件，在行业中的推广和使用范围有限。专家建议，要加快国产饲料配方软件研发应用。一是推动饲料配方数据系统国产化，打造国家级数字饲料创新平台，开发具有自主知识产权和中国特色的饲料配方数据系统。二是加大数字饲料领域的科技投入保障，持续完善我国自主的饲料原料营养价值数据库、动态营养需要量等。三是在全行业推广国产化的饲料数据配方系统。

第四节　豆粕的减量替代

一、饲用豆粕的减量替代的意义

豆粕作为当前饲料工业的主流蛋白原料，在养殖业的使用量逐年增加，拉动大豆进口增加。在地缘政治风险、极端气候灾害等不利因素交织叠加下，大豆进口有很大的不确定性。要应对外部不确定性，就要从内部需求减量上下功夫。

近年来，农业农村部推动的饲用豆粕减量替代取得阶段性成果。2023年，饲料配方中豆粕的占比下降到13%，比2022年下降1.5个百分点，按全年饲料消耗量测算，相当于减少了900万t左右大豆消耗。

为最大限度压减饲料粮需求、减少饲用豆粕用量，农业农村部2023年4月12日发布的《饲用豆粕减量替代三年行动方案》（以下简称《行动方案》），明确了豆粕减量替代的目标和路径，聚焦"提质提效、开源增料"，促进饲料粮节约降耗，为保障粮食和重要农产品稳定安全供给作出贡献。

减少大豆进口依赖须从增产和减损两端同时发力。当前正值春耕备耕的关键时期，各地在千方百计扩种大豆之际，不能忽视饲用豆粕减量替代。农业农村部办公厅印发的《饲用豆粕减量替代三年行动方案》明确提出，在确保畜禽生产效率保持稳定的前提下，力争饲料中豆粕用量占比每年下降0.5个百分点以上，到2025年饲料中豆粕用量占比从2022年的14.5%降至13%以下。这将进一步降低我国对进口大豆的依赖，更好地保障粮食安全。

饲用豆粕是大豆压榨后的副产品，粗蛋白质含量高，是养殖业重要的蛋白质饲料，可以为畜禽提供成长所需的蛋白质和氨基酸。随着消费水平的提升和养殖业的快速发展，我国饲用豆粕需求量大幅提升，大豆进口量持续攀升，成为全球最大的大豆进口国，大豆进口量占全球大豆贸易量的60%以上。2020年大豆进口量突破1亿t，2021年、2022年连续两年下降，但进口总量仍然保持在9 000万t以上。我国国产大豆主要用于食用领域，进口大豆基本用于压榨生产食用豆油和饲用豆粕，每吨大豆可产豆粕约780 kg，绝大部分豆粕进入饲料领域。在当前复杂严峻的国际形势下，大豆高度依赖进口，粮食安全结构性矛盾突出，大豆进口面临的不确定性因素增多，有可能会影响到人们的"肉盘子"。

深入实施饲用豆粕减量替代行动，是我国应对当前外部供给不确定性的战略选择。从历史上看，实施饲用豆粕减量行动是可行的。我国畜禽养殖历史悠久，杂粮杂豆、剩饭剩菜、秸秆饲草一直是农户养殖的主要饲料，用玉米、豆粕当饲料只有短短几十年的时间。从营养角度看，动物生长需要蛋白质，豆粕所含的氨基酸种类比较多。现在人们片面地认为饲料中蛋白质含量越高越好，实际上蛋白质含量能够满足畜禽营养需求就好，蛋白质含量过高会造成浪费。

从目前来看，我国实施饲用豆粕减量替代行动已经取得阶段性成效。有关部门的数据显示，2022年在畜牧业生产全面增长的情况下，畜产品和饲料原料进口下降，饲料粮用量特别是豆粕用量下降。2022年，饲用豆粕在饲料中的占比降至14.5%，比上年减少0.8个百分点；饲料蛋白转化效率比上年提高2个百分点，豆粕用量减少320万t，折合减少大豆使用量410万t左右。豆粕用量和大豆需求量减少，也是我国大豆进口量在2020年达到峰值后持续两年下降的重要原因之一。未来，随着国产大豆扩种增产和饲用豆粕减量替代行动深入实施，大豆对外依存度还会继续下降。

饲用豆粕减量替代潜力巨大，根据我国国情和资源特点调整饲料配方是关键之举。要通过实施饲用豆粕减量替代行动，基本构建适合我国国情和资源特点的饲料配方结构。要树立大食物观，从供需两端发力，统筹利用植物动物微生物等蛋白饲料资源，通过推广低蛋白日粮技术、充分挖掘利用国内蛋白饲料资源、优化草食家畜饲草料结构三大技术路径，加强饲料新产品、新技术、新工艺集成创新和推广应用，积极开辟新饲料来源，促进豆粕用量占比持续下降，蛋白饲料资源开发利用能力持续增强，优质饲草供给持续增加。

未来3年是实施饲用豆粕减量行动的关键时期，但全面推广和落实还存在一定难度。这是因为传统饲料配方使用了几十年，已经形成行业惯性和路径依赖，要改变不是一朝一夕能办到的。此外，饲料资源开发基础性工作做得不够，豆粕减量替代技术瓶颈还没有突破，政策支持力度仍有待加大。要加大宣传力度，提高人们对豆粕减量替代重要性的认识，加强基础性工作研究，开展技术联合攻关，强化节粮降耗减排、新型蛋白饲料资源生产政策支持力度。要发挥行业协会桥梁纽带作用，引导各类生产经营主体积极主动参与，为行动实施营造良好氛围。

二、挖掘蛋白资源，减少豆粕依赖的措施

开发更多蛋白饲料资源，也是实现饲用豆粕减量替代的重要路径。食用动物副产品、微生物蛋白、昆虫蛋白等都是可利用的蛋白饲料资源，通过规范生产工艺，配合使用添加剂，可有效替代豆粕。

微生物蛋白是近年来受到广泛关注的新型蛋白资源。例如，通过一氧化碳合成蛋白质，生产出的乙醇梭菌产品，粗蛋白质含量是豆粕的近2倍，可在各类动物上广泛使用，具备全部替代鱼粉和豆粕的潜力。

餐桌剩余食物也是可利用的资源。有关数据显示，每年我国城市商业餐饮和单位食堂餐桌剩余食物近2 000万 t，这部分资源经适当加工后可作优质饲料原料。2022年，农业农村部在北京、上海等10个城市组织开展餐桌剩余食物饲料化定向使用试点，全年共收集处理餐桌剩余食物1.6万 t，生产饲料产品7 000 t，定向用于蛋鸡养殖，应用效果良好。

据了解，通过挖掘利用动物源性原料和非常规蛋白资源，加上大豆油料扩种增产的植物蛋白原料，可增加饲料蛋白供应量约1 200万 t，替代33%的进口饲料蛋白。其中，如果将60%工业尾气的一碳气体用于发酵，可生产微生物菌体饲料蛋白520万 t；对尿素充分利用，可折合饲料蛋白260万 t；在35个大中城市收集餐桌剩余食物，预计可转化成饲料蛋白70万 t；开发因病死亡动物、毛皮动物屠体等动物蛋白，可提供饲料蛋白合计165万 t；扩种大豆油料作物可提供饲料蛋白185万 t。

三、生猪常用的豆粕替代原料

（一）菜籽饼（粕）

菜籽饼（粕）粗蛋白质含量低于豆粕，蛋氨酸含量高，赖氨酸和精氨酸含量低，消化率较差；可与棉籽粕进行合理搭配，改善氨基酸组成。普通菜籽饼（粕）可替代40%~50%的豆粕，双低菜粕替代比例可达60%~80%。菜籽

粕有效能值偏低，替代豆粕时需要适量添加油脂。

（二）棉籽饼（粕）

普通棉籽饼（粕）蛋白含量低于豆粕，含有游离棉酚和环丙烯脂肪酸等抗营养因子；脱酚棉籽蛋白的粗蛋白质含量与豆粕相当或略高，精氨酸含量高于其他饼（粕）原料，但赖氨酸含量远低于豆粕。棉籽饼（粕）可与菜籽饼（粕）等其他饼（粕）组合使用，改善氨基酸组成。普通棉籽饼（粕）可替代30%~40%的豆粕，脱酚棉籽蛋白替代比例可达60%~80%。

（三）花生饼（粕）

花生饼（粕）粗蛋白质含量与豆粕相当，精氨酸含量很高，但缺乏蛋氨酸、赖氨酸和色氨酸，氨基酸消化率低；所含矿物质中钙少磷多，且磷多属植酸磷；易受黄曲霉毒素污染，使用时需要注意防霉。花生饼（粕）在猪饲料中用量一般不超过10%。

（四）葵花粕

葵花粕中蛋氨酸含量高，赖氨酸和苏氨酸含量低，氨基酸消化率大多比豆粕低，最好与豆粕同时使用以改善氨基酸平衡。未脱壳的葵花粕纤维含量高，在生长育肥猪饲料中用量一般不超过5%；脱壳处理后的葵花粕可适当加大用量，在生长育肥猪饲料中可用到20%以上。

（五）芝麻粕

芝麻粕粗蛋白质含量和氨基酸消化率与豆粕相似，精氨酸含量高，在猪饲料中可添加比例在15%左右。

（六）玉米加工副产物

玉米加工副产物中的喷浆玉米皮、玉米蛋白粉、玉米胚芽粕可部分替代豆粕。喷浆玉米皮蛋白质含量可达20%以上，但使用时要注意防止真菌毒素污染；玉米蛋白粉纤维含量低，粗蛋白质可达60%以上，但一半以上的蛋白质为醇溶蛋白，利用率较低，且氨基酸组成不平衡，蛋氨酸和谷氨酸含量高，赖氨酸和色氨酸缺乏，替代部分豆粕时须补充必需氨基酸；玉米胚芽粕粗蛋白质含量可达30%以上，但纤维含量高，缺乏赖氨酸、色氨酸和组氨酸，替代豆粕时要注意补充相应氨基酸。玉米加工副产物在猪饲料中用量一般不超过15%，其中，玉米蛋白粉一般在颗粒饲料中使用（粉状饲料不超过5%），玉米胚芽粕在母猪料中可用到20%。

（七）干全酒精糟（DDGS）

DDGS蛋白质含量在26%以上，赖氨酸和色氨酸含量不足，叶黄素含量高。玉米DDGS脂肪含量在10%以上，且亚油酸比例高，可弥补因使用麦类原料导致的日粮亚油酸不足。DDGS在仔猪饲料中用量一般不超过10%，生长育肥猪一般不超过20%。

（八）棕榈粕

棕榈粕粗蛋白质含量低于豆粕，缺乏赖氨酸、蛋氨酸和色氨酸，纤维含量较高，在平衡日粮氨基酸基础上可部分替代豆粕。棕榈粕在猪饲料中用量一般不超过5%。

（九）亚麻饼（粕）、胡麻饼（粕）

亚麻饼（粕）和胡麻饼（粕）粗蛋白质及氨基酸含量与菜籽饼（粕）相似，蛋氨酸与胱氨酸含量少，粗纤维含量约8%。亚麻饼（粕）与胡麻饼（粕）因含氢氰酸，用量不宜过高，猪日粮中可添加5%~6%。

（十）其他植物性蛋白原料

根据部分地区养殖传统和饲料资源特点，可选择区域特色的植物性蛋白原料少量替代豆粕，如苜蓿、饲料桑、杂交构树、辣木等，将植物茎叶进行干燥与粉碎制成草粉后适量添加，同时要配合使用纤维素酶等酶制剂，猪日粮中添加量一般不超过5%。

第五节 未来低蛋白日粮的发展

基于目前低蛋白日粮应用存在的问题，今后的研究还需注意以下几个要点。

（1）低蛋白日粮在猪体内的能量代谢可能与正常蛋白水平日粮有所差异，这也是造成低蛋白日粮在实际生产中应用不稳定的重要影响因素；此外，由于某些氨基酸（如谷氨酸）可用于肠道供能，低蛋白条件下此类氨基酸不足也会影响到动物胃肠道的正常功能。因此，探究日粮不同蛋白水平下适宜的能氮比对于动物的生长性能极为重要。

（2）低蛋白日粮中麦麸和米糠粕等副产物较多，纤维含量较高。日粮中适量的纤维一方面可促进肠道的发育并维持正常的胃肠道功能，但另一方面也会阻碍营养物质的消化和吸收，造成饲料转化效率降低。因此，如何平衡日粮蛋白质和纤维之间的互作也是低蛋白日粮研究需要继续探索的命题。

（3）猪食入的饲料蛋白质在肠道内消化酶作用下被降解为游离氨基酸或肽段，其中，氨基酸残基小于 10 个的称为寡肽，含 2~3 个氨基酸残基的为小肽。已有研究表明，当日粮蛋白质水平极低时，无论如何补充，猪的生长性能均达不到理想状态。有学者指出，哺乳动物对小肽有某种特殊的需求，完整的蛋白质是日粮中不可缺少的组成部分；但也有研究表明，日粮中小肽的添加并不会影响动物本身的氨基酸平衡和蛋白质沉积。因此，该结论尚需进一步验证。

（4）由于理想氨基酸模型是低蛋白日粮的研究基础，低蛋白日粮是理想氨基酸模型的初步实践，因此，如何在现有基础上进一步优化低蛋白日粮的氨基酸结构，提高低蛋白日粮的使用效率，最终实现向理想氨基酸模型的最高阶"全氨基酸纯合日粮"的发展成为低蛋白日粮研究的最终目标。

第三章 生猪低蛋白日粮的理论基础氨基酸营养代谢

第一节 氨基酸门静脉回流组织中的代谢

一、门静脉回流内脏（PDV）组织氨基酸的代谢规律

PDV 组织由胃、脾脏、胰腺、小肠以及部分后肠等器官组成。在猪的体循环中，门脉循环直接与养分运输息息相关。营养物质由消化道吸收后首先经过 PDV 代谢，然后由门静脉进入肝脏进行代谢，最后随动脉血流分布至全身组织。

传统观点认为，日粮中被消化吸收的氨基酸全部经过小肠吸收进入门静脉，但近年来大量的研究表明，被消化吸收的氨基酸并非全部进入门静脉，有一部分氨基酸在肠道和其他 PDV 组织中进行代谢。PDV 组织中存在大量的蛋白质代谢、氨基酸代谢等一系列的代谢活动，如同一条联系机体组织与外界环境的纽带，对氨基酸等营养物质在体内的消化、吸收及机体代谢有着重要的作用。

门静脉氨基酸平衡是指由动脉和肠腔进入 PDV 组织的氨基酸数量与进入门静脉氨基酸数量之差，所以，门静脉中氨基酸的平衡状况能够反映肠道对氨基酸的利用情况。有研究者利用血插管技术研究了饲喂两种不同日粮结构的生长猪门静脉氨基酸流量，研究发现门静脉血液中的氨基酸数量明显低于肠道中氨基酸的消失量。

二、氨基酸在小肠中的代谢

（一）小肠黏膜氨基酸的代谢调控

小肠不仅是动物日粮中蛋白质和氨基酸等营养物质被消化吸收的主要场所，而且对动脉血液谷氨酰胺和日粮氨基酸的分解代谢也起着重要的作用。

长期以来，一直认为日粮中被小肠黏膜吸收的氨基酸能全部完整地进入门静脉循环，并在不被小肠黏膜代谢的条件下供肠外组织代谢。但近年来的研究表明，小肠吸收的氨基酸并不全部进入门静脉，某些氨基酸在门静脉中的净吸收量大于摄入量。氨基酸是肠道黏膜的主要能源，参与肠黏膜分泌蛋白的合成。小肠吸收的氨基酸通过脱氨基和转氨基作用转变成其他氨基酸，说明肠黏膜代谢不仅会影响门静脉氨基酸的净吸收量，还会影响氨基酸的组成模式，从而对进入门静脉的氨基酸模式进行选择性的修饰作用。

大鼠的小肠黏膜能够大量利用来自动脉血的谷氨酰胺和肠腔中的谷氨酸、谷氨酰胺及天冬氨酸。日粮中的谷氨酰胺和谷氨酸、天冬氨酸几乎全部被小肠黏膜分解代谢。小肠黏膜在降解精氨酸、脯氨酸和支链氨基酸方面也起着重要作用，可能还有蛋氨酸、赖氨酸、苯丙氨酸、苏氨酸、甘氨酸和丝氨酸等，这些氨基酸中有 30%~50% 是肠外组织无法获得的。日粮氨基酸是小肠黏膜的主要燃料，是肠道合成谷胱甘肽、一氧化氮、多胺、嘌呤和嘧啶核苷酸以及氨基酸丙氨酸、瓜氨酸和脯氨酸的必要前体，是维持肠黏膜质量和完整性的必需物质。小肠对非必需氨基酸的代谢可分为4类，非必需氨基酸既能在肠道内降解，又能进行部分合成。小肠脯氨酸可从日粮精氨酸、鸟氨酸、谷氨酰胺、谷氨酸、天冬氨酸及动脉来源的谷氨酰胺合成，猪的小肠是其合成的主要场所。

（二）小肠细菌在氨基酸首过肠道代谢中的作用

大量进入小肠的氨基酸在首过肠道代谢中被细菌转化代谢和利用。研究表明，日粮在首过肠道代谢中有 30%~60% 的必需氨基酸被肠上皮细胞分解利用。然而，有试验通过体外培养猪小肠上皮细胞，发现其只能代谢支链氨基酸，无法代谢其他必需氨基酸，所以推测氨基酸在肠道首过代谢中的分解有一部分可能是肠道细菌的作用。

1. 小肠细菌参与氨基酸首过肠道代谢

来自猪小肠的肠腔细菌具有降解必需氨基酸的能力。同时，肠腔细菌与肠壁附着细菌对氨基酸代谢表现出的能力不同。猪小肠上皮细菌能够大量代谢支链氨基酸，但缺乏分解代谢其他必需氨基酸的酶，如苯丙氨酸羟化酶、组氨酸脱羧酶和苏氨酸脱氢酶等，细菌介导了小肠对日粮氨基酸的首过代谢。研究表明，十二指肠、空肠和回肠细菌能大量代谢必需氨基酸。

继代培养 30 代后，小肠细菌仍能大量代谢赖氨酸、苏氨酸、精氨酸和谷氨酸以及组氨酸、亮氨酸、异亮氨酸和缬氨酸。这些研究均证实，细菌参与了氨基酸的肠道首过代谢。

2. 小肠中的氨基酸代谢细菌

猪小肠中氨基酸代谢的优势细菌包括克雷伯菌、后肠杆菌、链球菌、溶糊精琥珀酸弧菌、埃氏巨球形菌、光岗菌、解脂厌氧弧菌及发酵氨基酸球菌等。小肠氨基酸代谢菌可分泌多种蛋白酶和肽酶。研究表明，反刍普雷沃氏菌、溶纤维丁酸弧菌、埃氏巨球形菌、反刍月形单胞菌及牛链球菌等细菌能够分泌高活性的二肽基肽酶及二肽酶，与单胃动物消化道中的蛋白质消化和吸收有关。氨基酸代谢关键菌的发现为靶向肠道细菌通过营养干预减少氨基酸的发酵、促进宿主的氨基酸利用提供参考。

3. 小肠细菌对氨基酸代谢的区室化

不同肠段的细菌数量及组成上具有很大差异，这种不同位置细菌组成的不同被称为细菌的区室化。消化道不同部位的细菌组成存在差异，所以细菌对氨基酸的代谢可能也具有区室化。研究表明，猪小肠不同肠段对氨基酸的细菌代谢存在差异，十二指肠细菌对氨基酸的利用明显低于空肠和回肠。体外培养细菌 12 h 后，空肠细菌对赖氨酸的利用显著高于回肠细菌，而空肠细菌对精氨酸、苏氨酸、蛋氨酸和亮氨酸的利用则显著低于回肠细菌。

然而，肠道微生物的区室化不仅仅体现在不同肠段上，还可能存在于不同肠道层面上。肠道细菌分为 4 层，即肠腔、黏液层、黏液下层和肠上皮层。黏液层与黏液下层统称为黏膜层，故将肠道微生物分为 3 层：肠腔微生物、黏膜微生物和肠壁微生物。不同层次的微生物对氨基酸的代谢也存在差异，有研究者利用体外发酵技术对肠壁松散连接细菌和肠壁紧密连接细菌对氨基酸的代谢进行研究发现，肠壁紧密连接细菌对氨基酸主要表现出较强的合成能力，而肠壁松散连接细菌对氨基酸既存在合成能力，也存在利用能力。回肠肠壁紧密连接细菌对氨基酸的合成作用主要集中在前 6 h，合成率在 0~20%，而空肠肠壁紧密连接细菌在体外发酵的前 12 h 均表现为对氨基酸的合成，且合成率最高可达 40%。对于空肠肠壁松散连接细菌，蛋氨酸、赖氨酸在培养前 12 h 表现出较强的合成能力，而在 12~24 h 内则以分解能力为主，24 h 后，除谷氨酰胺、赖氨酸、谷氨酸和蛋氨酸外，其余氨基酸均表现出净合成。

三、PDV 组织非必需氨基酸代谢

早期的研究发现了小肠黏膜组织能氧化非必需氨基酸和支链氨基酸。随后的研究进一步证实了谷氨酸及谷氨酰胺能被小肠黏膜组织大量利用。猪肠腔食糜中的谷氨酸在肠黏膜吸收时被截留的比例是 95%，小肠黏膜组织能大量利用谷氨酸和谷氨酰胺，其中谷氨酰胺绝大部分是来自动脉血。非必需氨基酸在猪门静脉流通量中约占总氨基酸的44%。小肠实质上是利用大部分动脉血中的谷氨酰胺释放大量的丙氨酸和血氨。

谷氨酸和谷氨酰胺并不是在肠道中进行代谢转化的唯一日粮氨基酸。被吸收的天冬氨酸在肠内转胺，并产生一种流出物（组织中的丙氨酸）。体外培养研究表明，肠道也可降解精氨酸。成年大鼠肠道所吸收的精氨酸有40%先被小肠黏膜组织代谢，剩余的60%则进入门脉循环。而在断奶仔猪肠道内，精氨酸可被精氨酸酶诱导合成脯氨酸。日粮中约有38%的脯氨酸被仔猪肠细胞线粒体内存在的大量脯氨酸氧化酶氧化，还能合成大量的精氨酸和瓜氨酸，以及少量的谷氨酸、谷氨酰胺和鸟氨酸。

几种非必需氨基酸，包括谷氨酰胺、谷氨酸和天冬氨酸被哺乳动物小肠上皮细胞吸收后广泛氧化，因此，在传统日粮中几乎所有的非必需氨基酸都不会进入门静脉。采用同位素示踪技术和动静脉血插管技术研究谷氨酸和苯丙氨酸在仔猪肠道内的吸收情况，结果显示，门静脉内无摄取的谷氨酰胺、谷氨酸和天冬氨酸。因此，日粮谷氨酸在肠道首过代谢过程中几乎完全被消耗，到达肝外组织的谷氨酸和谷氨酰胺需要从头合成。

四、PDV组织必需氨基酸代谢

近年来，许多研究发现由门静脉流出的氨基酸代谢终产物，例如氨、丙氨酸、精氨酸和瓜氨酸中氮含量要高于日粮天冬氨酸、谷氨酸、谷氨酰胺、甘氨酸和丝氨酸分解产生的量，小肠黏膜组织能氧化一些日粮必需氨基酸。

必需氨基酸通过肠黏膜时至少有30%～60%被分解代谢，有40%～70%的必需氨基酸则被小肠吸收进入门静脉，必需氨基酸在猪门静脉流通量中约占总氨基酸量的56%。研究发现，在猪肠道黏膜组织中参与代谢的苯丙氨酸数量极少，可忽略不计。赖氨酸在小肠黏膜组织中的代谢既不参与三羧酸循环，也不产生CO_2，这可能是由于赖氨酸的代谢与肠道微生物作用相关。有研究表明，小肠组织内的蛋氨酸能够通过酶的作用合成鸟氨酸和半胱氨酸，甘氨酸则通过丝氨酸合成。哺乳仔猪日粮中40%的亮氨酸、30%的异亮氨酸和40%的缬氨酸能被PVD组织利用，黏膜蛋白质合成的利用量低于20%。

PDV组织是支链氨基酸代谢的主要场所。肠黏膜组织中含有支链氨基酸转氨酶和支链氨基酸α-丙戊二酸脱氢酶，这为支链氨基酸在肠黏膜组织中的代谢提供了酶基础。哺乳仔猪吸收的支链氨基酸约有40%参与首过代谢，其余约20%用于合成小肠黏膜蛋白质。饲喂奶蛋白的猪PDV组织对丝氨酸和甘氨酸截留的量分别为40%和50%。采用同位素示踪技术和动静脉血插管技测定仔猪肠道内必需氨基酸的吸收情况，结果表明，必需氨基酸净吸收量显著。

第二节 氨基酸在后肠道中的代谢

日粮蛋白质的消化及氨基酸和肽的吸收是一个高效的过程，但未被消化吸收的日粮和内源性含氮物质（主要是蛋白质和肽）进入后肠被发酵，即使是极易可消化蛋白，也会有小部分未被小肠消化，从而进入后肠。进入后肠的蛋白质和肽被微生物和剩余的胰蛋白酶降解产生小肽和氨基酸，以及多种微生物代谢产物。未降解和部分降解的日粮和内源性蛋白进入盲肠、升结肠、横结肠、降结肠，最后到达乙状结肠及直肠。后肠中含有大量微生物，使得食糜在后肠中的相对流速较慢，是微生物对蛋白质进行发酵的原因之一。后肠微生物多样性高于小肠，所以蛋白质的发酵主要在后肠进行。

一、后肠道微生物对氨基酸的代谢

单胃动物肠道中定植着大量微生物，数量大约是宿主机体细胞总数的 10 倍。肠道细菌在体内作为一个独立的"器官"存在，对宿主健康及肠道免疫起重要作用。后肠食糜内容物中含有 $10^{13} \sim 10^{14}$ 个微生物，其种类高达数千种。近年来研究表明，肠道微生物参与肠道中营养素的代谢，尤其是氨基酸日粮中未被消化吸收的蛋白质和碳水化合物等物质进入后肠后被肠道中的微生物利用，产生短链脂肪酸、生物胺、氨、硫化氢、吲哚和酚类等物质，影响肠道和宿主健康。肠道中生物胺主要包括腐胺、尸胺和亚精胺等，其中腐胺由微生物分解代谢鸟氨酸和精氨酸产生，尸胺由赖氨酸产生。产生代谢物的微生物主要有拟杆菌（为该属的某些种）、丙酸杆菌、链球菌属和梭菌属。梭菌属的细菌包括梭杆菌、消化链球菌、韦荣氏球菌、埃氏巨球形菌、发酵氨基酸球菌和反刍月形单胞菌等，它们被认为是单胃动物后肠中主要的氨基酸发酵细菌。研究表明，拟杆菌属能在吸收细胞的刷状缘表面分泌类似弹性蛋白酶的蛋白酶，大量分泌的蛋白酶可降解刷状缘上的麦芽糖酶和蔗糖酶，但对碱性磷酸酶的活性没有影响。

一般认为，除刚出生阶段，动物结肠肠腔的氨基酸不会被宿主大量吸收，这说明未降解的蛋白质产生的氨基酸不会被机体吸收用于蛋白合成。结肠上皮细胞有能力降解多种氨基酸，例如结肠上皮细胞降解精氨酸，产生鸟氨酸、一氧化氮和谷氨酰胺。研究表明，小鼠日粮蛋白质的摄入量增加，由于肝脏循环需要更多的鸟氨酸来清除血液中的氨，所以有更多的精氨酸被结肠细胞转变为鸟氨酸和尿素。有些研究显示，并不能排除后肠对氨基酸的吸收。在猪模型上的研究发现，后肠中注入蛋白质或氨基酸后，机体整体氮平衡得到增强，说明后肠有部分氨基酸被吸收。此外，给猪的盲肠注射 N 标记的蛋白质后，在门静脉中检测到 ^{15}N 标记的氨基酸，这也说明后肠能吸收一部分氨基酸。微生物合成的氨基酸会被小肠吸收利用，同时有一小部分可能被后肠吸收。在猪结肠细胞上发现的 $ATBO^+$ 中性和阳离子氨基酸转运载体也证实了结肠细胞有吸收氨基酸的能力。有研究表明，肠腔氨基酸通过末端转运载体进入结肠细胞后被利用，从而不进入血液。所以，后肠的氨基酸只能供结肠细胞合成蛋白质或进入其他代谢途径，而机体其他组织不能利用后肠氨基酸。大量的文献报道结肠微生物对氨基酸的代谢是后肠氨基酸的主要代谢终点，基因组和生理学研究表明肠道微生物有特异的酶用于氨基酸代谢。后肠氨基酸发酵产物对结肠上皮细胞的代谢和肠道微生物菌群具有重要影响。

二、后肠道氨基酸代谢产物

（一）后肠道氨基酸的分解代谢途径

肠道中的氨基酸可被微生物直接吸收，进入微生物细胞内作为蛋白质合成的前体物，或进入分解代谢，其中分解代谢最主要的反应是转氨基反应和脱氨基反应。其包含氧化反应、还原反应或者史蒂克兰德氏反应（氧化还原反应），史蒂克兰德氏反应在结肠蛋白降解梭菌中最为普遍（杨宇翔，2016）。史蒂克兰德氏反应需要一对氨基酸同时参与，其中一个氨基酸被氧化脱羧，另一个则被还原。这一对氨基酸中，氢离子供体主要是丙氨酸、亮氨酸、异亮氨酸、缬氨酸和组氨酸，而氢离子的受体主要是甘氨酸、脯氨酸、鸟氨酸、精氨酸和色氨酸。在大多数情况下，史蒂克兰德氏反应会产生相应的酮酸或饱和脂肪酸。许多厌氧微生物可通过发酵途径代谢酮酸和饱和脂肪酸。它们以丙酮酸为起点，经过一系列反应生成终产物氢离子受体，比如短链脂肪酸（如乙酸、丙酸和丁酸）、有机酸（如甲酸、乙酸和苹果酸）、乙醇和气体（如氢气和 CO_2）。在通常情况下，有机酸不会积累，能被微生物迅速利用并产生短链脂肪酸。尿素可被水解成氨和 CO_2。脱氨反应生成的氨可作为氮源再利用或者排出体外。生成的氢气和 CO_2，可被氢利用微生物，例如古菌、乙酸菌和硫还原菌利用产生甲烷、乙酸和硫化氢。乙酸作为能量物质被不同类型的上皮细胞或微生物利用。微生物产生的硫化物可被肠细胞进一步代谢。

(二) 微生物代谢产物

日粮中蛋白质经过水解作用最终生成氨基酸、含硫氨基酸及芳香族氨基酸，其主要通过以下 3 种模式被微生物代谢利用：①氨基酸经过脱羧基作用生成多胺、胺类物质的同时释放 CO_2，经过脱氨基作用生成铵离子、酮酸和饱和脂肪酸。酮酸和饱和脂肪酸代谢生成酒精释放 H，最终生成挥发性脂肪酸，包括短链脂肪酸和支链脂肪酸，并释放 CO_2；②含硫氨基酸以正常代谢途径生成代谢产物，并通过脱硫作用最终生成 H_2S，其中一部分被释放，另一部分与脱氨基作用生成的铵离子一起用于合成菌体蛋白；③芳香族氨基酸经过复杂的代谢途径最终生成吲哚、酚类物质。

1. 支链脂肪酸

支链脂肪酸主要由微生物代谢支链氨基酸（如亮氨酸、缬氨酸和异亮氨酸）产生，其主要代谢产物为 2-甲基丁酸、异丁酸和异戊酸。参与支链氨基酸代谢过程的主要微生物有拟杆菌属、链球菌属、梭菌属和丙酸菌属。蛋白质经微生物发酵后 30% 可以转化为挥发性脂肪酸，由于微生物可发酵底物的不同，支链脂肪酸占其中 16%~23%。相较于短链脂肪酸，支链氨基酸在后肠中含量相对较低，它们只可以通过蛋白质代谢而来，而无法从碳水化合物获得，所以其浓度可以用来监测肠道微生物对蛋白质的利用情况，是蛋白质发酵程度的指示物质。

2. 短链脂肪酸

短链脂肪酸是微生物在单胃动物后肠发酵的终产物，包括乙酸、丙酸和丁酸。纤维和抗性淀粉在微生物发酵作用下产生短链脂肪酸，一部分未消化的蛋白质也被作为底物通过微生物发酵产生短链脂肪酸。后肠中微生物发酵甘氨酸、丙氨酸、谷氨酸、赖氨酸、苏氨酸和天冬氨酸产生乙酸，丁酸由谷氨酸和赖氨酸发酵产生，丙氨酸和苏氨酸则产生丙酸。乙酸、丙酸和丁酸都可被氧化给结肠上皮供能。研究表明，日粮蛋白质水平的增加会导致大鼠肠道短链脂肪酸和支链脂肪酸的上升。乙酸、丙酸和丁酸分别主要被肌肉、肝脏和结肠黏膜所利用。丁酸作为结肠主要的能量来源，还可转运至结肠细胞内或者作用于细胞外的靶点，未被降解的丁酸则被重新吸收入血液中。

3. 氨

肠道中的氨主要有两种生成途径，分别是肠道微生物对氨基酸的脱氨基作用及微生物尿素酶对尿素的水解。后肠肠腔中氨的含量不仅取决于微生物对氨基酸的脱氨作用和对尿素的水解作用，微生物对氨的利用以及上皮对氨的吸收也发挥着重要作用。微生物代谢产生的氨能够通过肠道周围血管进入静脉血液，经肝脏代谢转化为尿素，以减少氨在肠道的积累。研究结果表明，结肠黏膜存在能将尿素从血液转运到肠腔的尿素转运载体。近年来的研究显示，部分氨和谷氨酸在谷氨酰胺合成酶的作用下生产谷氨酰胺，这在一定程度上控制了肠细胞内氨的浓度。微生物还能利用游离氨合成菌体蛋白，因此肠道内的氨浓度是肠道上皮吸收和肠道微生物利用平衡的结果。

过量的氨对肠道黏膜具有不利影响，氨是潜在的致癌原，其能够增加黏膜损伤和结肠腺癌的概率，氨影响肠道上皮细胞代谢，高浓度的氨可抑制细胞线粒体利用氧气，增加溶酶体空泡，抑制细胞增殖，同时增加肠上皮细胞的通透性。此外，高浓度的氨会抑制短链脂肪酸在结肠上皮中的氧化，对动物机体具有不利影响。

4. 生物胺

肠道微生物对氨基酸的脱羧基作用产生生物胺，主要包括组胺、酪胺、色胺、尸胺、腐胺、亚精胺和精胺。组胺、酪胺、色胺、尸胺相应的前体氨基酸分别是组氨酸、酪氨酸、色氨酸、赖氨酸，腐胺、精胺和亚精胺可由精氨酸代谢产生。拟杆菌属、梭菌属、双歧杆菌属、肠杆菌属、乳酸杆菌属和链球菌属的某些种属细菌参与氨基酸脱羧作用。高浓度的多胺具有潜在的上皮细胞毒性，能够引起细胞氧化应激和增加致癌风险，研究发现高浓度的精胺和亚精胺能够引起腹泻。肠道黏膜的单胺和多胺氧化酶能够代谢胺类物质、降低其浓度、减少对上皮的损伤。营养是影响生物胺浓度的重要的因素，在早期断奶仔猪中，用氨基酸替代部分蛋白质后发现盲肠和结肠腐胺和尸胺的浓度降低。

5. 硫化物

硫化物是肠道蛋白质发酵的主要产物，含硫氨基酸（如蛋氨酸、半胱氨酸、胱氨酸）能够被肠道微生物代谢，产生硫化物。这一过程主要由肠道内脱硫弧菌属细菌或者其他能够编码亚硫酸盐还原酶的细菌参与。研究发现，硫化物对结肠细胞具有细胞毒性，抑制细胞内的丁酸氧化，进而破坏结肠细胞屏障功能。

6. 吲哚和酚类物质

芳香族氨基酸通过肠道微生物的代谢作用产生吲哚和酚类物质，参与该代谢过程的细菌主要有拟杆菌属、梭菌属、乳酸杆菌、消化链球菌属和双歧杆菌属。酪氨酸经微生物发酵产生苯酚和对甲酚，色氨酸能被微生物代谢产生吲哚和粪臭素。酚类物质在远端结肠的浓度高于近端结肠，说明大肠末端微生物对氨基酸的发酵能力高于近端。人类肠道微生物菌群可以产生多种次级代谢产物并在血液中积累，并且对宿主会产生系统性的影响。利用小鼠模型研究结果显示，肠道中的特定微生物生孢梭菌能代谢芳香族氨基酸，这一代谢途径产生了12种化合物，其中9种已知可在宿主血液中积累，同时发现3种芳香族氨基酸（色氨酸、苯丙氨酸、酪氨酸）作为底物参与这一代谢途径，生孢梭菌、厚壁菌门可以降解色氨酸，并分泌代谢产物吲哚丙酸，吲哚丙酸会在血液中积累，其在血液中的浓度水平在生物体内具有很大的变动范围。

三、影响后肠道中氨基酸代谢的因素

日粮蛋白质水平是影响后肠氨基酸代谢的主要因素。研究表明，育肥猪日均摄入总氮量的50%以尿氮的形式排出，约15%以粪氮的形式排出体外。粪氮主要来源于日粮中未被消化吸收的氮、微生物来源的氮和内源性氮。在一定程度上，肠道中蛋白质的合成和降解之间的平衡是由氨氮浓度反映的。研究显示，日粮蛋白质水平若降低6%，则盲肠内的氨氮含量减少50.5%。微生物可利用肠道中的氮源合成微生物蛋白质，为动物提供蛋白质需要，饲喂蛋白质水平为10%日粮的猪食糜微生物蛋白质的含量减少了40.2%，说明微生物生成氮减少。

第三节　氨基酸在肝脏中的代谢

肝脏是动物机体内重要的代谢器官，是氮营养素代谢的中枢，在解剖学结构上与肠道同处于优先利用营养素的器官。肝脏不仅可以参与机体营养物质代谢、生物合成和解毒，而且还可以储存体内的血液，血液是肝脏的基础通道。有研究发现，虽然肝脏的重量只占体重的2%，却存储了25%的心脏血流量。肝脏的血流量占心输出量的35%，约50%的血液都要流经肝脏。肝脏的血液来自门静脉和肝动脉，门静脉和肝静脉分别是营养物质进出肝脏的血管，在新陈代谢中肝脏起着至关重要的作用。肝脏血液主要来自门静脉，肝动脉只占肝脏血流量的2%~17%。

一、氨基酸在肝脏中的代谢规律

日粮中的大量氨基酸在肠道中会被动物的肠黏膜组织吸收，经过PDV组织消化吸收后，剩余的部分从门静脉血液流出，随后进入肝脏代谢。肝脏吸收来自门静脉和肝动脉的氨，并通过自身的代谢转化为尿素和谷氨酸。肝脏中可以进行蛋白质的合成，也可以进行氨基酸的分解代谢。日粮中的蛋白质经过消化道蛋白酶的催化之后，以游离氨基酸和寡肽的形式被小肠吸收，并随门静脉

血液进入肝脏，大部分氨基酸被肝脏转化，只有小部分以游离的形式到达外周循环。氨基酸在肝脏中的代谢包括合成和分解两种方式。合成代谢即从肝脏输出蛋白质，供应外周利用的过程，分解代谢一般是先脱去氨基，形成的碳骨架可以被氧化成 CO_2 和 H_2O，产生 ATP，也可以为糖、脂肪酸的合成提供碳架。氨基酸在肝脏经过 4 条潜在途径代谢：①转化为特殊的含氮代谢物；②以游离的形式留在血管内；③氧化提供能量和非氮终产物；④合成外运蛋白进入肝脏。当猪采食蛋白质的量降低，减少了与蛋白质消化相关的腺体（如胰腺、肝脏）的活动，导致动物产热量减少，进而影响与氨基酸代谢相关的生化反应，例如脱氨基反应。

二、氨基酸在肝脏组织中的合成代谢

氨基酸在肝脏中能通过影响蛋白质的降解从而改变蛋白质的合成。有研究者向试验鼠动脉血中灌注 10 倍浓度的氨基酸，得到肝脏合成蛋白质的最大效率。通过限制不同种类氨基酸的含量来调节肝脏蛋白质的合成。氨基酸的种类会影响肝脏对氨基酸的转化率，支链氨基酸同丙氨酸、甘氨酸和芳香族氨基酸的转化率相比较低。研究发现，提供高浓度的氨基酸并不能提高肝脏中蛋白质的合成率，如果肝脏内氨基酸的活性没有被充分激活，那么蛋白质的降解将会被加大，从而导致蛋白质的合成下降。肝脏对氨基酸的转化存在一定的范围，如果氨基酸浓度过高，肝脏将以不同的形式转化多余的氨基酸。组氨酸在肝脏中可被合成肽，采食组氨酸或肌肽能提高肝细胞酒精中毒引起的抗氧化及抗炎症的活性，因此组氨酸是保护肝脏的因子之一。蛋氨酸约有 50% 以上在肝脏中进行代谢。肝脏可以利用来自门静脉循环的部分含硫氨基酸合成蛋白质和谷胱甘肽等物质。肝脏中存在着精氨酸合成所需的脯氨酸氧化酶、鸟氨酸甲酰转移酶、精氨酸琥珀酸合成酶以及氨基甲酰磷酸合成酶，为肝脏内精氨酸的合成提供了物质基础。精氨酸在肝脏中通过尿素循环合成，但是精氨酸的数量不会净增加，原因是在细胞质基质中精氨酸激酶的活性高，使得精氨酸被迅速水解。

三、氨基酸在肝脏组织中的分解代谢

氨基酸降解过程中第一步反应是转氨基作用，转氨基作用必须在谷氨酸脱氢酶的作用下才能形成氨。肝脏是发生转氨基作用和脱羧基作用这两个反应的主要场所，从而降解所有的氨。由于氨有毒性，在被肾脏排出之前氨被肝脏转化为尿素。除此之外，肠道也可生成氨并由血液运输到肝脏，由于运输到肝脏的氨并不进入系统循环，所以会造成氨中毒。骨骼是3种支链氨基酸即亮氨酸、异亮氨酸和缬氨酸发生转氨基酸作用的主要场所，这3种支链氨基酸在支链氨基酸转氨酶的作用下转变为相应的支链酮酸，支链酮酸被转移到肝脏进行进一步的代谢。支链氨基酸的氨基最终用于合成谷氨酸，运输到肝脏进行脱氨基作用。不同的动物对异亮氨酸的利用方式不尽相同，单胃动物的骨骼肌氧化大部分来自蛋白质降解的异亮氨酸，生成相应的α-酮酸并在肝脏内被重新氧化。除此之外，肝脏中含有丰富的氨基酸代谢转化酶，对机体的蛋白质代谢有非常重要的作用。

四、不同氨基酸在肝脏中的代谢规律

（一）赖氨酸

赖氨酸是猪的第一限制性氨基酸，赖氨酸的代谢途径能提高动物合成蛋白质的效率。大多数动物体内赖氨酸分解的主要途径是依赖于酵母氨酸的分解途径，此过程包括赖氨酸α-酮戊二酸还原酶和酵母氨酸脱氢酶，同时，赖氨酰化酶也是赖氨酸分解的关键酶之一。一直以来赖氨酸α-酮戊二酸还原酶在除肝脏外其他组织的活性都是被忽视的。研究发现赖氨酸α-酮戊二酸还原酶和赖氨酰化酶存在于小鸡的肝外组织中，从而证实了赖氨酸分解代谢也发生于肝外的其他组织。肠道上皮细胞中含有赖氨酸α-酮戊二酸还原酶，即肠道内催化赖氨酸代谢的第一个催化酶，肠道还可以氧化 ^{14}C-Lys 成为 $^{14}CO_2$，因此肠道同时也含有赖氨酰化酶。猪的肝脏中赖氨酸α-酮戊二酸还原酶和酵母氨酸脱氢酶的表达活性最高，依次是肠道和肾脏，而赖氨酰化酶在肌肉中表达量最高，说明赖氨酸主要是在肝脏、肠道、肾脏中发生降解，在肌肉发生氧化。肠道组织中，赖氨酸可用于合成黏膜蛋白质及进行分解代谢，仔猪肠道大约截留了35%的日粮赖氨酸，其中18%合成黏膜蛋白。研究表明，日粮赖氨酸的5%被仔猪肠道氧化，占全身总赖氨酸氧化量的30%；此外，PDV组织摄取的10%的赖氨酸来源于动脉血，但肠道并不氧化动脉血来源的赖氨酸，所以，日粮是肠道组织优先摄取赖氨酸的来源。

研究认为赖氨酸氧化的主要器官是肝脏，赖氨酸α-酮戊二酸还原酶主要存在于猪肝脏的线粒体基质中，因此赖氨酸首先必须通过线粒体内膜才能发生代谢。ORC转运蛋白在赖氨酸的转运过程中起着重要作用，ORC1和ORC2在肝脏中大量表达，从而加速肝脏中赖氨酸的代谢。小鼠肝脏内赖氨酸α-酮戊二酸还原酶活性受到日粮蛋白质水平的影响，蛋白质水平越高，赖氨酸α-酮戊二酸还原酶活性越高。

（二）蛋氨酸

蛋氨酸属于含硫氨基酸，蛋氨酸可用于体内蛋白质合成及作为转甲基反应中甲基的提供者。蛋氨酸是猪的限制性氨基酸，然而在动物体内，蛋氨酸的代谢一般由3个蛋氨酸—高半胱氨酸循环的通路组成；首先蛋白质和蛋氨酸之间发生可逆性的转换，然后蛋氨酸被蛋氨酸腺苷转移酶甲基化生成S-腺苷蛋氨酸，S-腺苷蛋氨酸再转甲基生成S-腺苷高半胱氨酸，后者可进一步水解为高半胱氨酸。在甜菜碱高半胱氨酸甲基转移酶的作用下发生再甲基化，或是在N_5-甲基四氢叶酸高半胱氨酸甲基转移酶的作用下，高半胱氨酸均可生成蛋氨酸，或者发生通路转硫基反应，即不可逆生成胱硫醚，进一步生成半胱氨酸。其中，体内绝大多数组织器官蛋氨酸循环的关键步骤是转甲基和再甲基化通路，而转硫基通路仅分布于肝脏、肾脏、肠道和胰腺等部位，主要由β-胱硫醚合成酶和胱硫醚裂解酶催化。由此可见，动物机体内蛋氨酸的代谢有多种酶的参与，过程极其复杂。

日粮中的蛋氨酸大约一半以上在肝脏进行代谢，肝脏利用一部分来自门静脉循环的含硫氨基酸用于合成蛋白质和谷胱甘肽等。转甲基反应的抑制剂是S-腺苷高半胱氨酸，S-腺苷高半胱氨酸水解酶可将S-腺苷高半胱氨酸水解为高半胱氨酸和腺苷。肝脏中有3条高半胱氨酸的代谢途径，其中一条是通过转硫基作用可将高半胱氨酸转换成半胱氨酸，这个途径被β胱硫醚合成酶和胱硫醚裂解酶催化，且只存在于肝脏中。另外两条途径是高半胱氨酸分别在N_5-甲基四氢叶酸高半胱氨酸甲基转移酶和甜菜碱高半胱氨酸甲基转移酶的催化下合成蛋氨酸。Park 等（1999）研究表明，日粮缺乏蛋氨酸会导致断奶仔猪、大鼠肝脏中甜菜碱高半胱氨酸甲基转移酶活性显著升高，其mRNA表达水平也显著升高。

（三）苏氨酸

苏氨酸是一种羟基氨基酸，是动物的第二或第三限制性氨基酸，降低日粮中苏氨酸含量的同时增加赖氨酸或者蛋氨酸等必需氨基酸的含量，动物的生长性能并不能得到改善，因此在猪日粮中添加适量苏氨酸很有必要。苏氨酸在苏氨酸脱氢酶、苏氨酸醛缩酶及苏氨酸脱水酶的催化下变成其他物质，而无须经过脱氨基和转氨基作用。

在动物的肝脏，苏氨酸有3种代谢途径：①苏氨酸在L-苏氨酸-3-脱氢酶的催化下转化为氨基丙酮、甘氨酸和辅酶A；②在苏氨酸脱水酶的催化下，苏氨酸转化为2-酮丁酸和氨气；③在苏氨酸醛羧酶的催化下分解为甘氨酸和乙酰辅酶A。苏氨酸代谢过程中起最重要作用的酶分别是苏氨酸醛缩酶和L-

苏氨酸-3-脱氢酶。在饲喂正常日粮时，苏氨酸在猪肝脏中主要被 L-苏氨酸-3-脱氢酶催化，而在禁食和饲喂无氮日粮时，苏氨酸降解主要是通过苏氨酸脱水酶的催化作用得以实现。降低仔猪日粮苏氨酸的含量会影响肝脏蛋白质的沉积，所以日粮苏氨酸的含量对肝脏代谢具有十分重要的作用。

（四）谷氨酸和天冬氨酸

谷氨酸在肝脏氨基酸转氨基的过程中起着重要作用，每天可促使 80~100 g 蛋白质水解，而且能转换肌肉水解的大多数氨基酸形成葡萄糖，供机体饥饿状态下利用，因此谷氨酸是连接肝脏氨基酸分解和糖异生作用的一个重要氨基酸。肝脏内含有谷氨酸分解代谢所需的 N-乙酰谷氨酸合成酶、谷氨酰胺合成酶等，还含有合成氨基酸的谷氨酰胺酶、5-羟脯氨酸酶等，以及可逆地催化谷氨酸代谢的丙氨酸氨基转移酶和谷氨酸脱氢酶，所以肝脏既能代谢谷氨酸，也能合成谷氨酸。研究表明，哺乳动物肝脏中谷氨酸脱氢酶的活性是其他器官的几倍，与谷氨酸是其他氨基酸转氨基作用的中间产物有关，谷氨酸来源的部分氮出现在肝脏血氨池中，然而大量谷氨酸氮则用于转氨基作用，用于合成天冬氨酸、丙氨酸及谷氨酰胺。

（五）精氨酸

精氨酸是幼年动物的必需氨基酸，对于成年动物，精氨酸则是条件性必需氨基酸。精氨酸在蛋白质的合成代谢及一氧化氮的合成过程中起着重要作用。在动物体内：①精氨酸在精氨酸酶的作用下脱脒基生成尿素和鸟氨酸，尿素进入血液循环，鸟氨酸则在肝脏、肾脏或肠黏膜细胞中生成瓜氨酸，随后被转运到细胞液，参与鸟氨酸循环过程；②精氨酸在一氧化氮合成酶的催化作用下合成具有生物活性的一氧化氮；③精氨酸还可被甘氨酸转脒基分解为肌酐酸和鸟氨酸，进而降解为尿素和鸟氨酸。肝脏中存在着精氨酸合成所需的脯氨酸氧化酶、鸟氨酸甲酰转移酶、精氨酸琥珀酸合成酶和氨基甲酰磷酸合成酶，为肝脏精氨酸代谢提供物质基础。研究发现，精氨酸在肝脏中可以通过尿素循环合成，但没有净产生，这是因为细胞质基质精氨酸激酶具有极速高效性，使得精氨酸被迅速水解。

（六）支链氨基酸

亮氨酸、异亮氨酸和缬氨酸是机体的 3 种必需氨基酸，它们具有相似的结构，共用具有氧化脱羧作用的酶及膜上的载体。支链氨基酸占机体蛋白质组成中必需氨基酸的 35%~40%，动物组织内支链氨基酸的代谢首先是在支链氨基酸氨基转移酶的催化下可逆性地产生支链酮酸。支链氨基酸氨基转移酶有两个亚型，一个是支链氨基酸氨基转移酶 M，定位于细胞在线粒体；另一个是支链氨基酸氨基转移酶 C，定位于细胞质。支链氨基酸代谢的第二步是由支链酮酸脱氢酶进行催化，且此步不可逆。支链酮酸脱氢酶存在活化（去磷酸化）和非活化（磷酸化）两种形式，而抑制其活化的酶是支链酮酸脱氢酶激酶。在调节支链酮酸脱氢酶复合物的过程中，支链酮酸脱氢酶 K 起重要作用，支链酮酸脱氢酶 K 调节了支链氨基酸的代谢。支链氨基酸氨基转移酶有两个亚型，其中支链氨基酸氨基转移酶在哺乳动物组织内普遍存在，心脏和肾脏相对较高，肝脏中由于支链氨基酸氨基转移酶的表达量少，所以活性较低，支链氨基酸代谢主要是在肝外组织发生的，说明肝脏利用支链氨基酸用于蛋白质合成，但是并不能直接降解支链氨基酸。肝脏支链酮酸脱氢酶可以代谢肝外组织合成的支链酮酸，为肌肉蛋白质合成提供支链氨基酸。

五、氨基酸在肝脏中的代谢研究

肝脏是蛋白质合成和氨基酸分解代谢的重要器官。肝脏中存在大量的转氨酶和脱氨酶，肝脏中发现了几乎所有的必需氨基酸分解代谢酶。肝脏在氨基酸的代谢中起着关键作用，并通过调节血液中氨基酸的组成影响氨基酸对周围组织的供应。氨基酸在 PDV 组织中大量代谢，发生脱氨反应产生大量的氨并进入门静脉，是肝脏尿素合成的直接前体物。肝脏是氨基酸代谢转化的中心，氨基酸的合成与分解都在肝脏中进行，经小肠吸收进入门静脉的氨基酸大部分都通过肝脏进行代谢转化。氨氮和尿素的水平可以反映出氨基酸在肝脏中的利用情况。

研究表明，甘氨酸和丙氨酸在 PDV 组织中大量产生，并没有被消耗。在 PDV 组织产生的甘氨酸和丙氨酸中有 20% 左右的氮来自谷氨酸。经过肝脏代谢后，甘氨酸和丙氨酸数量显著降低，尿素与谷氨酸大量合成，PDV 组织异常增加的甘氨酸和丙氨酸是由于谷氨酸等氨基酸的过度代谢导致。这一氨基酸代谢规律与机体的自我保护功能相吻合：PDV 组织中氨基酸代谢所产生的氨如果全部直接进入肝脏组织将造成严重的肝损伤，而将其中一部分氨转化为分子量相对较小的甘氨酸和丙氨酸，不仅有效降低氨的浓度、减轻对肝脏的损伤，同时又能发挥谷氨酸等氨基酸在 PDV 组织中的代谢燃料功能。

研究表明，与饲喂 18% 蛋白质水平日粮相比，饲喂 15% 蛋白质水平日粮猪的肝脏对苏氨酸、亮氨酸、赖氨酸、组氨酸、精氨酸和必需氨基酸的消耗增加，脯氨酸、天冬氨酸、谷氨酸、甘氨酸、丙氨酸、胱氨酸、酪氨酸、非必需氨基酸和氨气的消耗降低。饲喂 13.5% 蛋白质水平日粮导致猪的肝脏增加消耗苏氨酸、缬氨酸、蛋氨酸、异亮氨酸、亮氨酸、苯丙氨酸、赖氨酸、组氨酸、精氨酸、色氨酸，减少肝脏中脯氨酸、天冬氨酸、谷氨酸、甘氨酸、丙氨酸、胱氨酸、酪氨酸、非必需氨基酸和氨气，同时，13.5%蛋白质水平日粮导致肝脏尿素产量增加，并且增加了肝脏中必需氨基酸的消耗，当来自PDV的非必需氨基酸供应不足时，必需氨基酸被用来合成非必需氨基酸以平衡离开肝脏的氨基酸组成。日粮蛋白质水平降低导致肝脏中非必需氨基酸供应的减少和必需氨基酸消耗的增加。非必需氨基酸缺乏导致肝脏中必需氨基酸消耗的增加，不利于氨基酸的最佳利用。

第四节　影响生猪氨基酸代谢的主要因素

动物如何充分并且合理地利用蛋白质一直以来都是动物营养研究所关注的热点和重点问题之一。从动物对蛋白质的需要（即对氨基酸的需要）到以可消化氨基酸为基础的理想蛋白质氨基酸模式的建立以及应用，已经使动物对蛋白质的利用和生产效率有了大幅度的提高。氨基酸在PDV与肝脏中的代谢转化机制是一个非常复杂的过程，氨基酸在肝脏中利用率的高低直接关系到氨基酸对机体的供应量，氨基酸在机体中的代谢则受很多因素的影响。

一、日粮因素

（一）日粮构成因素

日粮蛋白质的来源、品质、加工储存条件及动物对蛋白质的摄入量等均可影响动物机体蛋白质的消化，进而影响氨基酸的代谢。日粮构成是影响氨基酸代谢的主要因素之一。蛋白质在大肠中的发酵往往会伴随着潜在病原菌的增加。研究表明，仔猪饲喂易消化的蛋白质（如酪蛋白），其在前肠几乎可以完全被消化和吸收，从而降低进入大肠的蛋白质数量，减少大肠微生物对蛋白质的发酵，降低断奶仔猪的腹泻率。断奶仔猪饲喂不同来源蛋白质的日粮（如大豆蛋白、鱼粉、棉粕、乳蛋白和肉蛋白）时，结果显示，植物蛋白显著降低粪便中潜在致病菌（如大肠杆菌和葡萄球菌）的数量，从而改善微生物对氨基酸的代谢作用。研究发现，在不同肠段肠腔及肠细胞中，与蛋白质消化吸收相关的酶，例如胃蛋白酶、胰蛋白酶、糜蛋白酶、羧肽酶、氨肽酶等的分泌受摄入蛋白质的种类、数量、氨基酸组成和蛋白质的消化代谢产物的影响。

（二）日粮蛋白质水平

蛋白质摄入量对组织养分利用率具有重要影响，特别是当日粮摄入量较低或处于临界状态时。蛋白质营养不良降低动物整体生长速率。新生仔猪蛋白质营养不良对整体生长的影响主要是降低胴体生长而并不影响胃肠道生长，因此蛋白质营养不良实际上相对增加了肠道蛋白质的需要量。

1. 日粮蛋白质水平对猪门脉系统的影响

（1）日粮蛋白质水平对氨基酸代谢的影响。肠道养分的摄入量对组织养分利用率具有重要影响，当日粮摄入量较低或处于临界状态时，PDV组织氨基酸代谢也会受到影响。研究者通过肠道和静脉灌注测定赖氨酸和苏氨酸在饲喂高蛋白质日粮（蛋白质水平为20%）和低蛋白日粮（蛋白质水平为10%）仔猪的PDV组织代谢情况发现，高蛋白质日粮组仔猪PDV组织所利用的赖氨酸全部来自动脉血，而低蛋白日粮组仔猪PDV组织所利用的赖氨酸来自肠腔和动脉血。这就表明，在蛋白质摄入长期偏低的情况下，肠道对赖氨酸的需要量相对较高，并优先利用日粮来源的赖氨酸。

（2）日粮蛋白质水平对仔猪肝、门静脉血浆葡萄糖的影响。葡萄糖是机体内大多数组织细胞的主要供能物质，正常情况下动物的血糖水平恒定在一定的范围之内，这对于维持组织细胞结构和供能具有重要意义。研究表明，降低日粮粗蛋白质水平对肉仔鸡翅静脉血清葡萄糖浓度无显著影响。降低日粮粗蛋白质水平不影响仔猪门静脉、肝静脉和肝动脉血浆葡萄糖的浓度，但是仔猪门静脉血浆葡萄糖在PDV组织中的净吸收量却随日粮粗蛋白质水平的降低而降低，降低日粮粗蛋白质水平将增加PDV组织对葡萄糖的消耗。研究表明，降低日粮粗蛋白质水平并平衡赖氨酸、蛋氨酸、苏氨酸和色氨酸4种必需氨基酸会减少非必需氨基酸在PDV组织中的净吸收量，因为谷氨酸等非必需氨基酸在PDV组织中的代谢极其旺盛，降低日粮粗蛋白质水平时如果仅仅平衡重要必需氨基酸将造成进入门静脉的非必需氨基酸的数量显著降低。大多数细胞偏好谷氨酸及谷氨酰胺作为其供能物质，因此，在谷氨酸等非必需氨基酸供应不足的情况下，PDV组织将增加对葡萄糖等能源物质的消耗，这也是降低日粮粗蛋白质水平后葡萄糖在PDV组织中的净吸收量降低的内在原因。随着葡萄糖净吸收量的减少，低蛋白日粮仔猪肝脏所消耗的葡萄糖也随之减少，体现了肝脏在维持机体葡萄糖稳定方面的自我调节功能。

（3）日粮蛋白质水平对仔猪肝、门静脉血浆总蛋白含量的影响。总蛋白含量在一定程度上反映了日粮蛋白质的营养水平及动物对蛋白质的消化利用程度。动物生长迅速及代谢增强时，血液中需要较多带极性基团的白蛋白来运输体组织的合成原料和代谢废物。研究发现，仔猪对日粮中蛋白质的利用率增强时，静脉血中总蛋白含量较高。日粮粗蛋白质水平对仔猪肝、门静脉血浆总蛋白的浓度以及仔猪肝脏中总蛋白的合成速率无明显的影响，当日粮粗蛋白质含量降低到14.0%时，仔猪所需的总蛋白总量下降，肝静脉总蛋白流通量的变化与其自身的基本功能保持一致。

（4）日粮蛋白质水平对仔猪肝、门静脉血浆尿素氮含量的影响。尿素氮作为蛋白质和氨基酸代谢的终产物，其含量与体内氮沉积率、蛋白质或氨基酸利用率呈显著负相关。尿素氮的浓度可以较准确地反映动物体内蛋白质代谢和氨基酸之间的平衡状况。氨基酸平衡良好时，尿素氮浓度下降，尿素氮浓度越低则表明氮的利用效率越高。研究表明，泌乳猪血清尿素氮含量与日粮粗蛋白质水平呈正相关。随着日粮粗蛋白质水平的降低，仔猪肝静脉尿素氮的流通量显著降低。

2. 日粮蛋白质水平对猪肝脏氨基酸代谢的影响

根据氨基酸在肝脏内的转化，氨基酸代谢一般分为合成代谢和分解代谢。合成代谢主要是肝脏中氨基酸合成蛋白质的过程，分解代谢是氨基酸氧化和形成尿素的过程。肝脏对氨基酸的代谢受到日粮蛋白质水平的影响，日粮蛋白质水平对肝脏氨基酸代谢的影响主要体现在两个方面：①当日粮蛋白质水平供给不足时，为保证机体蛋白质的需求，肝脏以蛋白合成代谢为主；②当日粮蛋白水平含量较高时，为将多余蛋白质排出体外，肝脏以蛋白分解代谢为主。

有研究采用平衡赖氨酸、蛋氨酸、苏氨酸和色氨酸的低蛋白质水平日粮饲喂仔猪，提高了仔猪肝脏内必需氨基酸的代谢率，然而谷氨酸和天冬氨酸随着日粮蛋白质水平降低，在肝脏的净合成增加，肝脏对氨基酸代谢利用受到日粮蛋白质水平和氨基酸种类的影响。低蛋白水平日粮降低了门静脉氨基酸浓度及进入肝脏代谢的氨基酸总量，进而改变了出肝脏的肝静脉血液中氨基酸模式。而门静脉和肝静脉血流速度几乎不受日粮蛋白质水平影响，门静脉与肝静脉血流速度之比约为3∶4。适当增加日粮中的蛋白质水平有利于肝脏组织氨基酸代谢转化酶活性的提高，从而促进谷氨酸的合成。在适当降低日粮蛋白质水平及补充必需氨基酸外，还须提高特定的非必需氨基酸在日粮中的比例。这不仅可以降低氮的排放、维持氨基酸代谢转化酶活力和氨基酸转运载体的表达，还可以提高仔猪肝脏氨基酸代谢转化效率。

（三）抗营养因子

1. 非淀粉多糖

日粮中的抗营养因子对于动物氨基酸代谢有负面作用，包括非淀粉多糖、植酸、单宁等。日粮中的非淀粉多糖含量对蛋白质和氨基酸的消化率具有重要的影响。研究表明，日粮中β-葡聚糖含量增加或日粮中总的非淀粉多糖含量增加时，生长猪大量氨基酸的回肠表观消化率均降低。同时，非淀粉多糖影响猪饲料氮沉积及内源性氮的分泌，谷物纤维能显著增加猪内源性氮和氨基酸的排泄。此外，日粮中非淀粉多糖能加速 PDV 组织的基础代谢，影响饲料氨基酸的利用。

2. 其他抗营养因子

植物性饲料中的植酸可与蛋白质及氨基酸等物质结合并形成不溶性复合物，从而降低蛋白质及氨基酸的养分利用率。单宁与消化道中的内源性氮结合，降低氨基酸的真消化率。

二、动物因素

（一）品种

我国地方品种猪资源丰富，分布广泛。由于遗传特性的差异，不同品种猪的生长速度、体型大小、胴体组成和消化生理特征均不同，对氨基酸的需求量也不同。生长速度快、瘦肉率高的猪对氨基酸的需要量更高，以沉积更多的蛋白质。动物品种不同，氨基酸的代谢也存在差异。研究表明，长白猪在回肠中的谷氨酰胺含量显著高于地方品种猪。肠道是谷氨酰胺代谢的主要部位，谷氨酰胺是组织蛋白质合成所需原料的主要来源，地方品种肠道组织缺乏谷氨酰胺供应，可能是影响氨基酸代谢的因素之一。长白猪空肠和回肠组织中的精氨酸浓度高于地方品种猪，可能也是长白猪生长速度优势的原因之一。对不同品种猪肝脏中氨基酸含量的研究表明，巴马香猪和宁乡猪肝脏谷氨酰胺的含量高于长白猪；巴马香猪和蓝塘猪肝脏的谷氨酸含量高于长白猪；巴马香猪、宁乡猪和湘西黑猪肝脏的鸟氨酸含量显著高于长白猪。

（二）年龄及性别

猪的健康状况及发育阶段是影响猪日粮氨基酸吸收后利用率的主要生理因素。胃肠道中蛋白质与氨基酸的内源性损失与动物的发展阶段有关，而且不同生长阶段的猪生长激素和胰岛素的分泌变化导致生长育肥猪肌肉蛋白合成速度相对较慢、降解速度相对较快，仔猪蛋白质和氨基酸吸收后的利用效率通常高于生长育肥猪。有研究表明，随着动物的生长，门静脉氨基酸流通量及净流量均呈线性增长。处于不同生长阶段的猪其 PDV 组织皆会产生大量的甘氨酸和丙氨酸，说明 PDV 组织会广泛代谢谷氨酸等氨基酸，同时产生大量的氨。

三、环境因素

环境温度对动物代谢的影响之一是改变饲料的代谢能值。动物应激时基础代谢提高、骨骼肌蛋白沉积下降、肝急性期蛋白合成上升、抗体生成上升、氨基酸糖异生的量上升，这就意味着免疫应激状态下动物机体代谢的改变很可能会影响动物的氨基酸需要模式。

第四章 生猪低蛋白饲养之品种选择

第一节 猪的常见品种

一、国产生猪优良品种

我国饲养的生猪品种很多,根据分布区域不同,这些品种大体上可以分为华北型、华南型、华中型、江海型、西南型和高原型。

(1) 华北型。华北型主要分布于淮河、秦岭以北地区。华北型猪骨骼发达,体型高大,背腰平直且窄,后腿欠丰满。头平直,嘴筒较长,耳大下垂。额部有纵行皱褶。被毛多为黑色,皮肤厚。繁殖力强,有乳头8对左右。该类型猪的优点是繁殖力高,抗逆力强;缺点是生长速度慢,后腿欠丰满。

代表品种主要有:东北民猪、八眉猪等。

①东北民猪。东北民猪是东北地区的一个古老的地方猪种,有大(大民猪)、中(二民猪)、小(荷包猪)3种类型。目前除少数边远地区农村养有少量大型和小型民猪外,群众主要饲养中型民猪。东北民猪具有产仔多、肉质好、抗寒、耐粗饲的突出优点,受到国内外的重视。

全身被毛为黑色。体质强健,头中等大。面直长,耳大下垂。背腰较平、单脊,乳头7对以上。四肢粗壮,后躯斜窄,猪鬃良好,冬季密生棕红色绒毛。8月龄,公猪体重79.5 kg,体长105 cm,母猪体重90.3 kg,体长112 cm。

240日龄体重为98~101.2 kg,日增重495 g,每增重1 kg消耗混合精料4.23 kg。体重99.25 kg屠宰,屠宰率75.6%。近年来经过选育和改进日粮结构后饲养的民猪,233日龄体重可达90 kg,瘦肉率为48.5%,料肉比为4.18:1。

②八眉猪。八眉猪的中心产区为陕西泾河流域、甘肃陇东和宁夏的固原地区。八眉猪头较狭长,耳大下垂,额有纵行八字皱纹,故名八眉。被毛黑色。

按体型外貌和生产特点,八眉猪可分为大八眉、二八眉和小伙猪三大类型。大八眉猪体格较大，头粗重，面微凹，额较宽，皱纹粗而深，纵横交错，有"万"字或"寿"字头之称，耳大下垂，长过鼻端，嘴直，背腰稍长，腹大下垂。四肢稍高，后肢多卧系，尾粗长，皮厚松弛，体侧和后肢多皱襞，呈套叠状，俗称"套裤"，被毛粗长，乳头6~7对，多达9对，经济成熟较晚。二八眉介于大八眉与小伙猪之间的中间类型。头较狭长，额有明显细而浅的八字皱纹，耳大下垂，长与嘴齐，背腰狭长，腹大下垂，斜尻，大腿欠丰满，后肢多卧系，皱褶较少，且不明显。乳头6对，多达7~8对。生产性能较高，属中熟型。占八眉猪总数的19%左右。小八眉猪（小伙猪）体型较小，侧面呈椭圆形，体质紧凑，性情灵活，头轻小，面直，额部多有旋毛，皱纹少而浅细，耳较小下垂，耳壳较硬，俗称杏叶耳，嘴尖，俗称黄瓜嘴，背短宽较平，腹大稍下垂，后躯较丰满，四肢较短，皮薄骨系，乳头多为6对，早熟易肥，适合农村个体户饲养，占八眉猪总数的80%左右。

八眉猪是一个良好的杂交母本品种，与国内外优良品种公猪杂交，一般具有较好的配合力。八眉猪在我国西北地区分布很广。在较温暖多雨的关中平原到高寒的青藏高原边缘地带以及干旱的黄土丘陵区，都能很好地生长和繁殖。在冬季，八眉猪体表着生绒毛，以抵御寒冷。八眉猪还具有较好的耐粗饲能力，随年龄的增加，对饲料中粗纤维的消化率也随之提高。

大八眉成年公猪体重98.91~114.45 kg，成年母猪体重75.55~84.45 kg。二八眉猪成年公猪平均体重88.95 kg，成年母猪体重59.05~62.31 kg。小伙猪成年公猪体重75.39~86.31 kg，成年母猪体重54.02~57.66 kg。八眉猪公猪性成熟较早，30日龄左右即有性行为，母猪于3~4月龄（平均116 d）开始发情，发情周期一般为18~19 d，发情持续期约3 d，产后再发情时间一般在断乳后9 d左右（5~22 d）。八眉猪肉质好，肉色鲜红，肌肉呈大理石纹状，肉嫩，味香，胴体瘦肉含蛋白质22.56%。

（2）华南型。主要分布于我国的南部和西南部边缘地区。华南型猪的骨骼大小不一，背腰宽，但多凹，腹大下垂，腿臀丰满。头较小，面部微凹，耳小且直。额部多有横行皱褶。被毛多为黑色或黑白花。皮肤比较薄，毛稀。繁殖力较差，有乳头5~6对。该类型猪的优点是早期生长快，易肥，骨细，屠宰率高；缺点是抗逆力差，脂肪多。

代表品种有：滇南小耳猪、两广小花猪、槐猪和海南猪等。

①滇南小耳猪。滇南小耳猪产于云南省勐腊、瑞丽、盈江等地。其体躯短小，耳竖立或向外横伸，背腰宽广，全身丰满，皮薄、毛稀，被毛以纯黑为主，其次为"六白"和黑白花，还有少量棕色的，乳头多为5对。

滇南小耳猪按体型可分为大、中、小3种类型：大型猪体型较大，面平直，额宽，耳稍大，多向两侧平伸或直立，颈部短、厚，背腰平直，腹大而不下垂。四肢较粗壮，毛色以全黑为主，间在额心、尾尖或四肢系部以下有白毛。小型猪体型短小，有"冬瓜身，骡子屁股，麂子蹄"之称，头小，额平无皱纹，耳小直立而灵活，耳宽大于耳长，嘴筒稍长，颈短肥厚，下有肉垂，背腰多平直，臀部丰圆，大腿肌肉丰满，四肢短细、直立，蹄小坚实。中型猪体型外貌介于大、小型猪之间。

成年大型公猪平均体重64.16 kg，母猪平均体重76.03 kg；成年小型公猪平均体重39.57 kg，母猪平均体重54.31 kg。初产母猪平均产仔数7.7头，产活仔数7.25头；经产母猪平均产仔数10.12头，产活仔数9.91头。滇南小耳猪数量大，分布广，能适应湿热气候和放牧为主的饲养条件，具有早熟易肥、屠宰率高、皮较薄、肉质好的特点。滇南小耳猪的缺点是性情较野，生长速度较慢，饲料利用率较低。

②两广小花猪。两广小花猪包括陆川猪、福绵猪、公馆猪、广东小耳花猪等。广东小耳花猪又包括黄塘猪、中垌猪、塘猪、桂墟猪。主要分布于广东省与广西壮族自治区相邻的寻江、西江流域的南部地区。

两广小花猪体型较小，具有头短、颈短、耳短、身短、脚短和尾短等"六短"特征，额较宽，有菱形皱纹，中间有白斑三角星，耳小向外平伸，背腰宽广凹下，腹大拖地，体长与胸围几乎相等。被毛黑白花，除头、耳、背、腰臀为黑色外，其余均为白色。成年公猪体重为103.2~130.9 kg，母猪为81~112 kg。性成熟早，公猪2~3月龄就能配种，母猪4~5月龄初配，头胎产仔8头左右，三胎以上10~11头，种猪场经产母猪产仔数12~13头。育肥期日增重为285~328 g，屠宰率为67.6%，瘦肉率为37.2%。

（3）华中型。主要分布于长江和珠江流域的广大地区。华中型猪的体型较华南型的为大，背腰宽且凹，腹大下垂。头不大，额部有横行皱褶。耳中等大小，下垂。被毛稀疏，毛色以黑白花为主，头尾多为黑色，体躯多为白色。乳头6~8对。该类型猪的优点是骨骼较细，早熟易肥，肉质优良；缺点是体质疏松，体质较弱。

代表品种有：金华猪、宁乡猪、广东大花白猪和中华两头乌猪等。

①金华猪。金华猪又称"金华两头乌""义乌两头乌"，是中国著名地方优良品种，其头部和尾部为黑皮黑毛，故又称"两头乌"。它产于浙江省金华地区的义乌、东阳两市和金东区，现已推广到浙江全省20多个市、县和省外部分地区。

体型中等偏小，毛色遗传性比较稳定，毛色除头颈和臀部、尾巴为黑色外，其余均为白色，故有"两头乌"之称。在黑白交界处有黑皮白毛的"晕带"。耳中等大小、下垂，额上有皱纹，颈粗短，背稍凹，腹大微下垂，臀较倾斜，四肢较短，蹄坚实，皮薄毛稀。乳头多为 7~8 对。成年公猪体重 140 kg，成年母猪 110 kg。成年母猪产仔数 14 头左右，产活仔数 12~13 头。

金华猪具有成熟早、肉质好、皮薄骨细、繁殖率高等优良性能，腌制成的"金华火腿"质佳味香，外形美观，蜚声中外。

②宁乡猪。宁乡猪又称宁乡土花猪，产于湖南长沙宁乡县流沙河、草冲一带，所以又称草冲猪、流沙河猪，是中国四大名猪种之一。已有 1 000 余年的历史。全国除西藏、台湾外，其余省、自治区、市均引进宁乡猪，省内则几乎遍及各地，尤以益阳、桃江、安化、涟源、湘乡、黔阳、邵阳等地引入较多。它具有繁殖率高、早熟易肥、肉质疏松等特点，且在饲养过程中性情温顺，适应性强。在漫长的选育中，形成了特有的性状：肉质细嫩、肉味鲜美，被称为国家重要的家畜基因库。20 世纪 70 年代曾被联合国粮食及农业组织列为推荐品种。

体型中等。头中等大小，额部有形状和深浅不一的横行皱纹，耳较小、下垂。颈短粗，有垂肉。背腰宽，背线多凹陷，肋骨拱曲，腹大下垂，臀部微倾斜。四肢粗短，大腿欠丰满，多卧系，撒蹄。多数猪后脚较弱而弯曲，飞节内靠。尾尖、尾帚扁平，皮肤松弛。毛粗短而稀，毛色为黑白花。一种体躯上部为黑色，下部为白色，在颈部有一条宽窄不等的白色环带，称"乌云盖雪"；一种中躯上部黑毛被白毛分割为一二块大黑斑者，称"大黑花"；另一种体躯中部散见数目不一的小黑斑，称"小散花"。按头型可分为 3 种：狮子头、福字头、阄鸡头。在历史上曾有老鼠头型，因育肥性能差，而被淘汰。

宁乡猪属偏脂肪型猪种，具有早熟易肥、边长边肥、蓄脂力强、肉质细嫩、味道鲜美、性情温顺、适应性强、体躯深宽短促、体质疏松等特点。宁乡猪肥育期日增重为 368 g，饲料利用率较高，体重 75~80 kg 时屠宰为宜，屠宰率为 70%，膘厚 4.6 cm，眼肌面积 18.42 cm^2，瘦肉率为 34.7%。宁乡猪三胎以上产仔 10 头。

宁乡猪在华北、东北、西北、华南等地饲养，均具有较强的适应性，与外种猪杂交具有明显的杂种优势。宁乡猪具有早熟易肥、脂肪沉积能力强、生长较快性情温顺等特点。但繁殖力较低，且多有凹背、垂腹、卧系等缺陷。以宁乡猪为母本与约克夏、长白猪和我国北方猪杂交，有较明显的杂种优势。

③广东大花白猪。产于广东省珠江三角洲一带，以佛山地区的南海、顺

德、中山、高鹤、番禺、增城以及肇庆等为中心产区。其体型中等，耳稍大下垂，额部多有横行的皱纹。背腰较宽微凹，腹较大。背毛稀疏，毛色为黑白花，头部和臀部有大块黑斑，腹部、四肢为白色，背腰部及体侧有大小不等的黑块，在黑白色交界处形成晕。现主要分布于广东省中部和北部地区。历史上系中原地区人民大规模南迁时将中原猪种带到南方，与当地猪杂交并经长期选育而成。

大花白猪属华中型猪种，是被列入国家猪种资源保护的猪种。具有早熟易肥、性情温顺、耐粗饲、适应性强、能适应炎热潮湿气候、繁殖力强、哺乳性能好、肉质鲜嫩鲜美等优良特性。成年公猪平均体重130 kg，母猪110 kg。性成熟早，小公猪50日龄时已出现游离精子。小母猪初情期约为3月龄，4~6月龄可配种受胎。母猪每胎产仔数11头以上，经产母猪每胎平均产仔13头，初生重0.7 kg。大花白猪与巴克夏公猪和陆川公猪杂交，杂种后裔的育肥性能提高。与长白猪、杜洛克和汉普夏等公猪杂交，则杂种后裔的胴体瘦肉率和增重速度明显提高。母猪利用年限长达9年，是我国优良的地方品种。

大花白猪目前在广东省板岭原种猪场内专设的地方品种资源场进行保种。

（4）江海型。主要分布于汉水和长江中下游沿岸以及东南沿海地区。江海型猪的形成是由华北型猪和华中型猪杂交而成的，所以其体型大小不一。该类型猪的背腰稍宽、平直或微凹。腹大，骨骼粗壮，皮厚、松软且多皱褶。额部有菱形或寿字形皱纹。耳大下垂。毛色从北向南由全为黑色向黑白花过渡。乳头在8对以上。该类型猪的最大优点是繁殖力极强；缺点是皮厚，体质不强。

代表品种有：太湖猪、阳新猪、虹桥猪和桃园猪等。

①太湖猪。太湖猪是世界上产仔数最多的猪种，享有"国宝"之誉，苏州地区是太湖猪的重点产区。太湖猪属于江海型猪种，产于江浙地区太湖流域，是我国猪种繁殖力强、产仔数多的著名地方品种。太湖猪体型中等，被毛稀疏，黑色或青灰色，四肢、鼻均为白色，腹部紫红，头大额宽，额部和后躯皱褶深密，耳大下垂，形如烤烟叶。四肢粗壮、腹大下垂、臀部稍高、乳头8~9对，最多12.5对。依产地不同分为二花脸、梅山、枫泾、嘉兴黑和横泾等类型。

太湖猪特性之一是繁殖性能高。太湖猪高产性能蜚声世界，是我国乃至全世界猪种中繁殖力最强，产仔数量最多的优良品种之一，尤以二花脸、梅山猪最高。初产平均12头，经产母猪平均16头以上，三胎以上，每胎可产20头，优秀母猪窝产仔数达26头，最高产纪录为42头。太湖猪性成熟早，公猪4~5

月龄精子的品质即达成年猪水平。母猪 2 月龄即出现发情。据报道 75 日龄母猪即可受胎产下正常仔猪。

②阳新猪。阳新猪又称梅花星猪、阳新黑猪,产于鄂东南长江两岸的滨湖平原和低山丘陵地区。阳新黑猪体型中等。头型有"狮子头"和"象鼻头"之分。阳新县"狮子头"猪为多,头短额宽,额部皱纹多且深、一般呈菱形,嘴筒上翘,颈较丰满,肥腮大。"象鼻头"猪在黄梅县较多,头较小,长而窄,嘴筒长,口叉深,耳比"狮子头"小,额部皱纹少而浅。有的猪在额、鼻、尾尖、下腹及四肢下端有白毛;其额部有一小撮似梅花状白毛,故群众称"梅花星猪"。耳大下垂。背山稍凹,腹大不拖地,臀倾斜。四肢粗壮,蹄质坚实。皮多皱褶,毛色全黑或在额、鼻端、尾尖、四肢末端和腹部有少量白斑。乳头数 6~7 对。

阳新黑猪 24 月龄公猪平均体重 128.19 kg,24 月龄母猪平均体重 94.30 kg。阳新猪具有适于湖区放牧、性情温顺、母猪发情明显、产仔较多、瘦肉较多和杂交效果良好等优点,但生长缓慢,在推广杂交优势利用时注意保种。

(5) 西南型。主要分布于四川盆地和云贵高原以及湘鄂的西部。西南型猪的体型一般比较大,头大、颈粗短,额部多有横行皱纹且有旋毛。背腰宽而凹,腱盘略下垂,毛色以黑色为多,兼有黑白花或红毛猪。乳头 6~7 对。该类型猪的屠宰率和繁殖率略低。

代表品种有:内江猪、荣昌猪、乌金猪、关岭猪和湖川猪等。

①内江猪。内江猪原产于四川省内江市,以内江市东兴镇一带为中心产区,历史上曾称为"东乡猪"。内江猪体型大,属疏松体质,被毛全黑,鬃毛粗长,头大,嘴筒短,额面横纹深陷成沟,额皮中部隆起成头纹,俗称"盖碗",耳中等大、下垂,颈长中等,体躯宽深,前躯尤为发达,背腰微凹,腹大不下垂,臀宽稍后倾,四肢较粗壮坚实。成年内江猪皮厚,体侧及后腿皮肤有深皱褶,俗称"瓦沟"或"套裤"。母猪乳头粗大,一般 6~7 对。

内江猪分早、中、晚熟三类品种。早熟种饲养 12 个月体重可达 125 kg,中熟种饲养 12 个月体重可达 150~180 kg,晚熟种饲养 2 年体重可长到 250 kg。母猪繁殖力较强,每胎产仔 10~20 头。初生重 0.78 kg,2 月龄断奶重 13 kg,育肥猪 7 月龄体重可达 90 kg,屠宰率 68% 左右。成年公猪体重 175 kg,母猪 179 kg。

内江猪对外界刺激反应迟钝,忍受力强,对逆境有良好的适应性。

②荣昌猪。荣昌猪主产于重庆荣昌区和隆昌市,后扩大到永川、泸县、泸

州、合江、纳溪、大足、铜梁、江津、璧山、宜宾及重庆等10余县、市。荣昌猪体型较大，头大小适中，面微凹，耳中等大、下垂，额面皱纹横行、有旋毛，体躯较长，发育匀称，背腰微凹，腹大而深，臀部稍倾斜，四肢细致、坚实。被毛除眼周外均为白色，也有少数在尾根及体躯出现黑斑或全白。按毛色特征分别称为"金架眼""黑眼膛""黑头""两头黑""飞花"和"洋眼"等。其中"黑眼膛"和"黑头"约占一半以上。

荣昌猪对环境的适应性强，耐粗饲，性情温驯，易于调教，公猪采精容易，母猪泌乳性能好，护仔能力强。在保种场饲养条件下，荣昌猪成年公猪平均体重170.6 kg，成年母猪平均体重160.7 kg。初配年龄公、母猪均在6月龄以后，使用年限公猪2~5年、母猪5~7年。乳头6~7对。第一胎平均产仔数8.5头，三胎及三胎以上平均产仔数11.5头。

③乌金猪。乌金猪起源于云、贵、川乌蒙山区与金沙江畔，故取名乌金猪。据考古发掘可追溯到旧石器时代，与人类历史发展一脉相承，乌金猪是中国高原生态系统唯一自由放养驯化的猪种，也是生活吃习最接近野猪的猪种，乌金猪肉质鲜美，富含钙、铁、锌和ω脂肪酸，适合高原牧场养殖。与西班牙的伊比利亚黑猪齐名。

乌金猪体质结实，头大小适中，耳中等下垂，嘴筒较粗直，体躯稍窄，腰背平直，四肢健壮，皱纹少而浅，四肢粗壮有力，后躯比前躯高，并有"嘴上三道箍，额印八卦图，脚上穿套鞋"之说。乌金猪公猪生后30~40日龄便有爬跨性行为，90日龄左右便开始配种。公猪随群放牧，任其自然配种，母猪3~4月龄开始发情，5~6月龄受孕，怀孕期为110~115 d。成年公猪体重100 kg，母猪体重为115 kg。屠宰率78.8%，腿臀比例达26.22%，瘦肉率56.18%，肌间脂肪6.8%，pH值6.3。

乌金猪属放牧型猪种，体形结实，后腿发达，能适应高寒气候和粗放饲养，其肉质优良、肉味鲜美、口感细腻，既适合新鲜食用，又是享誉国内外云南火腿的优质材料。乌金猪耐粗饲、抗劣性强、抗病能力强，适宜放养。当地民谣曰："养猪不放，难得养壮"。一般仔猪出生15 d即随母猪出圈游动，断奶后便随群出牧。放牧时以牧草、野菜、青料等为食。还喂给荞麦、苞米等。"吃的是中草药，喝的是矿泉水，长的是健美肉"，这是作为对乌金猪绿色原生态、肉质鲜美的形象评价。

(6) 高原型。主要分布于青藏高原。该类型猪的个体很小，形似野猪。头长，呈锥形，嘴尖，耳小直立。背腰窄，略有拱形。腹小紧凑，四肢细小有力，蹄小结实。善于奔跑。体躯上生有浓密的绒毛。毛色多为黑色或黑灰色。

乳头5对左右。该类型抗逆力极好，放牧能力也极强，但是，该类型的猪生长速度慢、繁殖力低。代表品种主要是藏猪。

藏猪主产于青藏高原，包括云南迪庆藏猪、四川阿坝及甘孜藏猪、甘肃的合作猪以及分布于西藏自治区山南、林芝、昌都等地的藏猪类群。藏猪是世界上少有的高原型猪种，是我国宝贵的地方品种资源，也是我国国家级重点保护品种中唯一的高原性猪种。藏猪长期生活于无污染、纯天然的高寒山区，具有适应高海拔恶劣气候环境、抗病、耐粗饲等特点，但缺点是繁殖力低，母猪乳头一般5~6对。

藏猪多为黑色，其次为黑毛兼"六白"不全，少部分猪为棕红色。冬季密生绒毛，夏季毛稀而短。棕毛特别发达。头稍长，额较窄，额纹不明显或有纵行浅纹，耳小，向两侧平伸或微竖，转动灵活，嘴筒长直尖，呈锥形，有1~3道箍。颈肩窄，略长，体躯较短，胸较狭窄，直膀单脊，背腰一般较平直，腹紧凑不下垂，后躯高于前躯，臀部倾斜，四肢结实，蹄质坚实，极少卧系。据产地农村调查，24月龄以上的成年母猪平均体重33.1 kg，公猪多未成年即淘汰。

在放牧条件下，藏猪腿部肌肉发达，胴体瘦肉比率高。在较好饲料条件下舍饲，屠宰率有所提高，腹油、体脂比率明显增加。藏猪肌肉纤维特细，含脂肪多，肉质细嫩，香味浓，360日龄育肥猪背最长肌含水分71.4%、蛋白质18.9%、脂肪8.3%。

藏猪长期生活于无污染、纯天然的高寒山区，具有皮薄、胴体瘦肉率高、肌肉纤维特细、肉质细嫩、野味较浓、适口性极好等特点。可生产酱、卤、烤、烧等多种制品，其中烤乳猪是极受消费者青睐的高档产品。

二、我国引入的猪品种

新中国成立以后，我国陆续有计划地从国外引入大约克夏猪、巴克夏猪、苏联白猪、科米洛夫猪、长白猪、杜洛克猪、汉普夏猪、皮特兰和迪卡猪等。这些猪品种引进后，在我国的条件下进行了风土驯化，逐渐适应了我国的饲养条件和管理条件，已经成为我国猪饲养业中不可分割的一部分。表现在胴体品质和日增重上优势比较大的引入品种有：杜洛克猪、汉普夏猪、皮特兰猪、比利时长白猪、挪威长白猪及德国长白猪等；表现在繁殖力、适应性和哺乳能力上优势比较大的引入品种有：大约克夏猪、丹麦系长白猪、英系长白猪、美系长白猪、法系长白猪、瑞士长白猪、威尔斯特猪及切斯特白猪等。

我国引入的国外品种猪主要是作为杂交用父本，其共同特点：一是生长速度快，在一般的饲养管理条件之下，20~90 kg 阶段的日增重可达到 550~700 g；二是胴体瘦肉率高，在合理的饲养条件之下，90 kg 时屠宰，其胴体瘦肉率可达到 55%~62%；三是屠宰率高，体重达到 90 kg 时屠宰，其屠宰率可达到 70%~75%。

但在引入品种上也有一些明显的不足，具体表现为：繁殖性能低于我国地方品种，母猪的发情不明显，肌纤维较粗，出现水煮肉（PSE）和干硬肉（DFD）的比例高。

我国引进的主要外国猪种及其特点如下。

（1）波中猪。波中猪为猪的著名品种，原产于美国。由中国猪、俄国猪、英国猪等杂交而成。波中猪起源于巴克夏猪和汉普夏猪在内的大量不同猪种，很难分清波中猪到底起源于哪种猪或哪些猪。在美国俄亥俄州迈阿密谷的定居者来自不同的地方，也带来了大量不同的猪种。典型的波中猪为黑色，偶尔会有白斑。波中猪在美国每头母猪每年产肉量中排名第一。原属脂肪型，已培育为肉用型。全身黑色，有六白的特征。鼻面直，耳半下垂。体型大，成年公猪体重 390~450 kg，母猪 300~400 kg。早熟易肥，屠体品质优良；但繁殖力较弱，每胎产仔 8 头左右。

波中猪以肉质好、瘦肉率高而久闻盛名。猪肉自然丰满和肉质健壮是肉制品中最重要的性状。波中猪因其几乎可以适应任何环境，从放养到圈养，广为生猪养殖者所喜爱。由于其黑毛隐性基因被其他品种的显性基因所控制，许多养殖者在终端交配中选择波中猪作为父本。这样养殖者就可以给批发商所想要的颜色和肉质。最大限度的杂交活力、肉质丰满和高瘦肉率这些综合因素，使现代波中猪成为今天养猪者的实用选择。

（2）长白猪。长白猪原产于丹麦，原名兰德瑞斯，是目前世界上分布最广的著名瘦肉型品种。因其体躯较长，全身被毛白色，故在我国称其为长白猪。

长白猪全身被毛全白，体躯呈流线型，头小而清秀，嘴尖，耳大下垂，背腰长而平直，四肢纤细，后躯丰满，被毛稀疏，乳头 7 对。我国饲养的长白猪，来自 6 个国家，体型外貌不尽一致。20 世纪 60 年代引进的长白猪，经过多年的驯化，体型也有些变化，由清秀趋向于疏松，体质由纤弱趋向于粗壮。初引进时，往往因蹄底磨损或滑跌而发生四肢外伤或不能站立。目前其蹄质较坚实，四肢病显著减少。

母猪初情期 170~200 日龄，适宜配种的日龄 230~250 d，体重 120 kg 以上。母猪总产仔数，初产 9 头以上，经产 10 头以上；21 日龄窝重，初产 40 kg

以上，经产 45 kg 以上。达 100 kg 体重日龄 180 d 以下，饲料转化率 1∶2.8 以下，100 kg 体重时，活体背膘厚 15 mm 以下，眼肌面积 30 cm² 以上。在国外三元杂交中长白猪常作为第一父本或母本。

长白猪具有生长快、饲料利用率高、瘦肉率高等特点，而且母猪产仔较多，奶水较足，断奶窝重较高。于 20 世纪 60 年代引入我国后，经过 60 年的驯化饲养，适应性有所提高，分布范围遍及全国。但体质较弱，抗逆性差，易发生繁殖障碍及裂蹄。在饲养条件较好的地区以长白猪作为杂交改良第一父本，与地方猪种和培育猪种杂交，效果较好。

长白猪与本地品种杂交，效果明显。但长白猪体质较弱，抗逆性较差，对饲料要求高。

（3）大约克夏猪。大约克夏猪于 18 世纪育成于英国，因其体格大、增重快，是世界上著名的肉用型品种之一。引入我国后，经过多年培育驯化，已有了较好的适应性，具有生长快、饲料利用率高、瘦肉率高、产仔较多等特点。大约克夏猪全身白毛，故又称大白猪。体格大，体型匀称，耳直立，鼻直，背腰微弓，四肢较长，头颈较长，脸微凹，体躯长。

成年公猪体重 250~300 kg，成年母猪体重 230~250 kg。增重速度快，省饲料，出生 6 月龄体重可以达 100 kg 左右。营养良好，自由采食的条件下，日增重可达 700 g 以上，每千克增重消耗配合饲料 3 kg 以下。体重 90 kg 时屠宰率 71%~73%，胴体瘦肉率 60%~65%。经产母猪产仔数 11 头，乳头 7 对以上，8.5~10 月龄开始配种。在国外三元杂交中大约克夏猪常作为第一父本或母本。用大约克夏作父本与本地母猪杂交，杂种猪日增重、饲料利用率等方面杂种优势明显，在繁殖性能上也呈现一定优势。

大约克夏猪是世界上著名的肉用型品种之一。在我国分布较广，有较好的适应性，具有生长快、饲料利用率高、瘦肉率高、产仔较多等特点，但存在蹄质不坚实、多蹄腿病等缺点。

（4）杜洛克猪。杜洛克猪原产于美国，由产于新泽西州的泽西红猪和纽约州的杜洛克猪杂交选育而成。原属脂肪型，20 世纪 50 年代后被改造成为瘦肉型。其特征为颜面微凹，耳下垂或稍前倾，腿臀丰满，被毛淡金黄至暗棕红色。广泛分布于世界各国，并已成为中国杂交组合中的主要父本品种之一，用以生产商品瘦肉猪。

杜洛克种猪毛色棕红，体躯高大，结构匀称紧凑、四肢粗壮、胸宽而深，背腰略呈拱形，腹线平直，全身肌肉丰满平滑，后躯肌肉特别发达。头大小适中、较清秀，颜面稍凹陷、嘴短直，耳中等大小，向前倾，耳尖稍弯曲，蹄部呈黑色。成年公猪平均体重 340~450 kg，母猪 300~390 kg。每胎约产仔 10 头，母性强，性情温顺，生长快，肉质好，作为杂交父本或母本能显著提高后裔的生产性能。

杜洛克猪是生长发育最快的猪种，育肥猪 25~90 kg 阶段日增重为 700~800g，肉料比为 1：（2.5~3.0）；在 170 d 以内就可以达到 90 kg 体重。90 kg 屠宰时，屠宰率为 72% 以上，胴体瘦肉率达 61%~64%。杜洛克猪具有体质结实、生长速度快、饲料转化率高、耐粗性能强等优点，是一个极富生命力的品种。

（5）皮特兰猪。原产于比利时的布拉帮特省，是由法国的贝叶杂交猪与英国的巴克夏猪进行回交，然后再与英国的大白猪杂交育成的。是欧洲比较流行的瘦肉型猪。主要特点是瘦肉率高，后躯和双肩肌肉丰满。

皮特兰猪毛色呈灰白色并带有不规则的深黑色斑点，偶尔出现少量棕色毛。头部清秀，颜面平直，嘴大且直，双耳略微向前，体躯呈圆柱形，腹部平行于背部，肩部肌肉丰满，背直而宽大，体长 1.5~1.6 m。在较好的饲养条件下，皮特兰猪生长迅速，6 月龄体重可达 90~100 kg。日增重 750 g 左右，每千克增重消耗配合饲料 2.5~2.6 kg。屠宰率 76%，瘦肉率可达 70%。

繁殖能力中等，产仔均衡，一般在 9~11 头，护仔能力强，母性好，泌乳早期乳质好，泌乳量高，中后期泌乳差，20 日龄窝重（48.5±2.3）kg，35 日龄窝重（87.7±4.8）kg。

公猪一旦达到性成熟就有较强的性欲，采精调教一般一次就会成功，射精量 250~300 mL，精子数每毫升达 3 亿个。母猪母性不亚于我国地方品种。母猪的初情期一般在 190 日龄，发情周期 18~21 d，每胎产仔数 10 头左右，产活仔数 9 头左右，仔猪育成率在 92%~98%。

（6）汉普夏猪。汉普夏猪原产于美国肯塔基州的布奥尼地区，是由薄皮猪和白肩猪杂交选育而成的，为世界著名鲜肉型品种。该品种主要优点是胴体瘦肉率高，后腿丰满。其缺点是繁殖力不佳，适应性差，但仍不失为世界著名的瘦肉型父本品种。

汉普夏猪颜面长而挺直，耳直立，体侧平滑，腹部紧凑，后躯丰满，呈现良好的瘦肉型体况。被毛黑色，以颈肩部（包括前肢）有一白色环带为特征。成年公猪体重 315~410 kg，母猪 250~340 kg。性情活泼，稍有神经质，但并不构成严重缺点。产仔数较少，平均约 9 头，但仔猪硕壮而均匀。母性良好。据多品种杂交试验比较结果，用汉普夏猪为父本杂交的后代具有胴体长、背膘薄和眼肌面积大的优点。

汉普夏猪体型大，毛色特征突出，被毛黑色，在肩部和颈部结合处有一条白带围绕，在白色与黑色边缘，由黑皮白毛形成一灰色带，故有"银带猪"之称。头中等大小，耳中等大小而直立，嘴较长而直，体躯较长，背腰呈弓形，后躯臀部肌肉发达。

汉普夏猪繁殖力不高，产仔数一般在 9~10 头，母性好，体质强健。生长性状一般，据 20 世纪 90 年代丹麦国家种猪测定站报道，汉普夏公猪 30~100 kg，育肥期平均日增重 845 g，饲料转化率 2.53。成年公猪体重 315~410 kg，母猪 250~340 kg。

在良好的饲养条件下，6 月龄体重可达 90 kg，日增重 600~650 g，饲料利用率 3.0 左右，90 kg 体重屠宰率为 71%~75%，胴体瘦肉率为 60%~62%。母猪 6~7 月龄开始发情，经产母猪每胎产仔 8~9 头。

汉普夏猪的杂交利用虽不十分广泛，但在一些地方也取得了良好的效果。汉普夏猪作为终端父本，其二元和三元杂交育肥猪瘦肉率显著提高，优于杜洛克猪和大约克猪，但杂种猪生长速度较慢。

汉普夏猪原产美国，是美国饲养与登记最多的一个瘦肉型品种。该品种在很多国家（如日本、丹麦、加拿大等）引进后杂交效果良好。

早在 1936 年已引入中国，并与江北猪（淮猪）进行杂交试验。汉普夏猪产仔数达 9.78 头，母性好，体质强健，生长快，较早熟，是较好的母本材料，在迪卡配套繁育体种，就较好地利用了这一特性。

这一猪种，在全国各地除外贸基地利用较多外，其他猪场利用较少。主要原因是：汉普夏猪为终端父本的二元、三元杂种日增重比以长白猪、大白猪和杜洛克猪为终端父本的二元、三元杂种猪的日增重显著变慢，同时猪体质也比其他猪差。并且在中国民间认为，此猪肩部白色环带，形似"披麻戴孝"，是不吉利的征兆，故农民也不愿意养殖于家中。

第二节　猪的选种与选配技术

一、猪的选种性状

优良种猪是长期选择与培育的结果，种猪的性能只有通过不断选择才能得到巩固和提高。选种首先是从现有群体中筛选出最佳个体，然后通过这些个体的再繁殖，获得一批超过原有群体水平的个体，如此逐代连续进行。其实质则是改变猪群固有的遗传平衡和选择最佳基因型。可见，选种是个群体概念，它不仅要考虑种猪本身性能的高低，同时还要看该种猪所在猪群的性能优劣，只有那些本身性能好而所在猪群性能也高的个体，才可能被认为是好的种猪。

猪的重要经济性状大都属于数量性状。研究猪的数量性状，是育种工作的基本环节。选种时，主要看猪的以下性状。

（1）繁殖性状。繁殖性状指的是与繁殖有关的一些性状。这些性状几乎都是低遗传力的性状，通过表型选择得到的遗传进展不会很大，需要进行家系选择或家系内选择才能有明显的选择效果。主要包括泌乳力、仔猪初生重和初生窝重、产仔数、仔猪断奶重和断奶窝重、断奶仔猪数等。

①产仔数。产仔数一般是指母猪一窝的产仔总数（包括活的、死的、木乃伊等），而最为有意义的是产活仔数，即母猪一窝产的活仔猪数量。产仔数是一个低遗传力的指标，一般在 0.1 左右。其性状主要受环境因素的影响而变化。通过家系选择或家系内选择才能有明显的遗传进展。品种、类型、年龄、胎次、营养状况，配种时机、配种方法和公猪的精液品质等诸因素都能够影响到猪的产仔数。

②仔猪初生重。包括初生个体重和初生窝重两个方面。前者是指仔猪初生后 12 h 之内、未吃初乳前的质量，后者是指一窝仔猪各个体重的和。仔猪的初生重是一个低遗传力的指标，为 0.1~0.15，其性状也是主要受环境因素的影响而变化，通过家系选择或家系内选择才能有明显的遗传进展。品种、类型、杂交与否、营养状况、妊娠母猪后期的饲养管理水平和产仔数等诸因素都能够影响到猪的仔猪初生重。但初生窝重的遗传力较高，为 0.24~0.42，而且它与仔猪 56 日龄窝重呈强的正相关，因此，初生窝重作为选择指标，其价值比初生个体重更大，收效也快。从选种的意义上讲，仔猪初生窝重的价值高于仔猪的初生重价值。

③泌乳力。泌乳力是反映母猪泌乳能力的一个指标，常用仔猪 20 日龄窝重表示。母猪的泌乳力也是一个低遗传力指标，其性状受环境因素的影响而变化，通过家系选择，才能有明显的遗传进展。品种、类型、杂交、营养、饲养管理水平和产仔数等诸因素，都能够影响到母猪的泌乳力。

④育成率。是指仔猪断乳时存活个数占初生时活仔猪数量的百分数。

育成率（%）=（仔猪断乳时存活个数÷初生时活仔猪数量）×100

育成率是母猪有效繁殖力的表现形式，是饲养管理水平的现实表现。

（2）生长育肥性状。在生长育肥性状中，生长速度和饲料转化率又尤为重要。

①生长速度。生长速度常用平均日增重表示。平均日增重是指在一定的生

长育肥期内，猪平均每日活重的增长量，一般用"g"表示。对育肥期的划分，常从15 d开始到90 kg体重时结束；或者从20~25 kg体重开始到90 kg体重时结束。在计算平均日增重时，必须掌握好此标准，否则会得出不准确乃至错误的结论。

②饲料转化率。是指生长育肥期单位增重所消耗的饲料量。需要强调的是，饲料量是指全部饲料，如喂有青绿饲料或粗饲料，应先按各种饲料分别计算，然后全部饲料统一折算为每千克增重所消耗的千克数。由于饲料消耗约占整个养猪业成本的70%或更多，所以饲料转化率应是猪遗传改良的主要性状之一。据测定，日增重的遗传力为0.26~0.41，饲料转化率的遗传力0.3~0.48，属于中等以上的遗传力，选择可获得明显进展。

（3）胴体性状。胴体是指活体猪经过宰杀放血，煺毛，去掉内脏（保留肾和板油），去掉头、蹄、尾余下的部分。胴体性状是指体现胴体价值的相关性状。这些性状属于中、高等遗传力范围，通过表形选择就可以获得遗传进展。一般包括屠宰率、瘦肉率、眼肌面积、背膘厚、肉的颜色及风味等多个性状。

①屠宰率。是指胴体占宰前活重的百分数。

屠宰率（%）=（胴体重÷宰前活重）×100

屠宰率的遗传力为0.32，属于中等遗传力。不同的品种、类型对屠宰率的影响很大。同一品种在不同体重下屠宰，其屠宰率不同。养猪上要求在90 kg体重下屠宰，用来比较不同猪的屠宰率。

②瘦肉率。是指瘦肉重占胴体重的百分数。

瘦肉率（%）=［瘦肉重÷（瘦肉重+脂肪重+骨重+皮重）］×100

瘦肉率的遗传力属于中等偏上，为0.46。不同的品种、类型对瘦肉率的影响很大。同一品种在不同体重下屠宰，其瘦肉率也有很大的不同。饲料中的能量、蛋白质含量、饲喂的方式也直接影响猪的瘦肉率。

③背膘厚度。背膘厚的遗传力为0.5~0.7，属于高等遗传力。通过表形选择就能够获得大的遗传进展。向厚或薄选择，每代可以获得1 mm的进展量。背膘厚度与品种类型有关，与瘦肉率、饲料利用率呈负相关。实际测量时常用肩部最厚处、胸腰椎结合处和腰荐椎结合处3点的平均数表示。

④眼肌面积。胸腰椎结合处背最长肌的横断面积。可用多种方法求出，但最准确的还是用求积仪求得。

⑤肉的颜色。猪肉的颜色多呈红色或粉红色，一般要求为鲜红色。猪年龄大颜色深，年龄小颜色浅。宰猪放血不全时，肉呈暗红色。当猪患有应激综合

征时，易出现 PSE 肉（颜色苍白、质地松软、向外渗水，这种劣质猪肉的 pH 值小于 5.7）。

⑥肉的风味。风味是反映肉质好坏的综合指标，是嫩度、花纹等指标的综合体现。

⑦腿臀比例。在最后腰椎与荐椎结合处垂直切割下的后部分胴体为腿臀重，腿臀重占胴体重的百分率为腿臀比例，其遗传力为 0.4，表型选择有效。

二、选种遵循的原则

种猪的选择首先是品种的选择，主要是经济性状的选择。应该指出，在品种选择时，还必须考虑父本和母本品种对经济性状的不同要求。父本品种选择着重于生长肥育性状和胴体性状，重点要求日增重快，瘦肉率高；而母本品种则着重要求繁殖力高、哺育性能好。当然，无论父本品种还是母本品种都要求适合市场的需要，具有适应性强和容易饲养等优点。选种的原则有如下几个。

(1) 根据市场要求选种。出口与内销任务的不同，出口的猪要求瘦肉率高，但瘦肉多的猪对饲料要求高，而内销的猪则要求肥瘦适中，容易饲养，生产成本低。在大城市，瘦肉率高的猪售价也越高。

(2) 根据外在条件选种。华南地区要求猪种耐热、耐湿，而在东北地区则要求猪种耐寒性好。经济条件好的地区（如珠江三角洲）往往饲料条件较好，可以饲养生长快、瘦肉多、肉质好的猪种，而在饲料条件较差的地区，则要求猪种耐粗性能好。

(3) 根据自身条件选种。猪场的饲料、猪舍、设备等具体条件，对品种选择有直接的影响。工厂化养猪是在高设备条件下，采用"全进全出"的流水式的生产工艺流程进行设计的，要取得较高的经济效益，就要求猪种生长快、产仔多、肉质好。在采用封闭式限位栏饲养的种猪，则对四肢强健有更高的要求，而且要求体型大小一致。

(4) 突出重点兼顾全面。种猪应健康无病，要特别注意体质结实，符合品种（或品质）的要求，以及与生产性能有密切关系的特征和行为，适当注意毛色、头型等细节。但重点性状不能过多，一般为 2~3 项，以提高选择效果。如育肥性状重点选择日增重和膘厚，繁殖性状重点是活产仔数、断奶仔猪头数和断奶窝重，这些是既反映产品质量且容易测定的性状。

(5) 突出核心群体标准。种猪的性能在平均值加一个标准差以上者，才能进入育种核心群，达平均值以上者才能进入繁殖群，其余的供一般生产之用。力争在同样的饲养管理条件下，对同龄（同胎次）或同季节的猪进行直接评比选择，以减少环境因素对选育性状的影响。

三、选种的常见方法

猪的主要选种方法可分为个体选择、同胞选择、系谱选择、后裔测定和合并选择等方法。不管哪种方法所取得的遗传进展，都决定于选择差（选择强度）的大小（即猪群某性状的平均数与该猪群内为育种目的而选择出来的优秀个体某性状平均数之差），性状的遗传力（即群体某一性状表型值的变异量中多少是由遗传原因造成的，遗传力高说明该性状由遗传所决定的比例较大，环境对该性状表现影响较小，反之亦然）及世代间隔（即双亲产生后代的平均年龄）3个主要因素。

（1）个体选择。根据种猪本身的一个或几个现在性状的表型值进行选择称为个体选择，这是最普遍的选择方法。应用这种方法对遗传力高的性状选择有良好效果，对遗传力低的性状选择效果较差。例如，通过个体表型选择来改进遗传力低的母猪繁殖力——产仔数，效果很差。我国的太湖猪、东北民猪和珠江三角洲的大花白猪有极高的繁殖力，我们应珍惜这些珍贵的资源。

（2）同胞选择（同胞测验）。同胞选择就是根据全同胞或半同胞的某性状平均表型值进行选择。这种测验方法的特点就是能够在被选个体留作种用之前，即可根据其全同胞的育肥性状能和胴体品质的测定材料作出判断，缩短了世代间隔，对于一些不能从公猪本身测得的性状，如产仔数、泌乳力等，可借助于全同胞或半同胞姐妹的成绩作为选种的依据。

（3）系谱选择。系谱选择是根据父本或母本或双亲以及有亲缘关系的祖先的表型值进行选择的。因此，这种选择方法必须持有祖先的系谱和性能记录。其准确度取决于以下几个因素：被选个体与祖先的亲缘关系越远，祖先对被选个体的影响就越小；选择的准确度随性状遗传力的增加而增加，性状遗传力越高，祖先的记录价值就越大；在不同时间、不同环境条件下所得的祖先的性能记录，对判断被选个体的育种值作用不大；在一般生产的情况下不易获得祖先系谱和祖先性能的详细记录，或缺乏同期群体平均值的比较资料，这就大大地降低了系谱选择的作用。今后应加强系谱的登记工作，并在系谱中记录祖先的性能成绩与同期群体平均生产成绩相比较的材料，这样的系谱对判断被选个体的育种值就有较大的价值。

（4）后裔测验。在条件一致的环境下，按被测后裔的平均成绩来评价亲本的优势，此法称为后裔测验。该法起源于丹麦，有些指标沿用至今，我国在新中国成立后也开展了猪的后裔测验工作。在评定公猪时一般是以每头所配的

20头母猪的全部后裔（每窝2头去势公猪）的平均日增重及胴体品质作为评定的标准。

（5）合并选择。合并选择是根据个体本身的成绩并结合同胞测验的成绩进行选择，即对公猪进行个体测验的同时，对其他两头全同胞进行育肥测定。合并选择方法能有效地利用两种来源的信息，即来自个体表型值的信息与来自个体同胞的信息。应用这种方法，可以对公猪的种用价值尽早地作出评价，并可以达到与后裔测验相似的准确性。

四、猪场安全引种的理念

新建的猪场进行生产经营，第一步首先要进行引种，引种是生产经营的前提。同样，一个规模化猪场，每年也都要淘汰一部分生产成绩不理想的种猪，引入部分种猪进行更新，通过品种改良来提高养猪效益。无论是从国外引种还是在国内引种，都要树立正确的引种理念。

（1）引种的目的要明确。引种主要有从国外引进纯种祖代种猪，或从国内种猪场引进外来瘦肉型种猪以及中国地方品种种猪。目前国内的外来瘦肉型猪主要有：纯种猪、二元杂种猪及配套系猪等。引种时主要考虑本场的生产目的，即生产种猪还是商品猪，是新建场还是更新血缘，不同的目的引进的品种、数量各不相同。

如果猪场是以生产种猪为目的，无论从国外还是国内引进种猪，都需要引进纯种，如大白猪、长白猪、杜洛克猪，可生产销售纯种猪或生产二元杂种猪。

如果猪场以生产商品猪为目的，小型猪场可直接引进二元杂种母猪，配套杜洛克公猪或二元杂种公猪繁殖三元或四元商品猪；大规模养猪场可同时引入纯种猪及二元母猪。纯种猪用于杂交生产二元母猪，可补充二元母猪的更新需求，避免重复引种，二元杂种猪直接用于生产商品猪。也可直接引入纯种猪进行二元杂交，二元猪群扩繁后再生产商品猪。这种模式的优点一是投资成本低，二是保证所有二元品种纯正，三是猪群整齐度高；缺点是见效慢，大批量生产周期长。

（2）要制订合理的引种计划。猪场应结合自身的实际情况，根据种群更新计划，确定所需要的品种和数量，有选择性地购进能提高本场种猪某生产性能、满足自身要求，并购买与自己的猪群健康状况相同的优良个体，如果是加入核心群进行育种的，则应购买经过生产性能测定的种公猪或种母猪，新建猪场应从新建猪场的规模、产品市场和猪场未来发展方向等方面进行计划，确定所引进种猪的数量品种和级别，是外来品种还是地方品种，是原种、祖代还是父母代。根据引种计划，选择质量高、信誉好的大型种猪场引种。

（3）选择猪场引种时，还要注意以下问题。

①选择正规场家进行引种，并尽量从一个猪场引种。选择适度规模、信誉度高、有《种畜禽生产经营许可证》的正规猪场。选择场家应把种猪的健康状况放在第一位，必要时在购种前进行采血化验，合格后再进行引种。应尽量从一家猪场选购，否则会增加带病的可能性。选择场家应在间接了解或咨询后，再到场家与销售人员了解情况。值得注意的是，有人认为应从多个猪场进行引种，这样种源多、血缘宽，有利于本场猪群生产性能的改善，但是每个猪场的病原谱差异较大，而且现在疾病多数都呈隐性感染，一旦不同猪场的猪混群后，某些疾病暴发的可能性很大，引种的猪场越多，带来的疫病风险越大。为了安全可靠，一些养猪场引进种猪时要进行实验室检测，要求场家提供免疫记录、免疫保健程序等，因为这样的工作技术性很强，一定聘请有经验的专业人员把关，少走弯路，从而保证正确引种。从确保猪群健康的角度出发，引进的种猪必须进行一段时间的隔离饲养，观察其健康状况，适时进行免疫接种，同时适应当地的饲养条件，容易获得成功。

②注意猪场的供种能力。规模猪场购买种猪，并不是一次全部购进，而是根据猪场规模和生产计划，进行多批次购进在标准上基本一致的种猪，这样有利于生产环节的安排。一般来说，如果大批量从一个种猪场购进种猪，要求猪场能够保证在 20 周内全部到场，所选猪均衡分布在 20 周龄段内，比如 200 头规模的猪场，算上后备母猪使用率 90%，实际需要 222 头，每周段内必须有 11~12 头猪。如果从 50~70 kg 开始引种，即一般在小猪 13~17 周龄引入。同时，在引种时出售种猪的猪场应有更多的种猪以便进行挑选。

③种猪的系谱要清楚，并符合所要引进品种的外貌特征。引种的同时，对引进种猪进行编号，可以根据猪的耳号和产仔记录找出母亲和父亲，并进一步找出系谱亲缘关系。同时要保证耳号和种猪编号对应。

④种猪的生产性能要达标。通过猪场的真实生产记录反映其真实的生产性能，如可以查看猪场的配种报表、分娩报表、饲料报酬报表等，同时还要查看猪场整体的总产仔、健仔数、死胎、木乃伊胎、初生重、断奶重、断奶数、首配月龄、发情率、流产率等。此外，还有公猪的精液量、活率、密度、畸形率情况。

标准：平均总产仔 10 头以上，健仔数 8 头以上，死胎、木乃伊胎、弱仔、畸形胎少于 1.5 头，初生均重大于 1.2 kg，28 日龄断奶重大于 7 kg，初配月龄不大于 9 月龄，发情率大于 90%。

五、引种前的准备

（1）车辆的准备。一般国内购买种猪都是汽车运输，引种前所用汽车要先检查车况，并事先装好猪栏，如果一次引种数量较多，最好使用有分格的猪栏，以免猪多互相挤压，造成不必要的损失。同时要带上苫布以备不时之需。装车前首先要用消毒液对车辆进行彻底消毒，一般用过氧乙酸或者火碱喷洒，如果是经常用来运猪的车辆，应在前往种猪场前冲洗干净，并消毒备用。装车前，需要把一切手续办好，包括货款、检疫证明、车辆消毒证明、免疫卡、系谱、免疫程序、饲料配方、饲养手册等一切带齐，以备查验。如果路途较远，应在装猪前，将途中猪只饮水系统配好，必要时安装自动饮水器及大水桶，猪一两天不吃可以，如果不饮水，对猪只健康很不利。同时准备一些矿物质及多维素，加入饮水中，以防因长途运输给猪带来的负面影响。运输途中车最好走高速路，同时远离同样拉着牲畜的车辆，不要急刹车，起步要稳，每隔 3~4 h 查看猪群情况，把每一头猪用棍赶起来。必要时在加油站给水，热天要冲水降温，冬季要透气。

（2）猪场内的准备工作。引种前准备好隔离饲养舍。种猪引进后先在隔离舍饲养一段时间。因此在引种前对隔离舍进行清扫、洗刷、消毒，然后晾干备用。引进的种猪要有活动场所，最好是土地面，因为猪天生喜欢拱地，有利于猪的运动，保证肢蹄的健壮。进猪前饮水器及主管道的存水应放干净，并且保证圈舍冬暖夏凉，夏天做好防暑降温工作，冬天要提前给猪舍升温，使舍内温度达到要求，猪舍内湿度控制在 65%~75%。准备一些口服补液盐、电解多维、药物及饲料，药物以抗生素为主，预防由于环境及运输应激引起的呼吸系统及消化系统疾病。最好从引种猪场购买一些全价料或预混料，保证有 1 周的过渡期，有条件的可准备一些青绿多汁饲料，如胡萝卜、南瓜、白菜等。

（3）隔离饲养。种猪引进后，要单独饲养，不要与自己本场的猪放在一起，一般隔离 30 d 左右。如果本场猪只健康状况不是很好，在隔离期间要对新引进的种猪打疫苗，或者将本场猪只的粪便放入新猪栏舍内一些，让其自然感染，以免进入生产群后给生产带来损失。在隔离观察期间，要注意猪群的变化，如无异常再与原来猪只混群，转入后备猪舍。

六、做好猪的选配工作的意义

选配是指在选种的基础上，进一步有计划地为母猪选择适宜的交配公猪，其目的是使个体间获得更多、更好的交配机会，促使有益基因结合起来，产生大量品质优良的后代，以巩固和加强选种的效果，不断提高猪群的品质。优秀公母猪交配，所生的后代不一定都是优良的，即使同一头公猪，与不同的母猪交配所生的后代也不相同。后代的优劣不仅与种猪本身的品质和遗传能力有关，而且也受着公母猪个体间配对是否合适的影响。为了获得优良的后代，在选种的基础上，还须进行选配。所以，选配是选种的继续，选种是选配的基础，两者互相联系、互相促进。

按选配时考虑的对象和依据，可以分为个体选配和种群选配两类。最常用的是个体选配。个体选配是以个体为对象、以个体的品质和亲缘关系为依据的选配。因此，又可分为品质选配和亲缘选配两种。

(1) 品质选配。品质选配是根据双方个体品质的选配。个体品质是指猪的体型外貌、生长发育、生产性能及产品的品质等特征、特性的表现，所以也称为表型选配。个体品质的选配有以下两种形式。

①同质选配。即选择性状相同、性能表现一致的优秀公、母猪交配，如选择体长、生长快的公、母猪交配。同质选配的目的，是使亲本共同的优良性状稳定地遗传给后代，使优良性状得到巩固和发展，即所谓的"好的配好的，产生好的"。所以，一般为了保持和巩固品种固有的优良性状，或杂交育种到一定的阶段出现了理想型，为巩固理想型时，主要采用同质选配。

运用同质选配应注意两个问题：一是交配双方品质同质，但应是优秀的而不是中等以下的交配；二是交配双方除要求其主要性状同质外，还应无其他共同的品质缺陷，以免加深这种缺陷。

②异质选配。即选择性状不同或同一性状而性能表现不一致的公、母猪交配。选择具有不同优良性状的公、母猪交配，其目的是将两个个体的优良性状结合在一起，取得兼有双亲不同优点的后代，从而使猪群在这两个性状上都得到提高；选择同一性状而性能表现优劣程度不同的公母猪交配，其目的是使后代品质得到改进和提高，这是改进畜群品质时常用的选配方法。异质选配的主要作用在于综合公母猪双方的优良性状，丰富后代的遗传基础，创造新的类型，并提高后代的适应性和生活力。当猪群处于停滞状态或在品种选育初期，为了通过性状的重组以获得理想型个体时，采用异质选配。在使用异质选配时，应严格选择制度，加强种猪选择，才能实现异质选配的目的。

同质选配和异质选配是个体选配中最常用的两种方法，有时两者并用，有时交替使用。在同一猪群中，一般在选育初期使用异质选配，其目的是通过异质选配将公母猪不同的优点结合在一起，创造出新类型。当群内理想的新类型出现后，则转为同质选配，用以固定理想型，实现选育目标。

需要指出的是，同质选配和异质选配是相对的，有时不能截然分开；同质选配和异质选配的效果与选种的准确性有关，因为表型相同的个体，基因型未必相同；在采用品质选配时，不允许有相同缺点或相反缺点的公母猪交配。

（2）亲缘选配。根据配对双方亲缘关系的远近和程度的高低进行的选配。凡有较近亲缘关系的公母猪交配就称为近亲交配，简称近交；反之称为非亲缘交配。近交有害，因此无论是繁殖场还是生产性猪场，一般都应避免近交。但是近交又有其特定的用途，在育种工作中，有时为了达到某种目的，又往往需要这种选配方式。

在猪的选育过程中，近交也是一种选配的基本方法。采用近交可以纯化猪群的遗传结构，提高其同质性，使猪群的遗传性状趋于稳定。在猪的品系建立过程中使用近交，可使品系特征迅速固定，以加速品系建立。实行近交还可在纯化遗传结构的基础上，使品种的性能得以恢复，从而复壮品种。此外，近交使有害基因纯化而提高暴露的机会，因而可以有目的地安排近交，用以暴露猪群的有害基因，从而达到淘汰携带有害基因的个体，降低猪群内有害基因频率的目的。

近交也具有不利的一面，即近交衰退。所谓近交衰退，是指近交后代出现繁殖性能、生活力、适应性下降，生长发育受到抑制，生产性能降低，猪群内遗传缺陷的个体数增加等一系列不良表现。为了充分发挥近交的有利作用，防止近交衰退现象的发生，在运用近交时，必须有明确的近交目的，反对无目的的近交，同时要灵活运用各种近交形式，掌握好近交的程度，不要一开始就用高度的近交。尤其是对未经系统选育、遗传品质和纯度均不高的猪群，更应慎重使用近交。在近交过程中进行严格的选择与淘汰，一方面不让品质恶劣、生产性能不高的个体参加近交；另一方面对近交后代仔细观察，密切注意有害或不良性状的出现，全部淘汰这些个体，可以防止这些不良影响的积累，避免近交衰退的发生。近交产生的后代，其种用价值可能较高，遗传性能比较稳定，但生活力较差，对饲养管理条件要求较高。因此，改善后代的饲养管理条件，就能够减轻遗传和环境的双重不良影响，使近交后代充分发挥出它们的遗传潜力。此外，为了防止不良性状的积累，在进行几个世代的近交后，可以从外地（或外群）引入一些同品种、同类型，且性状一致，但无亲缘关系的种公猪或种母猪，进行血缘更新。

第五章 生猪低蛋白饲养之科学饲养与管理

第一节 仔猪的科学管理

仔猪是发展养猪生产的基础。在猪的一生中,仔猪阶段是猪生长发育最快、可塑性最大、饲料利用率最高的阶段。仔猪培育的好坏直接影响到猪群质量的好坏和经济效益的高低。因此,我们要根据仔猪不同的生长发育阶段的特点及其对饲料的特殊要求,加强对仔猪的科学饲养和培育,达到提高仔猪成活率、断乳个体重、保育窝重及经济效益的目的。对仔猪的培育与管理主要采用两阶段(乳猪阶段、仔猪阶段)、两早(早诱食、早补饲)、两料(乳猪料、仔猪料)的培育方法。

一、哺乳仔猪的培育与管理

(一) 哺乳仔猪的培育管理目标

1. 提高哺乳仔猪成活率

哺乳阶段的仔猪称为乳猪。此阶段的仔猪精神饱满,健康活泼,我们要力争哺乳期仔猪的哺育率超85%,不能低于80%。

2. 提高哺乳仔猪的断乳个体重和离乳窝重

根据仔猪的生长发育特点,通过哺乳期的精心培育,我们要力争使仔猪断乳个体重达初生重的7~8倍,每窝仔猪个体的生长发育整齐、均匀度好,努力降低弱仔数。

(二) 哺乳仔猪的生长与生理特点

1. 仔猪具有生长发育快、物质代谢旺盛的特点

按仔猪月龄的生长强度计算,仔猪第一个月比出生时增长5~6倍,第二个月比第一个月增长2~3倍,可见仔猪第一个月增长最突出。仔猪增重速度的快慢又与初生个体重大小、母猪泌乳力高低、窝仔数的多少及开食的早迟和

补料的好坏有关。

2. 仔猪具有消化器官不发达、消化腺机能不完善的特点

因初生仔猪胃内仅有凝乳酶，缺乏游离的盐酸，而且其唾液和胃蛋白酶很少，胃蛋白酶没有活性，胃底腺不发达，不能消化蛋白质，特别是植物性蛋白质。因此，仔猪的消化器官不能抵制或杀死有害细菌，容易使仔猪患上消化道疾病，特别是胃肠疾病。由于仔猪消化机能不完善，食物通过消化道的速度太快，不能得到很好的消化，导致仔猪对饲料的质量、形态、饲喂方法及饲喂次数等有特殊的要求。

3. 初生仔猪缺乏先天免疫力，容易得病

由于仔猪在母体中，母猪不能通过胎盘给仔猪提供免疫球蛋白，但在母猪的初乳中含有大量的免疫球蛋白。因此，仔猪在出生时没有先天免疫力，主要靠母猪初乳来获得免疫球蛋白，但3 d后母乳中的免疫球蛋白量则迅速降低，所以，吃足初乳是增加初生仔猪抗体的关键。

4. 仔猪调节体温的机能发育不全，对寒冷的应激调节能力差

猪是一种恒温动物，无论在什么环境下生存，它都要在神经系统的调节下，发生一系列的应激反应，维持体温的恒定。但由于初生仔猪体内贮备的能量少，能量代谢的调节功能不全，加之初生仔猪体型小，单位体重的体表面积相对较大，被毛稀薄，皮下脂肪又不发达，故一旦处于低温环境中，仔猪体温的散失也较快，不能维持体温正常，故有"小猪怕冷"之说。

（三）哺乳仔猪的培育技术措施

1. 做好仔猪出生时的护理，减少因环境、温度变化而导致的仔猪应激

初生仔猪易产生应激的原因：一是仔猪由原来靠母体胎盘进行气体交换、摄取养料、排除废物而转变为自行呼吸、采食和排泄。二是仔猪由处在母体子宫内的稳定环境转为与复杂的外界环境直接接触，而且仔猪调节体温的机能不健全，对寒冷的应激抵抗能力差，加之机体内能源的贮备有限，脂肪和血糖的含量很低。因此，对仔猪应及时保温，否则将会发生冻僵、冻昏和冻死。三是仔猪所在外部环境由母体子宫内的无菌环境变为有菌环境。四是仔猪若不能从母体获得足够的抗体，易得病死亡。

擦净全身黏液和断脐。胎儿产出后，用左手托住胎儿，右手将连于胎盘的脐带轻轻扯出，然后迅速将仔猪鼻孔和口腔中的黏液清除干净，以防其阻塞窒息。接着用柔软清洁抹布顺着仔猪毛的方向，由前向后，从上到下擦净仔猪全身黏液。擦净口鼻及全身黏液后立即断脐，断脐时，先用左手的拇指和食指在距仔猪脐带基部 5 cm 处捏紧固定好，迅速用右手的拇指和食指将脐带中的血

液反复向仔猪的腹部方向挤捏,直到脐带被挤捏部分看似无血为止,这时从左手指固定处用剪刀把脐带剪断,断口处用5%碘酒涂抹消毒,以防感染。

断齿。为使乳猪乳头固定方便,防止因仔猪抢乳头咬坏乳房,影响哺乳,在仔猪出生后要把8颗尖锐小牙的尖锐部分剪平,以确保哺乳母猪、仔猪的正常放乳和哺乳。

2. 吃足初乳,固定乳头,弱仔在前,强仔在后,增强仔猪免疫力

母猪产后3 d内的乳汁称为初乳,3 d后的乳汁称为常乳。由于母猪的胎盘构造特殊,大分子免疫球蛋白不能通过母猪血液循环进入胎儿体内,因而初生仔猪不具备先天免疫能力,它只有通过母猪初乳才能获得免疫能力。因此,在仔猪出生1 h内,要尽快帮助新生仔猪吃到初乳以获得母源抗体,增加仔猪免疫力。新生仔猪在出生48 h内对初乳摄取量的多少,会直接影响其在28日龄内的生长与健康状况。仔猪出生后,为防仔猪拉肚子,先挤出母猪2~3滴积乳后,然后教仔猪吃初乳,这样既可促使母猪快速分娩,又可避免仔猪产下时间太长而引起"僵口"。待母猪全窝仔猪产仔结束,充分利用母猪前面乳头乳汁多、后面乳头乳汁少的特点,尽量缩小同窝仔猪个体间的体重差异,提高仔猪成活率和均匀度。方法:母猪分娩结束后,将仔猪放在躺卧的母猪身边,让仔猪自己寻找乳头,待大多数仔猪找到乳头后,对个别弱小或强壮争夺乳头的仔猪进行调整,弱仔在前,强仔在后,经反复几次训练后,即可建立起仔猪吸乳的位次。如遇仔猪太少时,在不具备仔猪并窝或寄养条件下,可调教每头仔猪吸食两个乳头,不留空乳头,以免导致母猪乳房变形和乳汁分泌下降,从而影响下一胎仔猪的哺乳。

3. 做好仔猪防寒保温,降低仔猪黄白痢的发生概率

要做好仔猪的防寒保温。一是因为仔猪出生后脱离母体,环境发生了很大变化,温度骤降,加之仔猪的大脑皮层发育不完善,对寒冷的应激调节能力较差;二是因为新生仔猪体内贮备的能量少,能量代谢的调节功能不全,仔猪体型小,单位体重的体表面积相对较大,猪的被毛稀薄,皮下脂肪又不发达,故一旦处于低温环境中,体温的散失也较快,不能维持体温正常。因此,必须为新生仔猪创造一个适宜的环境温度,增设仔猪保温栏、保温箱、电热板或保温灯,待擦干仔猪口鼻和全身黏液及断脐后,要立即放进保温箱中保温,以防仔猪受凉后导致仔猪黄白痢的发生。仔猪圈舍的适宜温度:产后1~3日龄32~35℃;4~7日龄适宜温度为28~30℃;15~30日龄适宜温度为22~25℃;2~3月龄适宜温度为20~22℃。

4. 重视仔猪的寄养或并窝

在实际生产中,往往会碰到产仔母猪产后突然生病无乳,或产后母猪虽无病但无乳,或仔猪太多而乳头不够,或仔猪下痢或机械性死亡后只剩下少量几头仔猪等情况。若遇到这些情况,为提高母猪的年生产力,就必须采取多仔寄养、少仔并窝的办法来提高哺乳期仔猪成活率和母猪利用率。但并窝必须注意以下几点。

一是选择的代哺母猪分娩日期要基本相同,最多不能超过 3 d。二是并窝或寄养的仔猪必须吃到初乳。三是选择的代哺母猪必须性情温顺、泌乳量大。四是要注意后产的仔猪往先产的窝中寄养时,要选体大的仔猪;先产的仔猪往后产的窝里寄养时要选体小的仔猪,以尽量缩小仔猪个体间差异。五是利用母猪晚上视力弱的特点,采取夜并、夜寄而昼不并、昼不寄的办法。六是为防止代哺母猪拒绝外来仔猪吃奶,可将并窝或寄养的仔猪避开母猪,全部喷上 2% 来苏儿液,1 h 后,趁母猪不注意时把仔猪放入母猪身边让其吸乳;或者用白酒喷洒在仔猪身体上和代哺母猪的鼻盘上,让母猪难以分辨是自产仔猪还是他窝仔猪。要确保被并窝或寄养的仔猪吸过 1~2 次代哺母猪的乳汁,提高并窝或寄养仔猪的存活率。

5. 加强仔猪出生 3 日龄内的守护,减少新生仔猪被踩、被压的概率,降低死亡率

在实际生产中,往往会碰到因母猪产后疲惫,反应迟钝,或母猪体大笨重行动迟缓(特别是外种母猪),或因母猪母性不强、护仔性差而导致母猪因起卧不及时等原因压伤、踩伤仔猪。因此,必须加强仔猪出生 3 d 内的值班守护,一旦发现母猪踩倒或压倒仔猪,或听到仔猪被压求救声时,饲养人员应立即救出仔猪,尽量减少初生仔猪被踩压的概率,降低死亡率。

6. 补充矿物质,预防疾病的发生

哺乳仔猪最易缺乏的矿物质微量元素是铁和硒。铁是造血的原料。初生仔猪出生时体内铁的贮备量只有 30~50 mg,仔猪每天生长需 7~10 mg,而实际母乳中的含铁量很低,每头仔猪每天从母乳中获得的铁一般还不足 1 mg,即便给母猪补铁也不能提高母乳中的含铁量。因此,必须在仔猪生后 3 d 内尽快给仔猪补铁。若不补铁,其体内铁的贮备量将在 1 周内耗完,仔猪就会患贫血症,出现食欲减退、被毛散乱、皮肤苍白、生长停滞和患白痢等疾病,严重者将会导致死亡。补充矿物质铁和硒的最佳时间,根据母猪产后铁的消耗量及仔猪对铁的需求量,一般在仔猪生后 3 日龄,必须给每头仔猪肌注右旋糖酐铁注射液如爱尔达(揭达产)1 mL 或牲血素(国产)1 mL 即可。如果是外种猪,

因为生长速度较快,那么还应待仔猪 20 日龄时每头再重复注射 1 mL 即可,以防初生仔猪缺铁性贫血。

猪缺硒时,会导致微血管病变,心脏、肝脏机能受损,肝坏死,繁殖机能障碍,睾丸退化,免疫力和抗病力下降,甚至突然死亡。因此,在仔猪生后 5 d 和 15 d,分别各肌注 0.1% 亚硒酸钠 0.5 mL,以防仔猪缺硒后疾病的发生,但一定要控制使用剂量,否则会引起中毒。

7. 供给充足的清洁饮水

仔猪出生后生长迅速,代谢旺盛,需水量较多。3~5 日龄开始补充饮水,加之母乳较浓(母乳中脂肪含量高达 7%~11%),仔猪常感口渴,如不及时供给清水,仔猪就会喝脏水或尿液,容易引起下痢。因此,在仔猪出生后 3~5 日龄起,即可补给清洁的饮水。一般安装仔猪自动饮水器,随时保持水的新鲜和清洁,如果能给仔猪补饮含电解质的水就更好,可起到防病和促进增重的作用。

8. 早诱食、早补饲,乳猪阶段饲喂乳猪料,为断乳顺利过渡作准备

哺乳仔猪体重的迅速增长,对营养物质的需求量与日俱增,母猪的泌乳高峰期一般为 15~25 d,平均为 21 d(随品种不同而略有差异),之后会逐渐下降。因此,在仔猪出生 3 周龄后,单靠母乳不能满足其快速生长的需要。因此,必须在仔猪出生后 7~8 日龄开始,就要提前用教槽料给仔猪诱食,可采用少量多次的方法,约需 1 周时间,在仔猪 15 日龄时正式补饲营养全面且易消化的全价乳猪料。对泌乳量大的母猪所产仔猪,在其不愿吃食的情况下,要将教槽料用少许糖水调成糊状,涂抹于哺乳仔猪嘴唇上,让其舔食,采取强制诱食。经 2~3 次强制舔食后,便能自行吃料,其目的是尽早训练仔猪的消化系统、刺激仔猪胃酸的分泌,促进仔猪消化器官的发育,为其断乳后顺利采食饲料打下良好基础。

乳猪料为营养较全面的全价乳猪颗粒料。乳猪料不但具有香、甜、脆等良好的适口性,而且基本接近母乳的营养水平,要求每千克日粮含消化能不低于 13.79 MJ,粗蛋白质含量不低于 18%,赖氨酸含量占粗蛋白质的 4%~5%。采取自由采食,每天 5~6 次,其中晚上 10 时加料 1 次,应少吃多餐,少给勤添,每次吃得不宜太多,控制好仔猪的饥饱状态。

9. 哺乳期仔猪的去势

凡不留作种用的仔猪,小公猪可在 20 日龄、小母猪在 30~40 日龄去势。早期去势,伤口流血少,愈合快,手术简便。切忌在断奶前后 1 周内进行去势或预防注射,以免增加仔猪应激而影响其正常生长。

10. 实施仔猪早期断乳

（1）仔猪适宜的早期断乳日龄。仔猪的适宜断奶日龄应根据猪场仔猪的健康状况、母猪的利用强度和饲养管理水平高低等具体情况而定。根据云南省规模养猪场的生产实际和管理水平，云南省养猪场仔猪的适宜断乳日龄应在28~35日龄较好。低于28日龄，将会增加母猪、仔猪的应激，降低仔猪成活率；高于35日龄，将会影响猪场的整体养殖效益。

（2）仔猪实施早期断乳的好处。一是可提高母猪年窝产胎次。如果仔猪采用28 d断乳，那么一头母猪的繁殖周期就为156 d（即妊娠期114 d、哺乳期28 d、空怀期为10 d），一年以365 d计，则母猪年可产2.34胎。如果采用35 d断乳，则母猪繁殖周期就为159 d，那么一头母猪年可产2.3胎。因此，实行仔猪早期断乳和缩短母猪空怀期是提高母猪年产胎次数的关键。二是可提高仔猪对饲料的利用率。仔猪在哺乳阶段，对饲料的利用率仅为20%~30%，断乳后，可将饲料利用率提高到50%~60%。据试验测定结果，30日龄与60日龄断乳相比，每千克增重可节省31%~39%的饲料和20%~32%的可消化粗蛋白质。三是可提高仔猪双月龄个体重和个体均匀度。在一般情况下，仔猪出生21日龄后，母猪的泌乳量就不能满足其对营养的需要。实施早期断乳，可根据仔猪对营养的需要配制全价平衡日粮，即仔猪料。早期断乳有利于促进仔猪生长潜力的发挥，减少弱猪、僵猪比例，从而获得体重大且生长均匀的仔猪。研究表明，分别在28日龄、35日龄、42日龄断乳仔猪的日增重均高于60日龄断乳仔猪的日增重。四是可减少母猪的饲料消耗。仔猪实行早期断乳，可减轻母猪失重，节省饲料用量。据试验测定结果，仔猪实行35日龄断乳，母猪每个繁殖周期要比60日龄断乳节省饲料70~90 kg；仔猪28日龄断乳，母猪失重9.65 kg；60日龄断乳，母猪失重44.75 kg。母猪哺乳期间的失重，无疑要靠采食更多的饲料来维持。若母猪在哺乳期失重太多，不但会增加饲料消耗，还会延长母猪空怀时间，从而影响下一胎的繁殖。

（3）仔猪的断乳方法。断乳应激对仔猪的影响很大，在实际生产中无论采取何种断乳方式，都应本着尽量减少仔猪应激和便于管理的原则，以提高仔猪的成活率。一般大型规模猪场均采用一次性断乳方法，即当仔猪达到预定的断乳日期时，断然将母猪与仔猪分开，具体操作方法是：赶母留仔，即把母猪赶走，将仔猪留原圈再饲养1周，其目的是尽量减少因仔猪应激而导致疾病的发生，提高仔猪成活率和保育窝重。

二、断乳仔猪的培育与管理

仔猪断乳是仔猪离开母猪独立生活的开始,是仔猪生活条件发生的第二次巨大改变,仔猪由依靠母乳和采食部分饲料过渡到完全依靠自己采食饲料的独立生活时期。如饲养管理不当,则会造成仔猪体重迅速下降,甚至引发其他疫病。因此,哺乳仔猪的顺利断乳是提高断乳仔猪成活率的关键,尽量减少仔猪断乳应激,降低其发病和死亡率。仔猪断乳后,饲喂仔猪料。

(一) 断乳仔猪的培育

做好断乳仔猪的三个稳定和三个过渡,减少断乳应激,提高断乳仔猪成活率。

1. 三个稳定

(1) 保持断乳仔猪的猪群稳定。仔猪断乳时,采取原窝仔猪不要拆散,要维持一段时间的同窝饲养。

(2) 做到断乳仔猪的圈舍稳定。仔猪断乳时,采取赶母留仔的办法,即把母猪赶走,仔猪仍留在原圈再饲养1周,使它们在熟悉的环境中生活。

(3) 做到饲养人员的相对稳定。原来饲养哺乳母猪的饲养员继续喂养断乳仔猪,保持饲喂习惯不变。

2. 三个过渡

(1) 做好断乳仔猪饲料的逐步过渡。仔猪断乳后饲喂仔猪料,但从断乳前饲喂的乳猪料到断乳后饲喂的仔猪料要逐步过渡,过渡时间需两周左右。过渡的办法:把将要改换的仔猪料分别按10%、30%、50%、70%、90%、100%的比例逐渐增加,将原喂的乳猪料按90%、70%、50%、30%和10%的比例逐步减少,每次增减饲料比例时须过渡稳定2~3 d。在变换饲料过程中,饲养人员还要注意观察仔猪采食和排便情况,如发现有异常情况则须及时进行调整。避免因饲料的突然改变,引起仔猪断乳后腹泻及消化不良等疾病的发生。

(2) 做好断乳仔猪饲料量的逐步过渡。仔猪断乳后5~7 d内仍保持断乳前供给的饲料量,之后,可根据仔猪生长的具体情况酌情逐渐增加饲料量。因为仔猪断乳前供给的饲料量实际是仔猪断乳前的补料量。断乳前仔猪的饲料量应为补料量加哺乳量,所以断乳后仍按断乳前的补料量供给饲料,不要让仔猪吃得太饱,保持仔猪七成至八成饱,否则吃得太饱会导致因仔猪消化不良引起的腹泻拉稀等疾病,严重影响断乳仔猪后期的生长发育。

(3) 做好断乳仔猪饲喂次数的逐步过渡。仔猪断乳后,仍维持断乳前的饲喂次数,每天4~5次,每次喂七八成饱为宜,以使其保持旺盛的食欲。夜间 9—10 时可加喂 1 次，这样可促使仔猪多吃料，有利于其生长发育。在饲养正常的情况下，断乳后 2~3 周可适当减少饲喂次数，但 3 周龄前的饲喂不得低于 4 次。

（二）断乳仔猪的管理

1. 合理分群

仔猪断乳后仍在原圈饲养 1 周，再根据仔猪性别、体重大小、体况肥瘦、吃食快慢等进行合理分群，进入保育舍饲养，以每栏 10 头为宜，每群个体重差异不超过 3 kg。对体重小、体弱的仔猪宜单独组群，细心护理，特殊照顾。

2. 为断乳仔猪创造舒适的小环境。

断乳仔猪的圈舍必须阳光充足，温度应保持在 18~22℃，相对湿度不超过 75%，圈舍保持清洁干燥。仔猪进入圈舍前，应对保育舍彻底消毒，为断乳仔猪创造一个舒适的小环境。

3. 有足够的占地面积和饲槽

仔猪群体过大或每头仔猪占地面积太小，以及饲槽太小，容易引起仔猪群争斗，导致仔猪休息不足，采食不够，从而影响仔猪的生长发育。密度过大会出现咬尾、咬耳等异常行为；密度太小会造成圈舍的消费。同时要设有足够的食槽与水槽，尽量让每头仔猪都能吃饱、饮足，不发生争食等现象。

4. 重视断乳仔猪的防寒保温

重视断乳仔猪的防寒保温，尤其是要做好冬季或早春季节的保温工作。

5. 细心调教，做到吃、睡、便三定位

要调教训练仔猪排便、采食、睡卧三点定位。重点训练仔猪定点排粪尿，使之养成良好的卫生习惯。

6. 供给充足、新鲜、清洁的饮水

仔猪快速生长发育需大量水分。如仔猪饮水不足，则会影响其食欲、增重，并可能会导致疾病的发生。因此，供水要充足、新鲜、清洁，全天不断饮水。仔猪的饮水量，冬季一般为饲料量的 2~3 倍，春、秋季为饲料量的 4 倍，夏季为饲料量的 5 倍。

7. 重视断乳仔猪的预防与保健

为防疫病感染，在仔猪 30 日龄后，按照各养殖场（户）制定的免疫程序进行猪瘟、猪丹毒、猪肺疫及仔猪副伤寒疫苗的预防注射，做好仔猪保健，降低断乳仔猪的死亡率，提高双月仔猪的育成率。严禁在仔猪断乳前后 1 周内，进行各种疫苗免疫注射，以减少仔猪断乳应激。同时，严禁在疫苗注射后 1 周内使用各种抗生素，否则，将会降低疫苗的保护效果。

第二节　育肥猪的科学饲养与管理

饲养育肥猪的目的是在尽可能短的时间内，获得成本低、数量多、质量好的猪肉。

一、育肥猪的饲养

育肥猪按生长发育阶段可分为育肥前期（体重 60 kg 以前）、育肥后期（体重 60 kg 以后）。

（一）营养水平

从仔猪出生到育肥上市整个过程中，生长育肥阶段将消耗整个饲养期 70%~75% 的饲料，饲料应以快速增重、调整猪肉品质为主。目前国内自繁自养模式下的养猪基本已将吊架子式饲养变为直线育肥，在整个育肥期内实行丰富饲养，喂料不限量，促进生长发育，早出栏。日粮营养一般考虑为前高后低的育肥方式，即体重在 60 kg 以前，采用高能量高蛋白质饲料，粗蛋白质含量 16%~17%；体重在 60 kg 以后，日粮中粗蛋白质含量 13%~14%。而在喂量上则采用体重在 60 kg 以前，不限制喂量，让猪自由采食，每次饲喂量以稍有剩余为准，以促进肌肉快速生长。每日饲喂 4 次；体重在 60 kg 以后，限制采食量，每日饲喂量为自由采食的 80% 左右，以防止积累过多的脂肪。

育肥猪日粮中能量和蛋白质水平的高低对胴体品质影响极大。一般来说能量摄取越多，增重越快，饲料利用率越高，胴体脂肪越多。因此，在育肥后期采取限量饲喂，限制能量水平，就可控制脂肪的大量沉积，相应提高瘦肉率。应该注意的是，能量水平控制要适当。如能量水平限制过低，将会导致采食量增加，但由于进食量有限，到一定程度后进食量的增加不能完全补偿食入消化能的减少。猪的增重减慢，脂肪减少，胴体较瘦，屠宰率和饲料利用率均降低。用这种方法来改善胴体品质，提高瘦肉率是不经济的。与能量浓度密切相关的是粗纤维的含量问题，对胴体瘦肉率亦有相当大的影响。粗纤维水平越高，能量浓度相应越低，增重慢，饲料利用率低。对胴体品质来说，瘦肉比例虽有提高，但利用增加粗纤维的比例来提高瘦肉率，其经济效果也不佳。一般育肥猪日粮粗纤维含量以 5%~8% 为宜。同样，提高日粮中蛋白质水平，除提高日增重外，还可以获得背膘薄、眼肌面积大、瘦肉率高的胴体。但用提高蛋白质水平来改善肉质不经济，一般育肥猪的蛋白质水平不超过 18%。蛋白质对增重和胴体品质的影响，关键在于质量，即氨基酸是否平衡。猪需要 10 种必需氨基酸，缺乏任何一种都会影响增重，尤其是赖氨酸、蛋氨酸和色氨酸等限制性氨基酸更为突出。日粮中应含有足够数量的矿物质和维生素，特别是矿物质中某些微量元素的不足或过量时，会导致育肥猪代谢紊乱，轻者增重速度缓慢，饲料消耗增多；重者引发疾病，甚至死亡。

1. 饲料的能量水平

生长育肥猪在 60 kg 以前，一般采用自由采食。在此情况下，如果每千克饲料的消化能在 12 348.11~13 813.14 kJ 范围内变动，则生长猪可根据日粮能量浓度的高低而调节摄食量。但当猪价不好时，有些猪场和农户则试图降低每千克饲料的成本，大量使用麦糠类原料，造成消化能达不到 12 348.11 kJ/kg 的低限，从而严重地影响了猪的生长速度和饲料利用率，这势必影响出栏时间。对于出口猪场 60 kg 以前的猪，其日粮的消化能最好达到 13 394.56 kJ/kg，其后，则可降至 12 975.98 kJ/kg。

生长猪长到 60 kg 以后，一般要采取限制饲养。但如果生产者追求快长快出栏，也可以采用自由采食。如果追求高的瘦肉率，可实行高强度的限饲（自由采食的 65%）。但一般最好是采用中等强度的限饲（自由采食的 75%~80%），这样胴体瘦肉率较多，又不严重影响增重，可获得较好、较全面的生产效益。

2. 饲料的蛋白质和必需氨基酸水平

瘦肉型品种和肉脂型兼用品种对日粮中蛋白质水平要求各不相同。前者在小、中猪阶段分别为 18% 和 16% 的粗蛋白质水平，后者则可低约 2 个百分点。大猪阶段则保持 14% 的粗蛋白质水平就可满足需要。一般来说，日粮中的粗蛋白质每增加 1 个百分点，则胴体瘦肉率可提高 0.5 个百分点。但由于蛋白质原料价格高，在一般情况下，用高蛋白水平的日粮换取高瘦肉率胴体在经济效益上是不划算的。

猪对蛋白质的需要实际上是对氨基酸的需要。自 1978 年英国营养学家 Cole 博士提出理想蛋白质的概念以来，大型的饲料厂家在饲料配方中都考虑必需氨基酸之间的平衡。一般是把赖氨酸的量定为 100，再计算出其他必需氨基酸与其的比例值。

（二）饲养方式

（1）"直线肥育"饲养方式根据育肥猪不同生长发育阶段的营养需要给予相应的营养，全期实行丰富饲养的育肥方式。这种饲养方式育肥期短，但饲料利用不经济，胴体较肥。

（2）"前敞后限"饲养方式育肥前期采用高能量、高蛋白质日粮，敞开饲喂,以促进增重和肌肉充分生长。育肥后期适当限制其采食量或降低日粮能量及蛋白质水平,让猪自由采食,以减少脂肪的沉积。这种饲养方式胴体较瘦,饲料利用经济,但育肥期稍长。

(三) 饲喂技术

育肥期日粮以精料型为主,采取"直线肥育"饲养方式,肥育前期,日喂3~4次,不限量饲喂,自由饮水;育肥后期,日喂2~3次,不限量饲喂,自由饮水。采取"前敞后限"饲养方式,育肥前期,日喂3~4次,不限量饲喂,自由饮水;育肥后期,日喂2~3次,限量饲养,按随意采食量80%~85%饲喂,自由饮水。或适当降低育肥后期日粮能量和蛋白质水平,不限量饲喂。注意:喂料前先清理食槽,严禁喂变质、发霉的饲料,严禁浪费饲料。

二、育肥猪的管理

(1) 满足育肥猪各阶段的营养需要。

(2) 猪舍中空气对流务必保持畅通,如果通风不良,再加上潮湿极有可能引起浆膜性肺炎等呼吸道疾病,影响猪的生长及饲料转化效率,尤其是猪舍内氨气与硫化氢浓度,要时时注意观察并予以控制。

(3) 把握好饲养密度,育肥猪入舍后,按猪的品种、体重大小、体质强弱等相近的原则组群,每只猪至少 $0.8 m^2$,每群10~20头为宜。

(4) 搞好消毒、卫生工作。

(5) 每天猪栏要先铲猪粪后再用水冲洗,以保持猪栏干净,在寒冷季节,减少用水冲猪栏的次数,对空栏要及时冲洗、消毒,以备再用。

(6) 每天冲粪沟1次,每周消毒2次,消毒后当天不要用水冲洗。

(7) 注意观察猪群状况,发现病猪及时报告兽医,对病猪要加强护理。

(8) 猪并栏时,想方设法防止猪只打架。

(9) 细心调教,做好"三定"(定点喂食、定点排尿粪、定点休息)调教,保持猪舍干净、干燥。

(10) 日常管理工作。

①经常检查饮水器,有坏的要及时报告电工进行修理。

②防寒防暑。育肥猪生长的适宜温度为15~23℃,气温过高采食量显著下降,降低增重速度或导致减重;气温过低,虽然采食量增加,但用于维持消耗能量增多,同样降低增重速度或导致减重。因此冬季要防寒保暖,采用节能保温猪舍,配合高密度、厚垫草、卧满圈等技术;夏季要防暑降温,可采取喷雾凉水、通风、遮阳等方法,并供给充足清凉饮水。

③填写销售、转群、淘汰、死亡等记录。
④按照免疫程序和驱虫方案,做好免疫接种和驱虫工作,并做好记录。
⑤遵守防疫制度,做好消毒工作,每周全场大消毒2次。
⑥注意小环境消毒和小气候疾病的控制。

(11) 适时出栏。掌握好适时出栏时间。瘦肉型育肥猪适宜出栏时间确定,一要考虑猪的胴体品质,二要适应消费者要求,三要考虑经济效益。猪的体重越重,增重成分的脂肪比例越高,胴体瘦肉率随之下降,每单位增重所消耗的饲料随之增加,从而增加养猪成本,降低养猪效益;但体重过小,则屠宰率低,产肉量少,脂肪少,水分多,肉质欠佳,每单位体重负担母猪成本增大,从而降低养猪效益。综合上述因素,不同猪种适宜出栏体重有差异,早熟易肥小型猪,以 70~80 kg 出栏为宜,而大型瘦肉型猪以 90~110 kg 出栏为宜。

第三节 种母猪的科学饲养与管理

饲养种母猪的目的,即充分利用其繁殖机能,用较少的种母猪,生产繁殖出更多数量的仔猪以供应市场,最大限度地发挥种用母猪的繁殖潜力,提高母猪年生产力。

一、后备母猪的科学饲养与管理

(一) 后备母猪的概念

后备母猪也称青年母猪,是指从仔猪 70 日龄保育结束后,严格按种用标准进行选育后留用的一类种母猪,年龄为 2 月龄开始至 8 月龄初配前这个阶段的种母猪称为后备母猪。

(二) 后备母猪的管理

1. 合理分群,防止打斗

第一,猪属多胎动物,自幼共同生活,有合群性,同时猪又有强欺弱、大欺小、好打斗攻击的特性。因此,在分群时应将品种相同、体重相近、体况(肥瘦)相同的后备母猪归为一群,饲养密度按每头母猪占猪栏面积 1.5~2.0 m² 计算,以每栏 4~6 头的小群饲养为宜。

第二,猪具有视觉弱、嗅觉发达等特点,同窝同群的猪是靠嗅觉来辨别气味和互相熟悉的。因此,在分群前,可喷洒来苏儿等药物使其气味一致。在分群时,应在猪未吃食的晚上合并,应本着留弱不留强、拆多不拆少、夜并昼不并的原则进行,以减轻猪群咬斗的强度,降低猪群由环境群体改变而产生的应激,保证猪群健康。种猪分群后要有专人看管,干涉猪群咬斗行为,控制并制止强者对弱者的攻击,直到猪群和睦相处为止。

2. 调教

后备母猪在新组群或转入新圈时,要及时调教,使其养成吃、睡、便三定位的良好卫生习惯,避免猪群间强夺弱食,促进猪群健康生长。

调教时应遵循的原则:一是根据猪的生活习惯进行调教。猪喜欢卧睡,在适宜的圈养密度下,猪一般喜欢在高处、木板上、垫草上卧睡。二是根据猪热天喜睡于风凉处、冷天喜睡于温暖处的特点进行调教。三是根据猪排便的规律进行调教,猪一般多在洞口、门口、低处、湿处及圈角等处排便,在喂食前或睡觉刚起来时排便,在进入新的环境或受惊吓时排便较频繁。要根据猪的这些习性因地制宜进行调教。

(1) 调教猪群养成良好的采食习惯,防止强夺弱食。调教成败的关键是要在猪群进入新圈时立即开始调教,建立起新的群居秩序。猪在进入新猪圈的1周内,要有专人守护,为使同圈的所有猪只均能充分采食,对抢食的猪要勤赶,使之不敢接近料槽,经过一段时间的调教看管后,就能养成猪分开排列采食、各就各位的良好采食习惯。

(2) 调教猪群养成吃、睡、便三定位的良好生活卫生习惯。猪入圈前,饲养者事先要把猪栏打扫干净,将猪卧睡处铺上垫草,并在指定排便处(一般在地面坡度较低的排污口处)堆放少许粪便、泼点水,然后将猪赶入圈内,个别猪不在指定位置排便时,要及时将其所排粪便铲到指定排便位置,并采取守候看管的方式,经过 5~7 d 的调教,就会养成采食、睡觉、排便三定位的良好生活卫生习惯。

(3) 做好后备母猪的圈舍设计。为便于后备母猪配种和防止怀孕母猪流产,要求后备母猪的圈舍地面要设有防滑层;圈舍内 3 个角的坡度不得低于 4°,有利于排污;饲槽形状为筒瓦形(槽底为弧形),有利于猪群舔食干净,避免饲料浪费;后备母猪圈舍必须设有运动场,有利于猪群运动;圈舍要宽敞,光照充足,通风良好。圈舍设计能使后备母猪从小锻炼体质,增强身体机能,保持体质健壮,为其产仔做准备。

(4) 做好后备母猪的疾病防控,确保猪群的健康体况。根据本场或饲养户的养猪实际,制定猪群主要疫病监测检疫制度;制定猪场严格的消毒制度;制定严格的猪群预防和免疫程序,严防疾病、疫病的发生,确保猪群的健康体况。

3. 后备母猪的饲养

（1）后备母猪的营养需要。因为后备母猪阶段是其正处于长骨骼和肌肉的时期，脂肪的沉积量较少，因此后备母猪的营养除满足一定的能量外，还要补充蛋白质和矿物质元素。此外，还需供给足够而全面的维生素及微量元素营养，以保持其旺盛的代谢活动和正常的生理机能。根据后备母猪不同的生长发育阶段及营养需要，饲粮营养水平为：每千克饲粮含消化能 12.76~13.4 MJ，粗蛋白质含量 16%~18%，赖氨酸含量 0.7%~0.85%，钙含量 0.8%~0.95%，总磷含量 0.6%~0.7%。推荐配方（%）为：玉米 61，麦麸 15，鱼粉 1，豆粕 19，正规厂家的预混料。体重 60 kg 以后，每千克饲粮含消化能 12.1~12.5 MJ，粗蛋白质含量 14%~15%，要求钙磷平衡或用后备母猪专用料饲喂。

（2）后备母猪的饲喂方法。后备母猪的饲喂方法一般分前期（体重 60 kg 以前）和后期（体重 60 kg 以后）两个阶段进行。前期自由采食，后期适当限饲。

①体重 60 kg 以前自由采食。由于体重 60 kg 以前的后备母猪生长较快，处在长骨骼、器官阶段，因此，此时采取自由采食，充分发挥仔猪生长潜能，随时添加，吃完再给，以免饲料浪费，总之以不要让食槽无食为原则。

②体重 60 kg 以后适当限饲。待后备母猪体重达 60 kg 以后，一定要严格控制其采食量，采取适当限饲的方法，体况只能控制在六七成膘的情况，不能超过七成膘，确保后备母猪良好的配种体况，否则，会导致母猪过肥，影响其发情和配种。日喂 3 次，日喂量 1.8~2.2 kg，按早占日喂量 35%、午占 25%、晚占 40%的投给量饲喂。同时须适当投喂青粗饲料。后备母猪选留初期，由于消化机能还不十分完善，所以要求粗饲料的比例一般不超过 5%。随着年龄的增长，为了锻炼其消化吸收功能，应逐渐增加粗饲料的比例，粗纤维可由初期的 4%~5%提高到 7%~8%。

③后备母猪配种前的短期优饲。根据后备母猪的生理特点和营养需要，在母猪配种前 10~14 d 开始到配种结束为止，采取短期优饲。短期优饲是促使母猪多排卵和排健康卵的关键。优饲的办法是在原日喂量 1.8~2.2 kg 的基础上增加到日喂量 2.2~2.6 kg，饲料营养水平要求粗蛋白质含量在 16%左右，矿物质和维生素要充足。从配种结束的第二天起，立即降低营养水平，特别是能量的摄入量不能太高，使日喂量降到 2.0~2.4 kg，否则会导致母猪腹围太大，造成胚胎的早期死亡，以及母猪分娩后失重太快而导致乳汁分泌减少和母猪断奶后不易发情等不良后果。

（3）后备母猪的合理利用。后备母猪利用过早则影响生长发育及缩短母猪的使用年限；利用过晚，会造成母猪体内及生殖器官周围蓄积脂肪过多，从而导致母猪内分泌失调而出现一系列繁殖障碍疾病，所以合理利用母猪是保证母猪具有旺盛繁殖力的关键。

后备母猪的适宜配种年龄，早熟的地方品种为 6~8 月龄，体重 60~80 kg 时配种较适宜；培育品种及引进的外种猪为 8~9 月龄，体重 100~110 kg 时配种较适宜。

4. 母猪的发情与配种

（1）母猪的发情周期。母猪的发情呈周期性的变化，而且规律非常明显。一般初情期过后，每隔 17~25 d 就要重复发情 1 次，规律性很强。因此，母猪的一个性周期（两次发情之间的间隔期）一般为 17~25 d，平均为 21 d。母猪发情周期的长短与品种、年龄及饲料营养水平等因素有关。

（2）母猪的发情持续期。母猪的发情持续期通常为 2~3 d，但成年母猪发情持续期要比青年母猪长。一般情况下，母猪断奶后第一次发情持续期比以后出现的发情持续期长些。排卵时间为发情开始后的 20~36 h。

（3）母猪的发情特点。在母猪整个发情过程中，人们通常根据其精神状态及母猪卵巢和生殖道的生理变化等方面进行综合判断，可将母猪的整个发情周期分为 4 个阶段，即发情前期、发情期、发情后期和间情期（也称休情期）。

①发情前期。发情前期是母猪性周期的准备过程，也是其性机能活动的开始。从外阴部开始肿胀到接受公猪爬跨时为止。

②发情期。从母猪接受公猪爬跨开始到拒绝公猪爬跨为止。母猪外部表现为，外阴部肿胀，充血明显，流出黏液，性欲表现强烈，阴户内壁颜色将出现一系列变化，母猪接受公猪爬跨并允许交配。发情期是母猪配种的最佳时期，可在此阶段配种。

③发情后期。从拒绝公猪爬跨开始到发情征兆完全消失为止，此时的母猪由性欲激动逐渐转为安静状态。

④间情期（也称休情期）。间情期是指从这次发情征兆消失到下次发情征兆出现前的这段时期。此时的母猪性欲完全停止。

（4）母猪适宜的配种年龄。母猪的初情期（第一次发情）一般为 3~6 月龄，视猪的品种不同而有所差异，本地品种和培育品种发情较早，而外种猪发情较晚。虽然此时母猪有配种的欲望及受胎的可能性，但此时母猪只是性成熟而机体未成熟，若此时配种，则会因配种过早，而导致产仔数少，体重小，体质差，仔猪成活率低，从而降低母猪种用价值，母猪的使用年限也将随之缩短。因此，母猪的最佳配种适龄，一般认为，地方品种或培育品种的初配年龄为出生后的 6~8 月龄，引入品种的初配年龄在出生后的 8~10 月龄。但无论是外种猪、本地猪还是培育品种，母猪的第一、第二个发情期不宜配种，因为此时虽然母猪性成熟，但机体未成熟。应以母猪第三个情期配种为宜，这样可提高产仔数、仔猪成活率和母猪的使用年限。

（5）正确判断配种适期，提高母猪配种受胎率。一看阴户颜色。当发情母猪的阴户由充血红肿变为紫红黯淡时，肿胀开始消退，出现皱纹。二看阴户内的分泌液。将手指洗净后，用拇指和食指，放入阴户内取出少许黏液，然后将拇指和食指的黏液拉开后有透明黏稠的丝状物出现。三看发情母猪的表情和行为反应。母猪表情呆滞，喜伏卧，用手触摸（或按压）其腰部时，母猪呆立不动，双耳直竖，用手推按臀部，不拒绝，反而向人靠拢。四用穴位辅助检查。用细枝条刺激交巢穴（肛门与尾根之间凹陷的地方）时，尾巴轻轻翘起，并出现接受公猪交配的举动。

根据以上综合表现，我们可将此时判断为母猪配种的最佳适期，若在此时配种，受胎率最高。但也有极少数母猪，由于发情不明显，常常会错过配种机会，因此饲养者一定要认真细心观察。

另外，可根据实践经验，一般如发现母猪当天早上开始发情，那么当天下晚配第一次，于次日上午配第二次。一般采用一次发情，两次配种的方式，两次配种间隔时间为 8~12 h，如果饲养者对母猪发情掌握不准，也可进行最多第三次配种。

（6）配种时应注意的事项。一是避开公、母猪血缘，防止近亲交配，降低近交衰退。二是采本交时应注意，与配公、母猪体重不能相差太大，以免影响配种效果。三是公猪采食后半小时内不宜配种，以免影响配种质量。四是选择适宜的配种时间。夏天太热，尽量在早晚进行，冬天太冷，应在早上 9 时以后进行，但两次配种间隔时间不得低于 8 h。五是配种场地不宜太滑。由于太滑的地面，再加上交配时流出的黏液等洒在地上，容易使公、母猪滑倒，造成伤害。公、母猪交配的地点，以母猪舍附近为宜，绝对禁止在公猪舍附近的场地配种，以免引起其他公猪的骚动不安，造成公猪的性欲下降。

5. 对迟迟不发情母猪的原因分析与处理

原因分析：母猪迟迟不发情，在饲养管理上多数是由于日粮过于单纯，蛋白质不足或品质低劣，或母猪缺乏维生素、矿物质，母猪过肥或过瘦，母猪长期缺乏运动等原因引起的。除此之外，还有极少数是由于疾病（如子宫炎、阴道炎等）或先天性生殖系统（如子宫、卵巢等）发育不良等因素引起。

(1) 对断奶 10 d 后仍迟迟不发情的母猪和到发情年龄而迟迟不发情的青年母猪的处理。

①诱情。每天早、晚用公猪追逐或爬跨母猪,或把不发情母猪放在公猪圈内混养,或采取换圈等办法处理。

②按摩母猪乳房。按摩方法分表层按摩与深层按摩两种。表层按摩方法,在每排乳房的两侧及前后反复抚摩(不许碰乳头),可促使母猪发情。深层按摩方法,在每个乳房周围用 5 个手指捏摩(不捏乳头),可促使母猪排卵。一般每天早饲后,表层按摩 10 min,母猪发情后,表层按摩与深层按摩各 5 min,交配前的那天早晨,改为深层按摩 10 min。

③调圈。将发情母猪圈和不发情母猪圈互相调换,从而利用发情母猪的气味刺激不发情的母猪发情。

④药物催情。不发情或屡配不孕的母猪可对症使用 PG600、氯前列烯醇等外源性激素(如海博莱产"喜娩康")。或采用中药淫羊藿 50~80 g,对叶草 50~80 g,水煎后内服,每天 1 剂,连服 2~3 剂即可。

(2) 对因患子宫炎或阴道炎不发情母猪的处理。母猪是否患子宫炎或阴道炎,可从其阴道是否流出恶臭的分泌物来判断。为清除母猪子宫内的渗出物,用 0.1% 的高锰酸钾溶液和 0.05% 新洁尔灭等配成的消毒液冲洗子宫,或用"宫炎净"(植物提取物),每天 1 次,连续 3~5 d,倒出冲洗液后,向母猪子宫腔内注入抗生素消炎,土霉素或青霉素均可。

(3) 对母猪不孕症的原因分析及处理。若已采取以上措施仍不见发情的母猪,但健康状况良好,则应考虑可能为先天性生殖系统发育不良,应考虑淘汰处理,否则将导致养殖成本的提高和养猪生产效益的下降。

①对母猪不孕症的原因分析。

母猪不孕症是母猪生殖机能发生障碍,引起的暂时或永久不能繁殖的疾病。究其原因,一是母猪营养不良,导致性机能减退,发情失常或不发情;二是母猪过肥造成内分泌活动失调。三是母猪年龄偏大,卵巢萎缩,导致性机能减退或消失。四是患慢性子宫内膜炎或卵巢囊肿及阴道炎等疾病所致。

母猪不孕症主要表现为母猪发情无规律,或是长时间不发情、性欲缺乏或显著减退,无明显的发情征候。有的虽然发情正常,但屡配不孕。

②处理措施。

对母猪必须建立合理的科学饲养管理制度;防止母猪过肥或过瘦;对 3 岁以上且繁殖力低下的母猪不宜作种用,应及时淘汰育肥;对有生殖器官疾病的母猪,除采用消毒液对子宫进行冲洗消毒外,还可用青霉素及早进行治疗,对久治不愈者，坚决淘汰。

对不发情或发情不正常的母猪，按不发情母猪的办法处理。若采取以上措施后仍不能受孕的母猪应作淘汰育肥处理，否则将增加养殖成本和降低养猪生产效益。

6. 常见的母猪怀孕判定方法

（1）仪器测定法。用妊娠诊断仪（A超或B超）测定。

（2）观察母猪是否返情。母猪的发情周期一般为17~25 d，平均为21 d。若母猪在配种后17~25 d未见返情，说明可能已经怀孕。

（3）根据母猪的体征表现来判定。若母猪发情配种后采食量增加，性情温顺，喜欢安静，膘情好转，皮毛变得光亮并紧贴身躯，行动谨慎，腹围逐渐增大，阴户下联合紧闭或收缩，并有明显上翘，说明可能已经怀孕。

（4）阴道检查法。配种后的母猪阴道内黏膜变白，黏液浓稠，用手触摸时涩而不润，说明可能已经怀孕。

（5）根据乳头基部乳晕的变化来判断（只适用于约克夏母猪）。约克夏（大约克）母猪配种30 d后，乳头会变黑。轻轻拉长乳头，如果乳头基部呈现黑紫色的晕轮时，则可判断为已经怀孕。

（6）尿液检查法。用注射器抽取配种后24 d未返情的母猪尿液10 mL，置于干净的试管内，加入少许碘酒，然后在火上慢慢加热，当尿液接近沸点时，观察其颜色变化。如果试管内尿液颜色由上至下逐渐变红，说明母猪已经怀孕；如果试管内尿液呈淡黄色或褐绿色，而且尿液冷却后颜色会消失，说明母猪未怀孕。

7. 妊娠母猪预产期的简便推算方法

母猪妊娠期平均为114 d，推算的简便方法有两种。

（1）"三三三"制推算法。即配种月份加3，配种日数加3周零3 d。例如，某母猪5月9日配种，其预产期则为9月3日，具体推算方法为：5+3=8（月），9+（3×7）+3=33（日），1个月按30 d计，33 d为1个月零3 d。因此，预产期则为8月+1个月零3 d=9月3日。

（2）"进四去六"推算法。即配种月份加4，配种日数减6（若日数不够减时，可从月份上减1，在日数上加30后再计算）。仍以上述的为例，某母猪5月9日配种，具体推算方法为：5+4=9（月），9-6=3（日），其预产期仍为9月3日。

二、妊娠母猪的科学饲养与管理

妊娠母猪科学饲养管理的目标是保证受精卵、胚胎与胎儿在母体内的正常发育，减少胚胎早期死亡，防止化胎、死胎与流产现象的发生，从而获得数量多、初生窝重大、均匀度好而健壮的仔猪，并保持母猪在妊娠后期有良好的膘情、良好的乳房发育，确保母猪哺乳期乳汁的正常分泌及下一胎的正常繁殖和配种。同时，对初产青年母猪还要保证其身体组织的正常生长发育。

（一）妊娠母猪的科学饲养

严格实行妊娠母猪的分阶段饲养，整个妊娠期母猪的营养水平应随着胎儿体重的增长而逐步提高，到分娩前 1 个月达到最高峰。因此，须做好妊娠前期和后期两个最关键时期的饲养管理。

妊娠母猪的科学饲养，应根据胎儿在母体内各阶段生长发育需要，再结合妊娠母猪体况，科学地将妊娠母猪分为妊娠前期（配种结束的第 2~30 d）、妊娠中期（妊娠 30~80 d）和妊娠后期（妊娠 81~110 d）3 个阶段进行饲养，这是养好妊娠母猪的关键。

1. 妊娠母猪饲养的第一个关键时期

妊娠母猪饲养的第一个关键时期（母猪妊娠前期，即母猪配种妊娠的 30 d 内）是受精卵附植（附植是从妊娠后 12 d 开始到 24 d 结束）到子宫角不同部位着床的关键时期，也是逐渐形成胎盘的时期。在胎盘未形成前，胚胎很容易受环境、腹内压等因素的影响而导致胚胎早期死亡、流产，所以要给予妊娠母猪特殊照顾。须给予妊娠母猪营养全面的日粮，严禁喂霉烂变质、有毒饲料以及冰水或冰冻饲料，不随意变换饲料品种，而且在此时要严格控制其能量的过多摄入，并防止踢、打、挤压、咬斗等刺激。

2. 妊娠母猪饲养的第二个关键时期

妊娠母猪饲养的第二个关键时期是在母猪妊娠后期，即母猪怀孕 81 d 至分娩前 5 d。由于此时是胎儿在母体内生长速度最快的时期，约占胎儿整个体重的 60%，也是胎儿长肌肉的最佳时期。因此，胎儿要求的营养水平也最高，此阶段给母猪提供营养水平的高低，直接可影响仔猪初生重和仔猪产后的成活率。对此阶段的妊娠母猪一定要供给高营养水平的饲料，才能满足母猪及胎儿对营养的需要。

3. 妊娠前期的营养供给

母猪妊娠前期的营养供给，经产母猪日喂量 1.5~2.5 kg，青年母猪日喂量 2~3 kg，要求每千克饲粮消化能 12.13~12.56 MJ，粗蛋白质含量 14%~

16%，日喂量1.8~2.2 kg，日喂2次。视母猪体况酌情增减。此阶段若摄入能量太多，不但有可能导致胚胎早期死亡，而且还可能造成母猪产后无乳及体重失重太快，从而影响母猪断奶后的正常发情及下一胎的繁殖配种。

4. 妊娠中期和后期的营养供给

妊娠中期（配种后4周至怀孕80 d）的饲料营养水平，要求每千克饲粮消化能12.13~12.56 MJ，粗蛋白质含量14%~15%，日喂量2.0~2.4 kg。

妊娠后期（怀孕81 d至分娩前5 d）的饲料营养水平，要求每千克饲粮消化能12.97~13.39 MJ，粗蛋白质含量16%~17%，赖氨酸含量0.8%以上，日喂量2.8~3.2 kg。在母猪的整个妊娠期，要保证青绿饲料的供给，以防饲料中维生素和纤维素含量不足。但在怀孕后期，青绿料的供给量不宜太多，以免母猪的腹内压增高，影响胎儿的发育。分娩前5 d，逐渐减料，以避免乳腺炎的发生。

（二）妊娠母猪的科学管理

（1）日粮要有一定体积。适当的日粮体积既能使母猪不感觉饥饿，也不会因容积过大而压迫胎儿。

（2）日粮应带有适量的轻泻剂，以防母猪便秘。

（3）圈舍地面要设有防滑层，以防母猪滑倒或便秘引起流产。

（4）适量运动（妊娠第一个月和分娩前10 d应减少运动）。母猪进出栏舍不得拥挤，避免母猪有急转弯或跳越壕沟等动作。

（5）猪舍和猪体要保持清洁卫生，严格免疫，防止疫病传播。

（6）妊娠后期应单栏饲养，避免相互打架和践踏；不追赶，不鞭打，不惊吓，保持环境安静；做好冬春防寒保暖和夏季防暑降温工作。

（7）产前7~10 d进入产房。产前1~2 d，应用肥皂水将其乳房及阴户周围清洗干净，做好产前准备工作。

（8）按摩乳房。在预产期前20 d左右，由饲养员每天按摩母猪乳房10 min，这样既可提高母猪产后的泌乳量，又可减少母猪对分娩的恐惧心理，还能促进母猪的正常分娩。

（三）妊娠母猪的分娩、接产与仔猪护理

分娩是母猪妊娠期的结束。做好母猪分娩的护理，是确保母猪顺利生产、保持仔猪健壮、提高仔猪成活率的关键。妊娠母猪预产期又随母猪品种、圈舍形式、所处环境及运动时间的不同而有所差异。

1. 母猪临产前的判断

随着胎儿的发育成熟，母猪在生理上也会发生一系列的变化，如乳房膨大、产道松弛、阴户红肿、行动异常等,这些都是快要分娩的征兆,具体可根据以下表现来判断。

(1) 分娩前两周的体征表现。母猪乳房从后向前逐渐膨大,乳房基部与腹部之间呈现出明显的界限。

(2) 分娩前 1 周的体征表现。母猪的乳房呈"八"字形向两侧分开。

(3) 分娩前 4~5 d 的体征表现。母猪的乳房显著膨大,两侧乳房外涨明显,乳房表面皮肤呈潮红色发亮,用手挤压乳头有少量稀薄乳汁流出。

(4) 分娩前 3 d 的体征表现。母猪起卧行动稳重谨慎,最后面一对乳房膨大成"儿"字形,表面光亮,用手触摸乳头有热感。

(5) 分娩前 1 d 的体征表现。挤出的乳汁呈黄色,较浓稠,母猪的阴门肿大、松弛,颜色呈紫红色,并有黏液从阴门流出。

(6) 分娩前 6~10 h 的体征表现。母猪表现为卧立不安,外阴肿胀、松弛厉害且颜色变紫红,并用肢蹄频频刨地。

(7) 分娩前 1~2 h 的体征表现。母猪表现为精神极度不安,呼吸急促,挥尾、流泪,时而来回走动,时而呈犬坐式,并频频排尿,阵痛加剧,阴门中有更多的黏液流出,从最后的一对乳头中可以挤出乳汁。母猪躺卧,呼吸急促,四肢伸直,说明子宫阵缩间隔时间缩短,全身用力努责,胎盘羊水破裂并从阴户流出,这时说明母猪很快就要产仔了。

2. 接产前的准备工作

(1) 做好母猪的产前消毒与保健。在母猪产前 10 d,产房的地面、圈栏要用 2%来苏儿、氢氧化钠或其他消毒液进行彻底消毒,并及时晾干。同时对母猪进行体外皮肤及寄生虫检查,发现后及时治疗,以防传染给仔猪。产前 7 d,妊娠母猪提前进入产房,熟悉环境,减少母猪分娩时的紧张情绪。

(2) 做好接产准备。准备好毛巾、抹布、台秤、耳号钳、断尾钳,保温灯等仔猪保温设备(每窝一套),5%的碘酒、75%的药用酒精、来苏儿、凡士林、肥皂、催产素、葡萄糖、消炎注射液等,分娩记录本及其他。

3. 母猪的接产及仔猪护理

母猪分娩时,舍内要保持安静,禁止喧哗和大声说笑,以免影响母猪分娩。母猪分娩一般可分为 4 个阶段,即准备阶段、排出胎儿阶段、排出胎衣阶段和子宫复原阶段。饲养者的具体操作如下。

(1) 消毒。用湿毛巾擦净母猪外阴部周围、腹部及乳房后,待产。

(2) 擦净仔猪口鼻及全身黏液。胎儿产出后,用左手托住胎儿,右手将连接胎盘的脐带轻轻拉出,然后迅速将仔猪鼻孔和口腔中的黏液清除干净,以防仔猪阻塞窒息。接着用抹布顺着仔猪毛的方向,由前向后、从上到下擦净仔猪全身的黏液,动作越快越好,产下一头,擦净一头。

(3) 断脐。擦净口鼻及全身黏液后立即断脐。断脐时,先用左手的拇指和食指在距仔猪脐带基部 5 cm 处捏紧固定好,迅速用右手的拇指和食指将脐带中的血液反复向仔猪的腹部方向挤捏,直到脐带被挤捏部分看似无血为止,这时用剪刀从左手指固定处把脐带剪断,并在断口处用 5%碘酒涂抹消毒,以防感染。

(4) 断齿。为防止仔猪吸乳时咬坏母猪乳头,影响哺乳,所以在仔猪出生后即把 8 颗尖锐小牙的尖锐部分剪平,即断齿。

(5) 断尾。为减少种猪配种时的人为扶助,提高配种效果、降低因粪便对猪尾污染而导致猪被疫病感染的发病率,仔猪出生后需要断尾。公猪断尾长度:将公猪尾拉直到该公猪睾丸的末端处断尾;母猪断尾长度:将母猪尾拉直到该母猪阴户的顶端处断尾。断尾后,立即用 5%碘酒棉球涂擦伤口,以免感染发炎。

(6) 打耳号(对育种场而言,若是商品场则不用打耳号)。打耳号是为了给仔猪个体编号。打耳号常用的方法是"大排号"法。这种方法需要记住左耳和右耳及两耳上下边缺口及中间圆洞代表的数字,两耳世代核心群耳号也应严格区别。各缺口数之和,就是该头猪的耳号;要求各头仔猪的耳号不得重复,例如,陆良种猪场的耳号,右耳上缘一个缺口为 30,下缘一个缺口为 10,耳尖的缺口为 200,耳中间打一个圆孔为 800,近耳尖的一个圆孔为 2 000。左耳上缘一个缺口为 3,下缘一个缺口为 1,耳尖的缺口为 100,耳中间打一个圆孔为 400,近耳尖的一个孔为 1 000。

(7) 称重和记录。将打好耳号的每头仔猪进行称重,所得重量即为仔猪的初生个体重。按事先设计的记录表格内容填写,记录父母亲耳号、产仔日期、配种日期,仔猪出生年月日、初生个体重、初生窝重等。

(8) 教仔猪吃初乳,固定母猪乳头。仔猪编号称重后,先挤出母猪 2~3 滴积乳后(以防仔猪拉肚子)教仔猪吃初乳,让先产下的仔猪先吃乳,以防"僵口",同时还可促使母猪分娩。仔猪全部产下后,固定母猪乳头,弱仔在前,强仔在后,有利于缩小仔猪体重差异。

(9) 仔猪保温。在擦干口鼻和全身黏液及断脐后,要立即放进保温箱中保温,以防仔猪受凉后导致黄白痢疾病的发生。

(10) 严禁母猪吃到胎衣。母猪的正常分娩过程为 2~4 h,因母猪品种及胎次不同而有差异。一般母猪在产仔结束 30 min 左右排出胎衣,也有个别母猪，仔猪与胎衣交替产出。一旦确认胎衣全部排出后，应及时将胎衣及污物彻底清除，严禁母猪吃到胎衣，以防其染上吃仔猪的恶癖，从而导致被迫将该母猪作淘汰处理，造成猪场不必要的损失。但可将拿走的新鲜胎衣用高压锅煮熟捣碎后拌在饲料中喂母猪，这是最好的催乳办法，对提高母猪的泌乳量大有好处。

4. 假死仔猪的判断与抢救

（1）假死仔猪的判断。胎儿出生后，若出现全身松软，停止呼吸，但心脏和脐带基部还在跳动，这样的仔猪被判断为假死猪，假死猪是完全有可能被抢救活的。

造成仔猪假死的原因很多，如胎儿在子宫内胎位不正，或胎儿脐受压或扭转，或脐带在产道中过早拉断，或胎儿在体内时间太长等因素，均会导致胎儿受憋而造成仔猪假死。

（2）假死仔猪的抢救。一是倒提拍打法。左手提起仔猪两只后腿，使之头向下，让黏液从口腔及鼻孔流出，右手有节奏地拍打仔猪的臀部和背部，直至仔猪发出叫声为止。二是呼吸畅通法。迅速擦净口鼻黏液，再对准鼻孔吹气，使之呼吸畅通。三是涂抹刺激法。可在仔猪鼻盘部涂擦酒精，刺激仔猪打喷嚏，以促进呼吸，或用针刺激方法抢救均可。四是温水浸泡法。用手抓住仔猪双耳或两前肢，把仔猪放入38℃、40℃的温水中，使其头部露出水面，浸泡3~5 min，以此激活仔猪。但脐带部位不能放入水中，以免发生感染。五是人工呼吸法。将假死仔猪仰卧在垫草上，把鼻孔和口腔内黏液清除干净，再将仔猪两前肢做前后伸展，一伸一屈压迫仔猪胸部，每分钟10~20次，持续4~5 min，直至仔猪发出叫声为止。

5. 母猪难产的处理及预防

（1）母猪难产的原因分析。母猪骨盆发育不全，产道狭窄，胎儿过大，老龄，过肥，饲喂了变质的饲料，营养不良和妊娠期运动量过少等原因，均会导致母猪分娩时难产。

（2）母猪难产的症状及判断标准。母猪难产常表现为两种情况：一种是母猪阵缩、努责和呻吟不断增多，母猪烦躁，卧立不安，羊水破后4 h以上仍不见仔猪产出。这种情况可以判断为母猪难产。另一种情况是母猪顺利娩出1个或几个胎儿后停了下来，阵缩、努责次数频繁，但相隔几个小时仍然不见胎儿产出或胎儿产出的间隔时间长达45 min以上，这种情况也被判断为母猪难产。

（3）母猪难产的处理。一是可注射催产素和强心剂。视母猪体重肌注脑垂体后叶激素制剂 15~25 单位（或麦角制剂 3~5 mL）和强心剂 2~3 mL，一般注射后 30 min 左右母猪即可产出胎儿。二是用手按摩或用毛巾热敷母猪的乳房，促使其努责，再适当用力（力不能太大）压其腹部，协助仔猪生产。三是让仔猪吮吸母乳。当部分仔猪产出后出现难产时，让先产出的仔猪吮吸母猪乳汁，也可起到促使胎儿娩出的作用。四是人工助产。其处理步骤如下。

第一步：助产人员将两手指甲剪平磨滑，再用 2% 来苏儿溶液将两手和手臂洗净后，用 75% 药用酒精消毒擦净，涂上凡士林待用。

第二步：将难产母猪外阴部洗净消毒后，用已经消毒后的一只手的手指合拢呈圆锥状，手心向上，助产人员位于母猪的一侧，在母猪两次努责的间歇期，将手缓慢伸入产道，慢慢向前伸入探摸。

第三步：待手指探摸到胎儿时，如果是 2 头仔猪堵在一起，可将其中一头推回，用中指和食指握住或钩住另一头胎儿的适当部位（口腔、耳、腿等），配合并随着母猪努责的节律慢慢往外拉，利用其母猪努责的外力轻轻将胎儿拖出。

第四步：当子宫阵缩停止时（也即母猪停止努责时），不能往外拉，以免引起子宫内膜脱落和损伤子宫及子宫颈内膜，从而导致子宫内膜炎或宫颈炎。

第五步：如果人工助产碰上异常情况，如拖、拉都不动，这时就只有舍弃胎儿，用肢解胎儿的办法，分块拖出。但一定要轻、慢和小心谨慎，防止损伤产道。

凡是施行过人工助产的母猪，一旦分娩结束，立即给难产母猪注射大剂量的抗生素，以防其产道、子宫感染发炎而影响下一胎的繁殖。

（4）母猪难产的预防。一是严格控制后备母猪的配种年龄和体重。配种过早会影响母猪的发育，产仔时容易因骨盆狭窄而发生难产。二是对于年龄大、胎次多、体质弱及产道狭窄的母猪，应予及时淘汰。三是妊娠母猪必须适量运动，特别是在妊娠 30 d 后至产仔前 10 d 的这段时间，一定要运动。运动不仅可提高母猪的体力和健康水平，还可锻炼其子宫肌肉的紧张性，增强和促进母猪分娩时的子宫收缩力，有利于胎儿的娩出，可减少难产的发生。四是妊娠期科学合理饲养。在整个妊娠期内，母猪摄入的营养，一方面是用来维持本身生长代谢的需要，另一个方面是用来供给胎儿生长发育的需要。因此，对妊娠母猪要使用营养全面的全价配合料饲喂，以确保妊娠期母仔猪的营养需要和饲料质量。再配以科学合理的分阶段（妊娠前期、中期和后期）饲养方法，使妊娠母猪始终维持中等膘情，不至于过肥，以减少母猪难产的发生概率。

6. 母猪产后胎衣不下的原因分析及处理

（1）母猪产后胎衣不下的临床表现及判断标准。母猪分娩后胎衣在 1 h 内不排出，就称胎衣不下或胎衣滞留。猪的胎衣不下多数表现为部分不下，也有个别表现为整体不下。胎衣不下的母猪表现不安，体温升高，食欲下降，泌乳分泌减少，喜喝水；阴门内流出红褐色液体，内含胎衣碎片及残留物。

（2）母猪产后胎衣不下的原因分析。多数是由于猪体虚弱，产后子宫收缩无力，以及怀孕期间子宫受细菌感染等原因，导致胎盘发生炎症，结缔组织增生，胎盘粘连，导致胎衣不下。

（3）处理措施。一是立即肌注催产素，促进母猪子宫收缩。母猪产后 1~2 h 仍不排出胎衣时，应及时进行治疗。为促进子宫收缩，可肌内注射脑垂体后叶激素 2~4 mL；或肌内或皮下注射催产素 5~10 单位，间隔 24 h 后再重复注射 1 次。二是药物治疗。投服益母草流浸膏 4~8 mL，每天 2 次，连续 5~7 d。三是若胎盘在子宫内腐败（从阴门内流出胎衣的残留物，并有恶臭）时，可用 0.1% 高锰酸钾溶液冲洗子宫，待消毒液全部排出后 1~2 h，向里注入土霉素 1 g，加 100 mL 蒸馏水消炎。四是为促进腐烂胎儿、胎盘与母体胎盘尽快分离，可向子宫内注入 5%~10% 盐水 1~2 L，注入后应注意使盐水尽可能完全排出母猪体外，不要残留在子宫内。待消毒后，再用上述方法处理。

三、哺乳母猪的科学饲养与管理

哺乳母猪饲养的关键是合理供给营养，满足母猪的营养需要和确保母猪的健康体况，达到提高母猪整个泌乳期乳汁的正常分泌和提高哺乳期仔猪的成活率及离乳个体重的目的。

1. 重视哺乳母猪产后的护理

哺乳母猪因分娩时，生殖器官发生了急剧的变化，所消耗的体液太多，机体的抵抗力明显下降，所以母猪产后一定要进行精心护理，促使乳汁正常分泌，保证初生仔猪的健康生长。

（1）母猪产后的营养供给。母猪产仔当天不给料，只给麦麸水或清洁的饮用水，同时加喂温热的 1% 葡萄糖生理盐水，连喂 3~5 d。这是因为母猪分娩时体力消耗很大，体液损失多，母猪表现出疲劳和口渴，所以要给予母猪补充足够的水分。从母猪产后的第二天开始给料，采用逐步添加的方法，7~10 d 内饲料可加到正常的饲喂标准，以防母猪产后消化不良和乳腺炎的发生。

（2）应保持产房的安静、清洁和卫生。母猪产后，体质较弱，严禁各种噪声的干扰，保持产房的安静，适宜的温度、湿度、清洁和卫生程度，并保持圈舍干燥。要保证母猪的充分休息,确保母猪产后体况的恢复及促进乳汁的分泌。同时,每天还必须清洗饲槽和圈舍,要训练母猪养成两侧交替躺卧的习惯,便于仔猪哺乳。

(3) 保护好泌乳期母猪的乳房和乳头。母猪乳腺的发育与仔猪的吮吸有密切关系,特别是头胎母猪,一定要使所有乳头得到充分均匀利用,以防其乳房的变形和发育,从而影响乳汁的分泌和仔猪的哺乳,降低仔猪成活率。同时应随时检查母猪乳头有无损伤情况,一旦发现要及时治疗,否则会影响母猪乳汁的分泌和仔猪的哺乳,导致仔猪成活率的下降。

(4) 严禁母猪产后吃到胎衣,防止其染上吃仔猪的恶癖。当胎衣排出后,应及时将胎衣及污染物一起清除。

2. 了解和掌握哺乳母猪的泌乳特点

(1) 母猪乳房的结构特点。猪的乳房没有乳池,各乳头间没有直接的联系。因为没有存贮乳汁的乳池,所以不能随时挤出乳汁。只有分娩时,由于受胎儿和母体共同作用的结果,母猪体内的雌激素分泌增加,随时有乳汁排出,而分娩后又逐渐改为控制排乳。

(2) 母猪的放乳特点。母猪每次放乳量不等,平均 300 多克。分娩后 15~25 d 泌乳量达到高峰,以后逐渐降低,而 7 对乳房的泌乳量也不尽相同,前 3~5 对乳房所排出的乳量最高,最后一对最低,泌乳次数随产后天数的增多而逐渐减少。

(3) 母猪放乳一般须经过的三个过程。一是先由仔猪发出叫声并拱揉母猪乳房,向母猪发出要求吃奶的信号。二是随着母猪侧卧身体躺下,让乳头露出来表示同意。三是经过仔猪 1~2 min 的按摩后,母猪才开始放乳,仔猪停止骚乱,安静用力吸吮并发出喷喷响声,母猪也随之发出哼哼放乳声。母猪每次放乳时间为 10~40 s。放乳结束后,仔猪仍继续对乳房进行 2~3 min 的按摩,这时才表明哺乳到此全部结束。

3. 掌握影响母猪泌乳量的因素

母猪泌乳的正常分泌与以下因素有关。

(1) 与饲养管理水平有关。饲养管理水平是提高母猪泌乳量的关键因素。母猪的乳汁所需要的营养物质来源于饲料,如果饲料营养全面,饲喂量充足,母猪的泌乳量就高,反之泌乳量就低。如果突然更换饲料配方或突然减少饲喂次数,均会降低母猪泌乳量。

(2) 与母猪的年龄和胎次有关。一般来讲,初产母猪所分泌的乳汁比经产母猪要少,高胎母猪的泌乳量要少于低胎母猪的泌乳量。母猪 3 胎后的泌乳量会逐渐增多,到第6胎时达到高峰,6胎后则会逐步降低。

（3）与母猪哺育母猪的仔猪头数有关。一般情况下,哺育的仔猪多,起到按摩刺激母猪乳房的作用就大,泌乳量就高;反之,仔猪少,泌乳量就少。

（4）与母猪品种有关。在相同的饲养管理条件下,品种不同,母猪的泌乳量也各不相同。

（5）与分娩季节有关。春、秋两季,天气温和凉爽,青饲料相对较多,母猪的泌乳量就高;冬、夏两季气候恶劣,母猪的泌乳量随之减少。

（6）与环境有关。清洁、卫生、干燥、安静舒适的环境可以增加母猪的泌乳量,反之,则会降低母猪的泌乳量。

4. 进行科学合理的饲养管理,确保母猪乳汁的正常分泌

（1）哺乳期母猪应单栏饲养。产房内应设仔猪保温箱、保温灯和补饲槽。无产床的产房还应设母猪护仔栏和防压桩,以免母猪睡卧时压伤仔猪,提高仔猪的成活率。

（2）适当运动。有条件的猪场,在母猪分娩3 d后,可以放其到运动场每天自由活动1次,每次1 h,产后10 d,每天运动两次,每次1 h。适当运动的目的是让母猪接触阳光,尽快恢复体力,促进其消化和泌乳,提高其泌乳量。但母猪的活动时间不宜太长,防止其受凉和受到惊吓,母猪活动时间要逐步增加。

（3）保证哺乳期母猪合理的营养供给。根据母猪的哺乳阶段对各种营养物质的需求,设计科学合理的饲料配方,确保母猪营养的全面供给,促进其乳汁的分泌。

（4）控制母猪产后的过量失重。母猪在哺乳期出现失重现象是正常的,但不能失重太多,否则将会影响母猪下一个发情期的发情配种。母猪的失重以控制在原体重的15%～20%为宜。母猪的失重与其摄入的饲料营养水平有密切关系。哺乳母猪日平均采食量为:初产母猪3.5～4.0 kg混合料,经产母猪5.0～5.5 kg混合料,视品种不同而略有差异。

（5）根据母猪泌乳曲线,科学、合理地供给饲料。母猪的泌乳曲线因母猪品种不同而有所差异。所以对哺乳期母猪饲料的供给,也应视母猪品种不同而酌情增减。当母猪处于泌乳高峰期时,要增加饲料的供给;当其泌乳处于低谷时,要适当减少饲料的供给。这样科学地控制母猪泌乳期的饲料供给,既可保证母猪乳汁的正常分泌,又不至于造成饲料的浪费。

（6）增加饲喂次数和保持饲料的稳定。母猪在哺乳期间,对饲料的需求量大,易加重母猪胃、肠的负担,所以在投给饲料时,应采取逐步添加的办

法，遵循"少给勤添"的原则。此阶段应在 22 时左右增加 1 次夜餐，将每天的日喂量分成 4 次投喂，同时，严禁饲喂霉变及有毒、有害、劣质饲料，并保持饲料的稳定，不随意更换饲料配方，以保证母猪乳汁的正常分泌及质量，以防哺乳期仔猪腹泻的发生。

（7）保证供给足够的青饲料和青绿多汁饲料。在基础日粮不变的情况下，可充分利用当地饲料资源，尽量为哺乳阶段的母猪提供一些青绿料和青绿多汁饲料，以补充饲料中维生素和矿物质的不足，这不仅可提高母猪泌乳量，同时还可保证哺乳母猪得到充分休息，从而减少母猪夜间因饥饿走动而踩压到仔猪的危险，提高仔猪培育的成活率。

（8）提供充足的洁净饮水。一是因母乳的含水量高达 81%~83%，需要大量的水分供给。若因水分不足，母猪的乳汁太浓，则会影响仔猪的消化，易造成仔猪因消化不良而腹泻。二是因猪的消化、吸收、新陈代谢等过程都离不开水，因此，必须给母猪供应充足的清洁饮水，这是养好哺乳母猪和提高仔猪健康水平的重要条件。

（9）严格控制母猪断乳前的饲料供给，降低其乳腺炎的发病概率。母猪断乳前 3~5 d，要逐步减少饲料的投给量，特别是多汁饲料的供给。断奶当天不给料，少给水，以防母猪断乳后乳腺炎的发生。

5. 母猪产后不食或食欲不振的病因分析及处理

（1）病因分析。一是母猪妊娠期饲料单一、营养不良，导致母猪产后不食或食欲不振。二是在母猪妊娠期没有严格分阶段饲喂，特别是妊娠前、中期摄入的能量太高，导致母猪产后不食或食欲不振。三是母猪产仔时间过长，过度疲劳，而导致母猪产后不食或食欲不振。四是母猪产后喂料太多，缺乏必要的护理，引起母猪出现顶食，导致母猪产后不食或食欲不振。五是个别母猪由于产后吞食胎衣，引起消化不良，导致母猪产后不食或食欲不振。六是由于母猪产后发生产道感染，出现体升高，内分泌失调，而导致母猪产后不食或食欲不振等。

（2）预防及治疗措施。①预防措施。母猪妊娠后期应保持良好的膘情。在母猪哺乳期的第一个月要加强营养，使母猪不能掉膘或失重太快。②治疗措施。一是药物治疗。选用复合 B 族维生素，按每千克体重 1 mg 的剂量进行肌内注射，每天 1 次，连续注射 3 d 即可。二是在母猪病症进入初期时可用催产素和氢化可的松进行肌内注射，同时内服十全大补汤。三是在母猪发病后期可用 25% 的葡萄糖注射液 500 mL、三磷酸腺苷 40 mg 及辅酶 A 100 单位进行静脉注射。也可用猪苦胆 1 个，醋 100 mL，先将苦胆用水和匀，再加入醋调匀后，灌服；或用中药的补中益气汤，外加炒麻仁 30 g、大黄 10 g 及芒硝 30~50 g，煎汤灌服。

四、空怀母猪的科学饲养与管理

空怀母猪是指产仔母猪断乳后到下一次配种之前这段时期的母猪。对空怀期母猪饲养管理的主要任务就是要使其尽快恢复种用体况，能正常及时发情配种，缩短空怀时间，提高母猪年繁殖生产能力。一般情况下，母猪断奶后 7~10 d 即可再次发情配种。

1. 合理分群，进行群饲

母猪断乳后，为尽快使母猪忘记哺乳，一般采用群饲，每栏 3~4 头为宜。饲养密度视品种而定，每头猪占猪栏面积按 2.0~2.5 m^2 计算即可。

2. 空怀母猪的营养供给

由于空怀母猪的主要任务是尽快恢复种用体况，所以营养供给比其他母猪要稍低些。每千克饲料中只需含消化能 12.1~12.3 MJ，蛋白质含量在 12.5%~13.5%即可。这段时期空怀母猪的粗饲料供给可占饲料比例的 20%~25%。但空怀母猪应注意矿物质、维生素的补充，尤其要多喂一些青绿饲料，以补充空怀母猪在泌乳期对矿物质的消耗，尽快恢复空怀母猪繁殖机能的正常，使其能及时发情和配种。

3. 注重空怀母猪的饲喂技术以确保空怀母猪的正常发情与配种

空怀母猪每天可饲喂 3 次，最好饲喂用水拌匀的潮湿料，促使母猪采食。但要视空怀母猪的膘情酌情增减饲料喂量，对过肥的母猪要适当减少或控制饲喂量，有利于其掉膘减肥；对过瘦的母猪要适当增加饲喂量，以达到尽快恢复种用体况的目的。

4. 重视空怀母猪的疾病防治

在精心饲喂的条件下，若仍不见空怀母猪体况的恢复和正常的发情，这种情况就有可能是疾病造成的。一种可能是因营养物质失衡而造成母猪食欲不振、消化不良等消化系统疾病以及一些代谢性疾病或因寄生虫引起的疾病；另一种可能是因母猪感染生殖道疾病，如细菌感染而导致的子宫内膜炎或宫颈炎等。因此，一定要认真细致地检查和积极采取对症治疗，使其尽快恢复正常的种用体况，及时发情与配种。

5. 认真进行选择淘汰，提高母猪群体质量和年生产水平

母猪空怀期也是选择淘汰、提高母猪群体生产水平的有利时期。选择淘汰的主要对象为：产仔 3 胎以上（含 3 胎）出现产仔量明显下降的母猪；泌乳

力明显降低及仔猪成活率低的母猪；体质较弱而无力恢复体况以及年龄过于老化而繁殖性能较低的母猪。

6. 实行短期优饲促进母猪排卵，提高母猪卵子受精率

短期优饲是指生产上为了提高种母猪的排卵数，对空怀母猪从仔猪断奶到再次配种这段时期内进行短期内加料，给母猪提供较高能量水平和营养水平的饲料。其目的是促进母猪发情，增加母猪的排卵数和排健康卵的数量，提高母猪卵子受精率。

7. 认真观察母猪发情，做到及时配种

空怀母猪的发情一般不太明显，很容易错过较佳的配种机会。在正常情况下，母猪断奶后 7~10 d 就会发情。这要求饲养人员要加强责任意识，认真细致观察，以便及时发现、及时配种。观察时间最好是早饲前和晚饲后，每天必须认真观察至少 2 次。观察母猪发情的方法，可以是直接观察，也可用公猪试情的方法。在采用公猪试情的方法时一定要注意严格守候，最好是用应配公猪试情，否则达不到选种、选配的目的。

第四节　种公猪的科学饲养与管理

养好种公猪的目的是提高种公猪的配种能力，使种公猪体质结实，体况不肥不瘦，精力充沛，保持旺盛的性欲，获得数量充足、质量好的精液，提高与配母猪的受胎率和产仔数，并延长种公猪的使用寿命。重点应保持营养、运动、配种利用三方面的相对平衡。

一、种公猪的饲养管理

（一）种公猪的饲养

1. 营养水平

满足种公猪各种营养物质正常生理需求，是养好种公猪的物质基础。营养水平过高、过低可使种公猪变得肥胖和消瘦而影响配种。饲养种公猪的日粮不仅要注意蛋白质的数量，更要注意蛋白质的质量。如日粮中缺乏蛋白质，氨基酸不平衡，对精液品质有不良影响；如长期饲喂含蛋白质过多的日粮，同样会使精子活力降低、密度小、畸形精子多。种公猪日粮中钙、磷不足或比例失调，会使精液品质显著降低，出现死精、发育不全或活力不强的精子。维生素 A、维生素 D、维生素 E 对精液品质也有很大影响，缺乏时，种公猪的性反射降低，精液品质下降。如长期严重缺乏，会使睾丸发生肿胀或干枯萎缩丧失繁

生猪低蛋白精准饲养技术

殖能力。

美国 NRC（1998）公猪营养标准要求：公猪每日采食饲料 2 kg，日粮能量 13.66 MJ/kg、粗蛋白质 13%、赖氨酸 0.6%、钙 0.95%、磷 0.8%、蛋氨酸和半胱氨酸 0.42%。目前国内在调配种公猪饲料时，基本采用高蛋低能的原则。蛋白质是精液中的主要物质，种公猪 1 次射精量达 200~400 mL，优秀个体能高达 800~900 mL，为保持公猪良好的性欲、精液浓度、精液量和精液质量，通常日粮蛋白质含量要求达到 15%，甚至 17%~18%，在氨基酸中，色氨酸对维持睾丸正常生理功能有重要意义。但应注意的是，初情期以前，饲料中的蛋白含量过高往往会使公猪过肥，导致性欲下降，而在交配旺季则应增加饲料中的蛋白质含量，特别是要适当增加动物性蛋白质，如鱼粉、鸡蛋等，提高 1%~2% 的鱼粉用量，日粮蛋白质可提高 1%。

公猪对能量的要求不高，一般用以维持自身生产需要、生成精液及配种体能需要，一般日粮能量水平为 11.3%~12.1%。能量过低会导致公猪过瘦、性欲低下、精液品质差，从而影响其使用寿命；能量过高则会使公猪过肥，造成配种或采精困难。由于公猪配种时主要依靠后腿支撑，其骨骼的生长力度取决于饲料中钙磷的供给，而硒、锌、碘、锰等微量矿物元素将直接影响种公猪的精液生成和精液质量，在日粮配制时不可或缺。此外，维生素 E 对提高种公猪免疫能力、抗应激能力和品质上有较重要的意义；而 0.5~1.0 kg/d 的青绿多汁饲料可保持种公猪旺盛的食欲和性欲，从而对提高精液质量有较大帮助。因此种公猪饲料应以精料为主，适当搭配青饲料。

2. 饲养方式

（1）"一贯加强"的饲养方式。在常年均衡产仔的猪场，种公猪常年担负配种任务。因此，全年都要均衡地保持种公猪配种所需的高营养水平。

（2）"季节加强"的饲养方式。实行季节性产仔的猪场，在配种季节开始前 1 个月，对种公猪逐渐增加营养，在配种季节保持较高的营养水平。配种季节过后，逐步降低营养水平，但须供给种公猪维持种用体况的营养需要。种公猪的日粮标准要稳定，每日供应量 2.5~3.0 kg，冬季每日供应量 3.0 kg、饲喂公猪料或哺乳料，当天使用的公猪加喂 1 个鸡蛋。

3. 饲喂技术

种公猪日粮应以精料型为主，体积不宜过大，以免把种公猪喂成草腹，影响配种。饲喂种公猪应定时定量，每日 2.5 kg，日喂 2 次，自由饮水，并根据品种、体重、配种（采精）次数增减料量。建议采用湿拌料，调制均匀，日喂 2 次，保证充足的饮水，剩料要及时清理更换。

第五章 生猪低蛋白饲养之科学饲养与管理

种公猪的合理饲养是提高母猪群体生产力的关键所在。营养是维持公猪生命活动、产生精子和保持旺盛种能力的物质基础。因此，喂给营养价值平衡的日粮，可增强公猪的健康并提高配种能力。为使公猪经常保持种用体况，体质结实，精力充沛，性欲旺盛，精液品质好，就必须实行合理饲养。公猪的营养每千克日粮消化能不低于 13.38 MJ，蛋白质 14%。特别是蛋白质，对胎儿的黏液量的高低和数量的多少，以及精子寿命的长短都有很大的影响。因此，必须采取多种来源的饲料补充蛋白质，以提高蛋白质的生物学价值。另外，公猪日粮中钙、磷的缺乏，会使精液品质显著降低，因此必须注意钙和磷的补充，公猪的日粮中钙磷比例最好为 1.5∶1。公猪的饲养方式根据年内的配种任务分为一贯加强和配种季节加强饲养的方式。

（二）种公猪的管理

1. 对公猪态度要和蔼，严禁恫吓，在配种射精和采精过程中，不得给予任何刺激。

2. 单栏饲养

（1）种公猪一般实行单栏饲养。单栏饲养种公猪安静，减少外界的干扰，食欲正常，杜绝爬跨其他公猪和养成自淫的恶习。

（2）适当运动，合理运动可促进食欲、帮助消化、增强体质、提高生殖机能。种公猪每天运动不少于 1 000 m，一般在早晚进行为宜，冬季在中午进行，运动不足会严重影响配种能力。

（3）每天清扫圈舍 2 次，刷拭猪体 1 次。刷拭猪体可保持皮肤清洁，促进血液循环，减少皮肤病和寄生虫病的发生，并且还可使种公猪温顺听从管教。保持圈舍和猪体的清洁卫生；要经常修整种公猪的蹄子，以免在交配时擦伤母猪。

（4）防寒防暑，冬季要防寒保温，可减少饲料的消耗和疾病的发生；夏季要防暑降温，高温影响尤为严重，轻者食欲下降，性欲降低，重者精液品质下降，甚至会中暑死亡。防暑的措施有很多，如通风、洒水、洗澡、遮阳等方法，可因地制宜进行。种公猪适宜温度是 15~25℃。

（5）精液检查，实行人工授精的种公猪每次采精都要检查精液品质，对于本交的种公猪每月也要检查 1~2 次精液品质。认真填写检查记录。精液活力 0.8 以上的才能使用。对不经常使用的公猪，再次使用前也要进行精液检查。根据精液品质的好坏，调整营养、运动和配种次数，这是保证种公猪健壮和提高受胎率的重要措施之一。

建立正常的管理制度：妥善安排公猪的饲喂、饮水、运动、休息和配种，使公猪养成良好的生活习惯，增进健康，提高配种能力。

二、种公猪的利用

种猪场要制订出母猪的配种计划，配种亲缘计划由育种人员制订，配种员根据计划选择公猪进行配种。

种公猪配种能力及精液品质优劣和使用年限的长短，不仅与饲养管理有关，而且取决于初配年龄和利用强度。初配年龄与品种、气候及饲养条件的不同有关。最适宜的配种年龄一般根据品种和体重综合来确定。小型早熟品种就在8~10月龄、体重60~70 kg开始配种，而大型品种应在10~12月龄、体重90~120 kg开始配种。利用强度要根据年龄和体质强弱合理安排，如果利用过度就会出现体质虚弱，降低配种能力和缩短利用年限。相反如果利用过少，会导致肥胖而影响配种。

适宜利用强度：本交时，青年种公猪每2 d配种1次，成年公猪每天配种1次，连配2 d，休息1 d。人工授精时，青年种公猪每周采精1~2次，成年种公猪每周采精2~3次。

每天早晚对待配母猪进行试情1次，母猪接受爬跨进行第1次配种，间隔8~12 h再配第2次。配种采用重复配种方式，在能够区分后代的情况下可以采用双重配种方式。

认真填写母猪试情、配种、妊检记录表和公猪考勤等报表，为母猪确定妊娠提供数据，每天要对母猪配种记录进行整理，填好母猪配种记录。

妊娠检查：对配种后18~24 d的母猪进行试情观察，以初步确定其是否妊娠；对30 d以上的要进行孕期检查，进一步确定其是否妊娠。

全群母猪情期受胎率要求85%以上，每头母猪年产仔两窝以上，每窝平均总产仔不低于10头，认真做好各种记录。

每季度统计1次每头公猪的使用情况：交配母猪数、生产性能（与配母猪产仔情况），并提出公猪的淘汰申请报告。

三、种猪群淘汰原因分析

1. 原因分析

（1）品种因素。由于品种本身的种质特性，不同的品种（品系）遗传繁殖力不同，如杜洛克母猪的繁殖性能和泌乳力相对较差。品种的其他特征也会影响其繁殖力，如老品系的长白猪，四肢胫骨较细，承受力低，造成母猪肢膀发病率较高，配种困难。解决方法是，在引种、选种和选育的过程中，有针对性地进行选择，加大对母猪繁殖力以及相关指标的选择强度，可在一定程度上提高母猪的繁殖力。

（2）营养因素。营养与母猪的繁殖有着密切关系，营养水平和结构的不合理会导致母猪繁殖性能下降。后备母猪在培育过程中，饲喂过高的蛋白质日粮，则会较多地发生软骨病。当日粮中钙、磷缺乏或钙磷比例不平衡时，也会使四肢尤其是后肢承受力不够，致使配种困难。初生仔猪补硒漏缺或后期日粮中缺硒，在种猪的培育过程中也可能由于缺硒导致后肢瘫痪。软骨病多见于后备母猪和初产母猪；后肢瘫痪多见于经产母猪和产后母猪。预防方法：注意日粮结构和钙磷平衡；治疗可采用肌内注射维丁胶钙，也可以饲料中适当提高钙、磷和维生素 D 的供给量。

（3）管理因素。饲养条件和管理方法的不当也是母猪繁殖问题产生的重要因素。猪舍地面和运动场地面过于粗糙或光滑，舍内粪尿清理不净，密度大，母猪在运动、抢食或争斗中易于磨损、摔倒或劈跨，造成肢蹄损伤。配种场地面坡度不合理、地面过滑，导致肢蹄损伤。频繁调群、并圈，猪只相互斗殴也是造成肢蹄病的因素。预防方法：改善饲养条件、加强日常管理，避免意外损伤的发生。对于不能治愈的严重损伤个体，需要及早淘汰，以提高母猪群的繁殖性能和利用率。

2. 公猪淘汰原则

（1）自然淘汰。自然淘汰通常指对老龄公猪的淘汰，也包括由于生产计划变更、种群结构调整、选育种的需要，而对公猪群中的某些个体（群体）进行针对性的淘汰。自然淘汰包括以下两种。

①衰老淘汰生产中使用的公猪，由于已经达到相应的年龄或使用年限较长（3~4 年），年老体衰，配种机能衰弱，生产性能低下，则应进行淘汰。

②计划淘汰为了适应生产需要和种群结构的调整，对在群公猪进行数量调整、品种更新、品系更新、品系选留、净化疫病等，则应对原有公猪群进行有计划、有目的的选留和淘汰。

（2）异常淘汰。异常淘汰指由于生产中饲养管理不当、使用不合理、疾病发生或公猪本身未能预见的先天性生理缺陷等诸多因素造成的青壮年公猪在未被充分利用的情况下而被淘汰。公猪异常淘汰的原因一般包括以下几种。

①体况过肥。由于日粮营养水平过高或后备公猪前期限饲不当，造成公猪过肥、体重过大、爬跨笨拙或母猪经不住公猪爬跨，强运动，降低膘情。若不能取得预期效果，应对公猪进行淘汰。

②体况过瘦。由于前期日粮营养水平过低、限饲过度或疾病原因，造成公

猪参加配种体况过瘦、体质较差，爬跨困难或不能完成整个配种过程，导致配种操作不利和配种效果较差，此时应对公猪加强营养、减少配种频率或进行针对性的治疗疾病，使其恢复配种理想体况。通过以上操作仍难以恢复的个体，则应进行淘汰。

③精子活力差。已入群的后备公猪或正在使用的种公猪在连续几次检查精液品质后，死精率、畸形率过高，且后裔同胞个体数较少，通过调整营养、加强管理和治疗后，仍不能得到改善的个体，应及时淘汰。

④性欲缺乏。由于公猪过度使用或饲料中缺乏维生素 A、维生素 E、矿物质等，引起性腺退化、性欲迟钝、厌配或拒配，这种公猪应加强饲养管理，防止过度使用，并加强饲料中维生素和矿物质营养，注意适当运动，一般可以调整过来。但对于不能恢复的个体，应该进行淘汰。

⑤繁殖疾病。某些疾病如睾丸炎、附睾炎、肾炎、膀胱炎、布鲁氏菌病、乙型脑炎等引起的公猪性机能衰退或丧失，以及由于其他疾病造成的公猪体质较差，繁殖机能下降或丧失。不能治愈的繁殖疾病和患有繁殖传染病的公猪应立即进行淘汰。

⑥肢蹄病。公猪由于运动、配种或其他原因（如裂蹄、关节炎等）可能造成肢蹄的损伤，尤其是后肢，损伤后没有得到及时治疗，造成公猪不能爬跨或爬跨时不能支持本身重量，站立不定，而失去配种能力，这种公猪应及时治疗，在不能治愈或确认无治疗价值时应予以淘汰。

⑦恶癖。个别公猪由于调教和训练不当，可能会在使用过程中形成恶癖，如自淫、咬斗母猪、攻击操作人员等，这种公猪在使用正确手段不能改正其恶癖时，应及早淘汰，以免引起危害。

四、人工授精

（一）人工授精实施过程

1. 实验室管理规范

人工授精实验是精液检查、处理、贮存的场所。为了生产出优质、符合输精要求的精液，一定要把好质量关，保证出站的每一瓶精液的活力不低于 0.7，72 h 之内保存活率不受影响，对实验室日常工作做出如下规定。

（1）实验室要求整洁、干净、卫生。每周彻底打扫 1 次，非实验工作人员在正常情况下不准进入实验室，采精员也不准进入实验室；所有仪器设备应在仔细阅读说明后，由专人按操作规程使用和维护保养，特别是使用高压蒸汽灭菌器、超声波洗净器、双蒸水器时应注意人身安全；各种电气设备应按其要求选择合适插座，除冰箱、精液保存箱、恒温培养箱等外，一般电器要求人走断电，干燥箱无人时设定温度不应高于100℃。

（2）物品、器皿的清洗及消毒方法。所有器皿应以洗洁精或洗衣粉清洗干净，再以蒸馏水漂洗，60℃干燥（玻璃用品干燥温度可高于100℃）后，以锡纸包扎器皿开口。玻璃器皿180℃ 1 h进行干热灭菌，非耐热器皿、用具以高压灭菌器121℃、20 min湿热灭菌；稀释液的配制，精液检查、稀释、分装，一定要按照人工授精操作规程进行。

（3）实验室仪器设备保持清洁卫生。实验室内使用的仪器设备，如显微镜、干燥箱、水浴锅、17℃恒温板、电子天平等，必须保持清洁卫生；显微镜镜头（目镜和物镜）应每两周用二甲苯浸泡1次，保持清洁。采精室与实验室之间传递口的两侧窗只有在传递物品时才能按先后顺序开启使用。实验室地板、实验台保持干净清洁。

2. 采精的操作规程

采精员一手戴双层手套，另一手持37℃保温杯（内装1次性食品袋）用于收集精液。饲养员将待采精的公猪赶至采精栏，用0.1%高锰酸钾溶液清洗其腹部和包皮，再用温水（夏天用自来水）清洗干净，避免药物残留对精子的伤害。采精员挤出公猪包皮积尿，按摩公猪包皮部，刺激其爬跨假猪台。公猪爬跨假猪台并逐步伸出阴茎，脱去外层手套，将公猪阴茎龟头导入空拳。用手（大拇指与龟头相反方向）紧握伸出的公猪阴茎螺旋状龟头，顺其向前冲力将阴茎的"S"状弯曲拉直，握紧阴茎龟头防止其旋转，公猪即可射精。用四层纱布滤收精液于保温杯内的一次性食品袋内，最初射出的少量精液含精子很少，可以不必接取，有些公猪分2~3个阶段将精液射出，直到公猪射精完毕，射精过程历时5~7 min。采精员应注意安全，一旦公猪出现攻击行为，采精员应立刻躲至安全处。下班之前彻底清洗采精栏。采精期间不准殴打公猪，防止出现性抑制。

采精频率：成年公猪每周2次，青年公猪（1岁左右）每周1次，最好固定每头公猪的采精频率。

公猪采精调教：后备公猪7月龄开始进行采精调教，每次调教时间不超过15 min；一旦采精获得成功，分别在第2、第3天再各采精1次，巩固掌握该技术；采精调教可采用发情母猪诱导、观察有经验公猪采精、以发情母猪分泌物刺激等方法；调教公猪要有耐心，不准打骂公猪；注意公猪和调教人员的安全。

3. 稀释液配制操作规程

配制稀释液的药品要求选用分析纯试剂,对含有结晶水的试剂要按摩尔浓度进行换算(如含水葡萄糖或无水葡萄糖)。按稀释配方,用称量纸、电子天平准确称量药品。按 1 000 mL、2 000 mL 剂量稀释粉,置于密封袋中。使用前将称量好的稀释粉溶于定量的双蒸水中,可用磁力搅拌器助其溶解。用滤纸过滤,尽可能除去杂质。用 1 mol/L 氢氧化钠调整 BTS 稀释液的 pH 值为 7.2（6.8~7.4）,渗透压为 330 mOsm（毫渗摩尔浓度）;稀释液配好后应及时贴上标签,标明品名、配制日期和时间、经手人等。要认真检查已配制好的稀释液成品,发现问题及时纠正。液态状稀释液于冰箱 4℃保存,不超过 24 h, 超过有效贮存期的变质稀释应废弃。

4. 精液品质的检查操作规程

（1）精液量。以电子天平称量精液,按每克 1 mL 计,避免以量筒等转移精液盛放容器的方法测量精液体积。

（2）颜色。正常的精液是乳白色或浅灰白色,精子密度越高,色泽越浓,其透明度越低。如带有绿色或黄色,则混有脓液或尿液;若带有淡红色或红褐色,则含有血液,这样的精液应舍弃,并会同兽医寻找原因。

（3）气味。猪精液略带腥味,如有异常气味应废弃。

（4）pH 值（酸碱度）。以 pH 计测量（pH 计使用见说明书）。

（5）精子活率检查。活率是指呈直线运动的精子百分率,在显微镜下观察精子活率,一般按 0.1~1.0 的十级评分法进行,鲜精活率要求不低于 0.7。

（6）精子密度。指每千克精液中所含的精子液,是确定稀释倍数的重要指标。要求用血细胞计数板进行计数或精液密度仪测定。

（7）血细胞计数析计数法。以微量加样仪取有代表性的原精液 100 μL,与 3% NaCl 900 μL,混匀,使之稀释 10 倍;在血细胞计数室上放一盖玻片,取 1 滴上述精液放入计数板的槽中,靠虹吸作用将精液吸入计数室内;在高倍显微镜下计数 5 个中方格内的精子总数,将该数乘以 50 万,即得原精液每千克的精子数(即精液密度)。精液密度仪使用见其说明书。

（8）精子畸形率。畸形率是指异常精子的百分率,一般要求畸形率不超过 18%,其测定可用普通显微镜,但须伊红或吉姆萨染色,利用显微镜可直接观察活精子的畸形率。公猪使用过频或高温环境会出现尾部带有原生质滴的畸形精子。畸形精子种类很多,如巨型精子、短小精子、双头或双尾精子,顶体膨胀或脱落,精子头部残缺或与尾部分离、尾部弯曲。要求每头公猪每两周检查 1 次精子畸形率。

第五章　生猪低蛋白饲养之科学饲养与管理

5. 精液稀释操作规程

（1）精液采集后应尽快稀释，原精液贮存不超过 30 min。

（2）未经品质检查或检查不合格（活力 0.7 以下）的精液不能稀释。

（3）稀释液与精液要求等温稀释，再者温差不超过 1℃，即稀释液应加热至 33~37℃，以精液温度为标准来调节稀释液的温度，绝不能反过来操作。

（4）稀释时，将稀释液沿盛精液的杯（瓶）壁缓慢加入精液中，然后轻轻摇动或用消毒玻璃棒搅拌，使之混合均匀。

（5）如作高倍稀释时，应进行低倍稀释（1∶1~1∶2），稍等片刻后再将余下的稀释液沿壁缓慢加入，以防造成"稀释打击"。

（6）稀释倍数的确定：活率≥0.7 的精液，一般按每个输精剂量含 40 亿个总精子，输精量为 80~90 mL 确定稀释倍数，例如：某头公猪一次采精量是含 40 亿个精子，输精量为 80 mL，则总精子数为 200 mL×2 亿/mL＝400 亿，输精头份为 400 亿÷40 亿＝10 头份，加入稀释液的量为 10×80 mL－200 mL＝600 mL。

（7）稀释后要求静置片刻，再作精子活力检查。如果稀释前后活力一样，即可进行分装与保存；如果活力下降，说明稀释液的配制或稀释操作有问题，不宜使用，并应查明原因加以改进。

（8）不准随便更改各种稀释配方的成分及其相互比例，也不准几种不同配方稀释液随意混合使用。

6. 精液常温保存的操作规程

（1）精液稀释后，检查精子活率，若无明显下降，按每头份 80~90 mL 分装。

（2）瓶上加盖密封，并在输精瓶上写清楚公猪的品种、耳号、采精日期（月/日/时）。

（3）置 22~25℃的室温 1 h 后（或用几层毛巾包被好后）直接放置 17℃精液保存箱中。

（4）保存过程中要求每 12 h 将精液混匀 1 次，防止精子沉淀而引起死亡。

（5）每天检查精液保存箱温度并进行记录，若出现停电应全面检查贮存的精液品质。

（6）尽量减少精液保存箱关开次数，以免造成对精子的打击而引起死亡。

7. 发情鉴定技术的操作规程

（1）母猪发情周期平均 21 d（19~23 d），大多数经产母猪一般在仔猪断奶后 1 周内（3~7 d）可再次发情排卵，配种受胎。

（2）母猪发情周期可分为发情前期、发情期、发情后期或间情期。母猪身只在发情期才允许公猪爬跨或称之为站立反应，此性行为表现可作为母猪适时输精的指标。各期特征如下。发情前期：母猪举动不安，外阴肿胀，并由淡黄色变为红色，这种变化在后备母猪较为明显；阴道有黏液分泌，其黏度渐渐增加。此时母猪不允许人骑在背上，平均2.7 d，不宜输精配种。

发情期：平均约2.5 d，特征为母猪阴部肿胀及红色开始减退，分泌物也变浓厚，黏度增加。此时母猪允许压背而不动，压背时母猪双耳竖起向后，后肢紧绷。

发情后期：1~2 d，发情母猪的阴部完全恢复正常，不允许公猪爬跨。

间情期：13~14 d，完全恢复正常状态。

发情鉴定：每日最少要做两次试情（每天6:30—8:30和16:00—17:30进行发情检查）。即在安静的环境下，有公猪在旁时压背，以观察其站立反应。试情公猪一般选用善于交流、唾液分泌旺盛、行动缓慢的老公猪。

做好发情检查的完整记录，包括发情母猪耳号、胎次、发情时间、外阴部变化、压背反应等，尤其是后备母猪的检查记录。

8. 输精操作规程

（1）输精次数及方式。第1次自然交配，第2~3次人工授精；2次人工授精；3次人工授精。

（2）输精时间。断奶后3~6 d发情的经产母猪，发情出现站立反应后6~12 h进行第1次输精配种；后备母猪和断奶后7 d以上发情的经产母猪，发情出现站立反应就进行配种（输精）；隔8~12 h进行第2次输精。

（3）精液检查。从17℃保存箱取出精液，轻轻摇匀，用已灭菌的滴管取1滴放于预热的载玻片上，置于37℃的恒温板上片刻，用显微镜检查活力，精子活力≥0.7才可用于输精。

（4）输精。输精人员消毒清洁双手。用0.1%高锰酸钾溶液清洁母猪外阴、尾根及臀部周围，再用温水浸湿毛巾，擦干外阴部。从密封袋中取出未受任何污染的一次性输精管（手不应接触输精管前2/3部分），在其前端涂上精液作为润滑液。

将输精管以4.5°角向上插入母猪生殖道内，输精管进入3~4 cm之后，顺时针旋转，当感觉有阻力时继续缓慢旋转同时前后移动，直至输精管前端被锁定（轻轻回拉不动），并且确定真正被子宫颈锁定。

（5）注意事项。从精液贮存箱取出品质合格的精液，确认公猪品种、耳号。缓慢颠倒摇匀精液，用剪刀剪去瓶嘴，接到输精管上，开始进行输精。

第五章 生猪低蛋白饲养之科学饲养与管理

用针头在输精瓶底部扎 1 个小孔，抚摸母猪的乳房或外阴、压背刺激母猪，使其子宫收缩产生负压，将精液吸纳；输精时勿将精液挤入母猪生殖道内，防止精液倒流。

控制输精瓶的高低来调节输精时间，输精时间要求 3~5 min。输完一头母猪后、应在防止空气进入母猪生殖道的情况下，把输精管后端一小段折起，放在输精瓶中，使其滞留在生殖道内 3~5 min，让输精管慢慢自行滑落。

从 17℃ 保存箱中取出的精液无须升温至 37℃，摇匀后可直接输精，但检查精液活力须将玻片预热至 37℃。

经产母猪用一次性海绵头输精管，输精前检查海绵头是否松动；后备母猪用一次性螺旋头输精管。为防止子宫炎，每头母猪每次输精都应使用 1 条新的输精管。

每头母猪在一个发情期内要求至少输精 2 次，最好 3 次，2 次输精时间间隔 8 h 左右。

认真登记母猪生产卡、配种记录。

（二）影响猪人工授精效果的原因及分析

猪人工授精技术，在我国大型养猪企业中已逐步被接受和推广应用，并且大部分效果明显，如情期受胎率高、产仔数多、母猪生殖道疾病少等，而有的猪场效果却差，母猪情期受胎率和产仔数均比自然交配低，患子宫炎的比例增多。为什么都是人工授精，但效果却相差甚远呢？通过多年的实践，我们总结出下列影响猪人工授精效果的主要原因。

1. 公猪精液原因

公猪精液品质的好坏，是影响母猪情期受胎率和产仔数的直接原因。

（1）精液本身品质由于采出的精液没有经过认真观察，稀释处理后便直接进行输精，导致母猪情期受胎率和产仔数降低。当精液中死精率超过 20% 活力低于 0.7 时，母猪的受胎率和产仔数就会受到影响，或者由于稀释液放置时间太长、密封不好、被污染等，导致稀释后的精液品质下降。无论是什么精液，无论是否保存过，使用前均要检查其质量。

（2）保存过的精液品质由于稀释剂或恒温冰箱的温度原因，有时保存的精液品质会明显下降，在无公猪可采精或无精液可用的情况下，将精液输精给母猪，导致受胎率和产仔数下降。在这种情况下，最好将母猪配种推后一个情期，以保证正常的繁殖性能。

（3）输精时精液的保管在炎热的夏季或寒冷的冬季，精液瓶或精液袋在外裸露时间过长，由于热应激或冷应激的影响，精液品质均会发生变化，精子活力降低，导致母猪的情期受胎率和产仔数下降。夏季或冬季输精前，若数量较大。精液最好用泡沫箱盛放，夏季放冰，冬季注意保温。

2. 母猪原因

（1）母猪体况。由于母猪哺乳或其他原因导致太肥或太瘦，发情表现不明显，即使发情后输精，也容易返情，或由于母猪日粮中部分营养物质缺乏，容易造成胚胎早期死亡，导致母猪返情或产仔数少。因此，配种前要注意母猪日粮和体况的调节。

（2）母猪疾病。如果母猪患有猪瘟、乙型脑炎、巴氏杆菌病等，输精后很容易返情，即使受胎，也容易造成胚胎早期死亡而导致母猪产仔数少；或母猪患有可见性或隐性子宫炎，无论怎样输精都不会受胎。即在母猪自身有某些疾病发生时，人工授精的效果就可能差。因此，有病的母猪应先治疗，痊愈后方可进行输精。

（3）母猪输卵管堵塞。由于先天性或疾病性的原因导致母猪输卵管堵塞，输精后也不会有效果。

3. 人为原因

配种员是母猪情期受胎率和产仔数的重要影响因素，相互之间个体差异明显。主要表现在以下几个方面。

（1）观察发情。有的配种员只是观察母猪阴户的变化，有的配种员在母猪出现站立反应时即开始输精，有的配种员差不多在发情结束时才观察到，这些做法都会影响母猪的受胎率和产仔数。在正常情况下，母猪出现发情征兆后 30~36 h 表现出站立反应，38~41 h 开始排卵，一般卵子在 6 h 以内有受精能力，而精子在母猪阴道内存活 24 h 左右。因此，第 1 次输精时间应选择在母猪出现站立反应后 8~12 h。太早或太迟都会影响输精结果，然后间隔 12 h 左右进行第 2 次输精。

（2）事先准备。输精前，如果不对母猪外阴进行清洗、消毒，很容易通过输精管将细菌或病毒带入母猪阴道或子宫，以致引起母猪子宫炎等疾病，从而影响人工授精效果。因此，每次输精管前均应先清洗母猪外阴，然后用经消毒液浸泡后晾干的毛巾擦拭干净。消毒液最好不用高锰酸钾溶液，因为浓度控制不好时对母猪有一定的腐蚀性。

（3）输精方法。插入输精管时，检查不要插入尿道，要斜向上 45°左右旋转插入，不能硬插，以免损伤母猪阴道，并且在输精管外部事先涂上润滑剂，以利于插入。根据母猪体长，一般插入 30 cm 左右就到达子宫颈口，往回拉有一定阻力时就可以进行输精。输精时要抚摸母猪外阴或下腹乳房，以增强母猪的兴奋性,提高人工授精效果。

(4) 输精时间。输精时间与母猪情期受胎率和产仔数有很大关系。有时配种员为了赶时间,一头母猪 2~3 min 便完成输精,也未注意是否有倒流现象,结果返情的多,产仔数少。有经验的配种员认为,输精宁可多花几分钟时间,可减少分娩时产仔少而带来的遗憾。经试验也观察到,输精时间在 3 min 内的母猪与 5 min 以上的母猪相比较,前者的受胎率和产仔数远远低于后者,且差异显著。因此,母猪配种时输精时间应控制在 5 min 以上,但也不要太长,以免影响工作的正常进行。

(5) 配种方式。在人工授精技术不太成熟时,配种方式以一次本交、一次人工授精为最好。除非纯繁时全部用人工授精,生产杂交猪也应以一次本交、一次人工授精为主,以充分利用杂交优势的影响。

(6) 输精后母猪姿势。输完精液的母猪如果马上卧下,精液容易倒流,影响人工授精效果。因此,输完精后拍打一下母猪臀部,让它运动,不要卧下。

(7) 配种员差异。技术水平高的配种员,由于经验丰富,观察母猪发情、输精等工作比技术水平低的做得好,所以其经手配的母猪受胎率和产仔数高。因此,一个猪场母猪繁殖性能的好坏,除与品种、公猪等有很大关系外,还与配种员有一定的关系。要注意从众多的配种员中选择责任心强、有耐心地进行重点培养,选优汰劣,以提高猪场的经济效益。

4. 其他原因

除了以上原因,天气、温度、饱腹情况、输精管、母猪品种等在一定程度上也会影响人工授精的效果。

(1) 天气。根据观察发现,晴天输精的母猪比阴雨天输精的效果好。可能由于阴雨天周围环境湿度大(母猪适宜的相对湿度为 70%~80%),及母猪缺乏运动,兴奋性不强,导致容易返情或产仔数减少。

(2) 温度。母猪适宜的温度范围是 13~27℃,最高一般不能超过 32℃。度太高,精子、卵子的受精时间缩短,早期胚胎容易死亡;温度太低,母猪会受冷应激的影响,均会影响人工授精的效果。因此,母猪配种时温度要适宜,注意防暑降温或冬天保温。一般在夏天炎热时,选择在 7:00 以前或 18:00 以后温度较低时输精,切忌在中午气温超过 37℃ 时输精。

(3) 饱腹情况。如果母猪吃料后输精,由于血液循环主要集中在胃肠部、母猪不愿运动,性欲低,容易导致受胎率低。因此,最好在输完精后再喂料。

(4) 输精管。重复性使用的输精管由于前端无膨大部,输精时容易倒流,并且不易彻底消毒，从而影响人工授精的效果。部分一次性输精管由于前端海绵头太薄或海绵头容易脱落，输精时容易损伤母猪阴道，从而造成母猪子宫炎等，影响母猪的受胎率和产仔数。因此，选择输精管时应选质量较好的一次性输精管。

（5）母猪品种。地方品种猪发情明显，输精效果好；引进品种特别是长白、大白发情不明显，输精效果略差，但情期受胎率都可达到85%以上，相当于甚至好过自然交配。

综上所述，猪人工授精效果的好坏，既受到母猪自身因素、公猪精液的影响，也受人为因素及其他因素的影响。只要各个因素协调得当，技术水平达到一定程度，人工授精能取得良好的效果，使母猪情期受胎率和产仔数达到理想水平，从而提高猪场的经济效益。

第六章 生猪低蛋白饲养之全价营养饲料的配制与使用

第一节 饲料的营养物质与常用饲料

一、猪必需的营养物质

为了保证正常的生长和繁殖,必须通过饲料给猪提供营养物质。猪维持生命、生长和繁殖所需的营养物质,可概括为蛋白质、能量、维生素、矿物质和水五大类。除水之外,所有养分都只能通过饲料提供。

(一) 蛋白质

饲料中含氮物质的总称是粗蛋白。粗蛋白包括纯(真)蛋白质和氨化物两部分。蛋白质的基本结构单位是氨基酸。蛋白质对猪是头等重要而又不可替代的营养物质。猪的肌肉、神经、结缔组织、皮肤、内脏、被毛、蹄壳及血液等,都以蛋白质为基本构成成分。此外,猪的体液和激素的分泌,精子、卵子的生成,都离不开蛋白质。

纯(真)蛋白质是由氨基酸组成的。氨基酸是一种含有氨基的有机酸,是蛋白质的基本组成成分。如果按氨基酸对猪的营养需要来讲,可把氨基酸分为必需氨基酸和非必需氨基酸。

体内不能合成或合成的数量不能满足猪的生理需要,必须由饲料提供的氨基酸称必需氨基酸。研究证明,生长猪需 10 种必需氨基酸(赖氨酸、蛋氨酸、色氨酸、组氨酸、异亮氨酸、亮氨酸、苯丙氨酸、缬氨酸、苏氨酸和精氨酸),生长猪能合成机体所需 60%~75% 的精氨酸,成年猪能合成足够需要的精氨酸,猪对蛋氨酸需要量 50% 可用胱氨酸代替,苯丙氨酸需要量的 30% 可用谷氨酸代替。所以,称胱氨酸和苯丙氨酸等为半必需氨基酸。但要注意胱氨酸和苯丙氨酸不能转化为蛋氨酸和谷氨酸。

非必需氨基酸并不是猪营养上不需要,它在体内合成较多,不需要由饲料来提供,而是在猪体内可由其他的氨基酸或氮源合成体内所需的氨基酸。

由此可见，在饲料中提供足够的必需氨基酸和非蛋白氮合成非必需氨基酸的能力，决定了饲料蛋白质水平的合适程度，则实际猪对蛋白质的需要量就是猪对必需氨基酸和合成非必需氨基酸氮源的需要。

饲料蛋白的营养价值主要取决于饲料必需氨基酸的组成和含量。饲料中必需氨基酸含量和各氨基酸比例越接近猪对必需氨基酸的含量，其饲料蛋白的营养价值就高，不同饲料来源的饲料蛋白质品质不一。饲料蛋白中某一个或某些氨基酸的不足，就会限制其他氨基酸的利用，称该氨基酸为限制性氨基酸。在某一饲料或某一日粮中，某一氨基酸的含量与猪只所需的氨基酸之比最小一个为第一限制氨基酸、稍大一点为第二限制氨基酸，以此类推。猪饲料中常见的限制性氨基酸有赖氨酸、蛋氨酸、色氨酸、苏氨酸和异亮氨酸。猪日粮中第一限制性氨基酸往往为赖氨酸。由于饲料蛋白质中各种必需氨基酸的含量是有很大差别的，因此，在日粮中多种饲料搭配使用，可发挥蛋白质互补作用，提高饲料蛋白质利用率或蛋白质的生物学价值，添加合成的氨基酸可提高饲料蛋白的生物学价值。例如，玉米中赖氨酸含量较少，豆饼、鱼粉中含量较多，把玉米和豆饼、鱼粉混合在一起，即可取长补短，互相弥补，达到互补平衡的要求。以植物蛋白来源的日粮，一般易缺的氨基酸为赖氨酸，所以，猪日粮中要经常添加赖氨酸。

（二）能量物质

猪饲料的能量物质主要是碳水化合物。碳水化合物是玉米等植物性饲料的主要成分，分解后能供给猪体热能。碳水化合物进入猪体后，就像炉子里加了煤一样，被氧化后产生热能，用来作为呼吸、运动、循环、消化、吸收、分泌、细胞更新、神经传导以及维持体温等各种生命活动的能源。满足日常消耗的能量后，剩余的碳水化合物就转化成脂肪。

饲料中的碳水化合物由无氮浸出物和粗纤维两部分组成。无氮浸出物的主要成分是淀粉，也有少量的简单糖类。无氮浸出物容易消化，是植物性饲料中产生热能的主要物质。粗纤维包括纤维素、半纤维素和木质素，总的来说难以消化，过多时还会影响饲料中其他养分的消化率，因此，猪饲料中粗纤维的含量不宜过高。当然，适量的粗纤维在猪的饲养中还是有必要的，因为它除了能提供一部分能量外，还能促进胃肠蠕动，有利于消化和排泄，以及具有填充作用，使猪具有饱腹感。

脂肪与碳水化合物一样，在猪体内的主要功能是氧化供能。脂肪的能值很高，所提供的能量是同等重量碳水化合物的2倍以上。除了供能外，多余部分可蓄积在猪的体内。此外，脂肪还是脂溶性维生素和某些激素的溶剂，饲料中含一定量的脂肪时，有助于这些物质的吸收和利用。同时，植物性饲料的脂肪中还含有仔猪生长所必需、但又不能由猪体自行合成的3种不饱和脂肪酸，即亚油酸、亚麻油酸和花生四烯酸，仔猪缺乏这些脂肪酸时，会出现生长停滞、尾部坏死和皮炎等症状。除了米糠、蚕蛹和部分油饼外，猪饲料通常含脂肪不多。

（三）维生素

维生素是饲料所含的一类微量营养物质，在猪体内既不参与组织和器官的构成，也不氧化供能，但它们却是机体代谢过程中不可或缺的物质。目前已发现的维生素有30多种，其化学性质各不相同，功能各异，日粮中缺乏某种维生素时，猪会表现出独特的缺乏症状，从而严重损害猪的健康、生长和繁殖，甚至引起死亡。

通常根据溶解性，将维生素分为脂溶性维生素和水溶性维生素。前者包括维生素A、维生素D、维生素E、维生素K，后者包括B族维生素和维生素C。脂溶性维生素在猪体内可有较多的储存，因此猪可以较长时间地缺乏脂溶性维生素的耐受而不出现缺乏症；相比之下，水溶性维生素则在体组织中储存量不大，因此需要每天通过日粮摄取水溶性维生素，以补其不足。

1. 维生素A

维生素A的主要功能是保护黏膜上皮健康，维持生殖功能，促进生长发育和防止夜盲症。猪缺乏维生素A时，表现有食欲不佳、视力减退或夜盲。

维生素A与黄体素（孕酮）的合成有关，当黄体素分泌不足，将导致妊娠终止。有研究表明，适当提高饲粮维生素A的添加量，可提高母猪窝产仔数和断奶仔猪数。母猪缺乏维生素A时，受胎率下降，表现发情不正常、难产、流产、死胎、弱胎、畸形胎及胎衣不下。公猪饲料中添加维生素A能促进睾丸发育，提高精液质量。仔猪瞎眼和四肢麻痹容易患肺炎、下痢等。维生素A容易被氧化破坏，尤其是在高温高湿的环境下与微量元素及酸败脂肪接触时，维生素A会损失殆尽。

2. 维生素D

维生素D又称抗佝偻病维生素，与猪体内钙、磷的吸收和代谢有关。缺乏时仔猪会患佝偻病（软骨病），成年猪产生骨质疏松症。

植物性饲料一般含有维生素D较少，但其所含的麦角固醇经阳光（紫外线）照射可转变成维生素D；此外，猪皮肤中的7-脱氢胆固醇经紫外线照射也可转变成维生素D。因此，使猪多晒太阳和喂给晒干的草粉（如苜蓿、紫云英、豆叶粉等），都能改善猪的维生素D供给状况。

3. 维生素 E

维生素 E 又称生育酚，与繁殖机能密切相关，能促进促甲状腺素（TH）和促肾上腺皮质激素（ACTH）以及促性腺激素的产生，增强卵巢机能，使卵泡增加黄体细胞。

日粮中缺乏维生素 E，公猪精液数量减少，精子活力降低，母猪则可能不孕。此外，还会发生白肌病、心肌萎缩，并有四肢麻痹等症状。青绿饲料和种子的胚芽中富含维生素 E。

在母猪日粮中补充维生素 E，不仅能提高受胎率，减少胎儿死亡，增加窝产仔数，还能增强仔猪的抗应激能力，减少断奶前仔猪死亡，缩短母猪断奶至发情间隔，提高公猪精液质量。

4. 维生素 K

维生素 K 与机体的凝血作用有关，缺乏时会导致凝血时间延长、全身性出血，严重时可出现死亡。猪的肝脏以及绿色植物中含维生素 K 较多，猪消化道内的微生物也有一定的合成维生素 K 的能力。

5. 猪需要的水溶性维生素

（1）维生素 B_1。又称硫胺素、抗脚气病维生素、抗神经炎维生素等。能促进胃肠蠕动和胃液分泌，有助于消化，提高采食量，促进生长发育，增强抗病力；维持神经组织及心肌的正常功能。缺乏时，早期表现为食欲减退、消化不良、呕吐、腹泻，严重时出现心肌坏死和心包积液现象。

米糠、麸皮和酵母富含维生素 B_1，青饲料、优质干草中含量也多，猪一般不易缺乏。

（2）维生素 B_2（核黄素）。维生素 B_2 是酶系统的组成部分，参与能量代谢，具有促进生物氧化的作用。生长猪缺乏会出现食欲不振、消化不良、呕吐、生长缓慢、神经过敏；皮肤干燥易皱裂，被毛粗乱甚至脱毛，背部皮肤变厚，发生皮炎，产生皮屑；口腔黏膜和舌面易发炎溃疡，免疫功能下降。母猪表现食欲减退、不发情、早产或者生出死胎、弱胎或无毛仔猪，有时还发生胚胎被母体吸收的现象。

维生素 B_2 可以由植物、酵母、真菌和其他微生物合成，但动物本身不能合成。脱脂乳、乳清和酵母中含有丰富的维生素 B_2。动物性饲料及青绿饲料，尤其是豆科植物中含有维生素 B_2 较多，玉米和其他谷物中含量较少。

（3）维生素 B_3（烟酸、尼克酸、维生素 PP）。烟酸对保持组织的完整性，特别是皮肤、胃肠道和神经系统的完整性具有重要意义。

猪缺乏维生素 B_3，会出现呕吐、下痢症状，因结肠和盲肠损害所致的坏死性肠炎，使粪便恶臭。生长猪日粮中缺乏维生素 B_3 表现为食欲减退，生长缓慢，皮肤干燥，皮炎和鳞片样皮肤脱落，被毛粗糙、脱毛和正常红细胞贫血；有些猪局部瘫痪、后肢肌肉痉挛、唇部和舌部溃烂。

几乎所有植物性饲料都含有不同量的烟酸，但某些饲料中烟酸以结合型存在，这种类型烟酸对仔猪大部分不能利用。玉米、小麦和高粱中利用率差，豆饼中利用率较高，鱼粉和肉骨粉含量较高。

（4）维生素 B_5（泛酸）。泛酸是辅酶 A 的组成成分，参与碳水化合物、脂肪和蛋白质的代谢。与皮肤和黏膜的正常生理功能、毛发的色泽有很重要关系。泛酸还可以促进抗体的合成，从而增强机体抵抗病原体的能力。

在缺乏泛酸时，猪表现为丧失食欲，生长速度缓慢，饲料转化率下降，胃肠功能紊乱，腹泻、粪便带血；皮肤发红，炎症主要位于肩部和耳后部，皮肤肮脏并呈鳞片状，眼周有棕褐色分泌物；运动失调，在发病初期，后肢行走僵硬，站立时轻微颤抖。当病情日趋严重时，病猪在前进中后肢提举过高，往往触及腹部，腿内弯，出现"鹅行步伐"。严重病猪将导致后肢瘫痪，呈一侧歪倒，后肢明显向两侧伸展，似犬坐式。母猪缺乏泛酸将导致死胎、化胎、弱仔产出后因不会吸奶而死亡。母猪还出现脂肪肝、肾上腺肥大、肌内出血、心脏扩张、卵巢核质减少及子宫发育异常等症状。

大部分饲料中富含泛酸，谷实和其加工副产品也是泛酸的来源。大麦、豆饼中泛酸利用率高，玉米和高粱的利用率低。以谷类尤其是玉米、豆粕为主的饲料，一般都需要添加泛酸。以植物蛋白为主未添加泛酸的饲料较易引起缺乏症。

（5）维生素 B_6（吡哆醇）。维生素 B_6 是猪体内氨基酸代谢和蛋白质合成所必需的一种维生素。猪缺乏维生素 B_6 表现为食欲下降，生长发育受阻，免疫反应减弱；皮下水肿、皮肤发炎和脱毛；后肢麻痹，外周神经发生进行性病变，导致运动失调；小细胞低色素性贫血，脂肪肝。仔猪在出生后 2 周内即可出现厌食症，伴随生长减慢、呕吐、腹泻等。

玉米-豆饼型日粮中不必添加维生素 B_6，因为饲料中含量丰富，其生物利用率为 40%~60%。

（6）叶酸。叶酸对维持母猪的繁殖性能和促进胎儿早期发育有重要的作用。在保证种母猪的稳定繁殖机能方面，叶酸可提高窝产仔数；维持良好的泌乳力，防止泌乳紊乱。

叶酸分布于动、植物饲料中，青绿饲料、谷物、豆类和动物产品中叶酸含量丰富，所以，一般情况下猪不易引起缺乏。

(7) 维生素 B_{12}（钴胺素）。维生素 B_{12} 参与许多物质代谢过程，在血液形成中起重要作用。缺乏时，猪食欲减退、生长迟缓，并可发生皮炎。严重缺乏时，发生恶性贫血。

(8) 维生素 C（抗坏血酸）。在活细胞内的各种氧化还原反应中起重要作用，参与肾上腺皮质内固醇的合成，有助于缓解应激，并消除高温对精液质量的不利影响。公猪增喂维生素 C 后，精子质量有所提高；母猪受胎率提高。维生素 C 具有较强的抗应激作用，可以通过缓解应激，改善母猪繁殖性能和抵抗力。母乳是 1 周龄前仔猪维生素 C 的唯一来源。在怀孕期和哺乳期，给母猪补充维生素 C 可降低断奶前仔猪死亡率。

猪缺乏维生素 C 表现为食欲不振，生长缓慢，患病率增高，营养不良，体质虚弱，呼吸困难，齿龈肿胀，出血、溃疡；猪日增重、抗病力、生产力下降。

6. 饲料中维生素的保存

加工的主要目的是更好地保存和利用饲料，但由于各种维生素的性质不同，加工条件与方法不同，在饲料加工过程中维生素的损失情况也不尽相同。造成维生素损失的主要因素包括氧化、日照温度和时间、酸碱度、金属与酶的作用、光或电子辐射、水分含量等。

（四）矿物质

猪日粮中至少需要 13 种无机元素：氯、钠、钙、磷、钾、铜、铁、锌、锰、碘、硒、镁、硫，可能还有铬。环境来源似乎能满足猪对这些元素（如果这些元素事实上是需要的）的需要。实际猪日粮中添加的元素有盐（钠和氯）、钙、磷、铜、铁、锌、锰、碘和硒。

日粮中加盐是为了提供钠和氯，生长育肥猪日粮中正常的添加量为 0.25%~0.35%。种猪盐的添加量妊娠母猪为 0.4%，哺乳母猪为 0.5%。过量的盐有毒，尤其当供水不足时或溶解盐的浓度过高时，毒性更大。饲料中含盐量不应超过 2.5%。当给猪饲喂在加工生产过程中添加盐的一些副产品（如乳清和鱼粉）时，要特别当心盐中毒。

(1) 钙与磷。钙和磷是支持骨骼和组织生长的两种元素，需要量很大。它们还参与其他重要的生理过程，如肌肉收缩和能量转移。配制日粮时应注意：一是钙磷的需要量；二是所用饲料中这两种元素的生物学利用率；三是钙磷的比例。钙磷的可接受比例范围为（1.0~2.0）:1。

(2) 铜。猪需要铜来合成血红蛋白和合成与激活正常代谢必要的一些氧化酶类。生物效价高的铜盐有硫酸铜、碳酸铜和氧化铜。缺铜导致铁的功用

第六章 生猪低蛋白饲养之全价营养饲料的配制与使用

差，血细胞生成异常，角质化、胶原蛋白、弹性蛋白和骨髓合成变差。缺铜症状有贫血、腿弯曲、心血管异常等。饲料中铜超过 250 g/t，饲喂几个月会引起中毒。降低日粮锌和铁水平或升高钙水平加重铜中毒。当饲喂 100~200 g/t 的铜，会促进猪的生长。

（3）铁。实际上，猪可以通过与环境的接触获得铁，特别是与土壤的接触；集约化养猪使铁的环境来源基本被切断。仔猪出生时，铁在体内储备很低，随着体重增加，血量增加，合成血红蛋白需要铁，使体内储备的铁的含量迅速降低，母乳的含铁量甚少，不能满足仔猪生长的需要。现已证明，母乳的铁含量虽低，但仍可有效地防止微生物繁殖和肠道病发生。哺乳仔猪补铁是必须的，首选的补铁法是给初生 3 d 内的仔猪注射 100~200 mg 的葡聚糖苷铁（生血素）。仔猪出生几周后，通过采食含铁充足的仔猪料就能很容易满足铁的需要量。

（4）锌。在植物性饲料中，锌的含量很低。给猪饲喂不加锌的日粮，猪易患皮肤角质化不全症。过去 10 年中，对锌的生化作用机制进行许多研究。现已了解到锌在免疫机制中起作用，并能防止细胞受到氧化损害。最新有关锌的一项实际应用是，在断奶猪日粮中添加高水平氧化锌（锌含量达 3 000 g/t）能预防仔猪下痢。这种高水平的锌是有毒的，建议该水平的饲喂期不能超过两周。人们还须注意锌与钙的拮抗关系，日粮中过量的钙会引起锌的缺乏。

（5）锰。锰作为多种与糖、脂和蛋白质代谢有关的酶的组成成分发挥作用。锰对硫酸软骨素的合成必需，硫酸软骨素是骨有机质黏多糖的组成成分。饲料锰的需要量非常低，生长育肥猪为 4 g/t，种猪为 40 g/t。

（6）碘。猪体内大部分碘存在于甲状腺中。在甲状腺，碘以一、二、三和四碘甲状腺氨酸（甲状腺素）的形式存在，这些激素对调节代谢率非常重要。碘化钾和碘酸钙是饲料中有效的补充形态，饲料中补充 0.14 g/t 的碘即可满足猪的需要。严重缺碘使猪生长停止、昏睡、甲状腺肿大。母猪缺碘产无毛弱仔或死胎。大剂量碘极少造成中毒。

（7）硒。其作用与维生素 E 有关。缺硒的临床症状是外观正常的仔猪突然死亡。日粮中的含硒量主要取决于种植谷物饲料的土壤。使用来自世界上缺硒地区的饲料配制的日粮应补充硒。无机形式的硒（如亚硒酸钠和硒酸钠）已使用多年。近来有报道添加部分有机硒也有效。

硒的安全浓度和毒性浓度之间范围很窄，需要量在 0.35 g/t 范围内，而超过 5.0 g/t 则有毒。日粮中加硒时应特别小心。

(五) 水

1. 水在动物体内的主要功能

(1) 水是动物体的构成成分。猪体内的各种器官、组织及产品都含有一定量的水分,如血液中水分含量达80%以上,肌肉中为72%~78%,骨骼中约含45%。

(2) 水能使机体维持一定的形态。由于水具有调节渗透压和表面张力的作用,使细胞饱满而坚实,从而维持机体的正常形态。

(3) 水是畜体的重要溶剂。饲料的消化及营养消化、吸收、运输和代谢,代谢物的排出,还有繁殖及泌乳等生理过程都必须有水参加。

(4) 水对体温调节起着重要作用。动物不仅通过血液循环可以将代谢产生的热传送至机体各部位维持体温,而且可以通过饮水和排尿、排汗等来调节体温。

(5) 水是一种润滑剂。如关节腔内润滑液能减少关节转动时的摩擦,唾液能使饲料易于吞咽。

(6) 水参与动物体内各种生化反应。水不仅参与体内的水解反应,还参与氧化-还原反应,有机物质的合成以及细胞的新陈代谢。

水是最基本的,但又是经常被忽视的营养成分。缺水或饮水不足对机体危害极大,可以降低猪的生产性能,对猪泌乳、生长速度和饲料消耗量均有不良影响。体内水分减少5%,猪就会感到不适,食欲减退;减少10%时导致生理失调;减少20%时会导致死亡。

猪对水的需要量因其生长发育阶段、生理状况、采食量及环境温度等条件的不同而异。一般猪每采食1 kg干饲料需2~5 kg水。冬季的适宜给水量为饲料量的2~3倍,春秋季约为4倍,夏季5倍。哺乳母猪和育肥前期的猪给水量还要增加,每头每天需水量育肥猪20 kg左右,哺乳母猪为50 kg左右。除了水量外,对水质还有一定的要求。水的质量的监测有总可溶性固形物浓度、pH值、亚硝酸根离子浓度、硫酸根离子浓度、氯化钠浓度、总碱度,还有水中的微生物含量。水中总可溶固形物(即盐分)的含量,一般每千克水中含盐分1 500 mg左右比较理想;高于5 000 mg仍可饮用,但不理想,可能出现腹泻等现象;高于7 000 mg则不宜饮用。因此,在养猪生产中,特别是在新建猪场时,必须重视水的来源,要保证有充足清洁质好的水源。

2. 影响猪对水需要量的因素

猪对水的需要量受环境因素的影响,更受机体损失水的影响。猪体经过4个主要途径损失水:肺脏呼吸、皮肤蒸发、肠道排粪、肾脏泌尿等。1 kg、

45 kg、90 kg 的猪由肺脏和皮肤蒸发损失的水，每天分别为 86 g、1.3 kg 和 2.1 kg。喂给水和料的比例为 2.75 : 1，75 kg 的猪损失的水为 1 kg。由于猪没有汗腺，猪主要以呼吸损失水，而不是蒸发损失水。

腹泻时，粪便中的水损失多，动物的需水量增加。盐和蛋白质的采食量增加引起的过度泌尿会显著增加需水量。奶虽然含水 80%，但也是导致机体缺水的高蛋白质和高矿物质食物。

引起水需要增加的其他条件是外周温度较高、发烧和哺乳。在任意温度下猪个体间饮水量差异很大，但在 7~22℃ 下生长猪的饮水量几乎没有差异。30~33℃ 时饮水量增加很多，而且引起猪的行为变化：猪在整个猪圈的地面排粪排尿，并且将水槽中的水弄得到处都是以图体表凉爽。

水的最低需水量是指在生长或妊娠期间为平衡水损失、产奶、形成新组织所需的饮水量。水温也会影响饮水量，饮用低于体温的水时动物需要额外的能量来温暖水。

一般来说，饮水量与采食量、体重呈正相关。但每天采食量低于 30 kg/kg 体重时，由于饥饿，生长猪会表现饮水过量的行为。

二、猪的常用饲料

（一）猪常用的能量饲料

一些养猪户在自配料时，往往会对能量饲料的范围摸不清，给配料工作造成了很多麻烦，因此，清晰地了解能量饲料有哪些，是正确高效配制饲料的前提。

能量饲料指的是在绝干物质中，粗纤维含量低于 18%，粗蛋白质含量低于 20%，天然含水量小于 45% 的谷实类、糠麸类等。这类饲料富含淀粉、糖类和纤维素，是猪饲料的主要组成部分，用量通常占日粮的 60% 左右。

1. 谷物类

玉米号称"饲料之王"。它在谷实类饲料中含可利用能量最高，玉米的颜色有黄、白之分，黄玉米含有少量胡萝卜素，有助于蛋黄和皮肤的着色。

（1）玉米喂猪要注意的问题。玉米是最常用的能量饲料。喂猪时要注意以下"五要"和"两不要"。

①要糖化后饲喂。玉米粉经糖化后，能使部分淀粉转化成糖，可使猪喜食快长。做法是：将玉米粉放入缸中，再倒入 2 倍的快开的热水充分搅拌成糊状，在其表面撒上 5 cm 厚的干粉，经过 3~4 h 即被糖化。

②要添加饼类饲料。供给粗蛋白质含量低且质差，不能完全满足猪的生长

需要，可在日粮中加入15%豆饼或菜籽饼等。如仔猪应加入5%鱼粉。

③要添加微量元素。玉米中矿物质元素含量低，故应在日粮中添加骨粉、磷酸氢钙和硒、铁、铜、锌、锰等微量元素。

④要添加维生素。玉米中维生素含量低，饲喂时必须加喂青绿饲料，可添加畜禽多种维生素。

⑤要喂前浸泡。玉米经浸泡能吸收水分而膨胀变软，猪易咀嚼，易消化吸收。浸泡方法，是在玉米粉中加 1~1.5 倍的水浸泡 2 h。

⑥不要单纯饲喂。纯用玉米喂猪每增重 1 kg 需消耗 6 kg 玉米。而用配合饲料喂猪只需 2.5~3 kg。

⑦不要粉碎后长期贮存。玉米应粉碎后饲喂，粉碎后的玉米面时间久易变质。粉碎量以 15 d 用完为宜，夏季以 10 d 用完为宜。

（2）发霉的玉米不能喂猪。发霉的玉米中含有黄曲霉毒素，猪食用后会引起黄曲霉毒素中毒症，俗称"黄膘猪"。

仔猪和怀孕母猪较为敏感，中毒仔猪常呈急性发作，出现中枢神经症状，头弯向一侧，角弓反张，数天内死亡。大猪持续病程较长，精神不振，食欲减退或废绝，口渴喜饮；可视黏膜黄染或苍白，皮肤充血发红或有出血斑；四肢无力，步行蹒跚；粪便先干后稀，重者混有血丝甚至血痢；尿黄或茶黄色浑浊。后期病猪出现间歇期抽搐、角弓反张等精神症状，多因衰竭而死亡。慢性中毒病猪体温基本正常，食欲减少或废绝，或只吃青饲料不吃饲料，可视黏膜轻度黄染或苍白，皮肤基本正常。但内脏已受毒素损伤，一遇刺激常使病情加重，甚至引起不明原因死亡。

在养猪实践中，霉玉米的危害不像猪瘟、蓝耳病等烈性传染病那样，猪群突然发病，出现大量死亡等。它的危害是潜在的，或者说是一点一滴积累起来的，外表可能一切正常，但受到外界应激的影响后，可能马上发病。比如：母猪的流产、发情配种率差，后备母猪和育肥猪表现外阴肿大等。最为可怕的是，它能造成猪的免疫力下降（即免疫抑制），导致疫苗免疫效果差、猪对各种疾病的敏感性增加等。

（3）霉玉米的识别。

①正常玉米籽粒多为黄白色，颗粒饱满，无损害、无虫咬、虫蛀和发霉变质现象。发霉玉米可见胚部有黄色或绿色、黑色的菌丝，质地疏松，有霉味。

②发霉后的玉米皮特别容易分离。

③观察胚芽，玉米胚芽内部有较大的黑色或深灰色区域为发霉玉米，在底部有一小点黑色为优质玉米。

④在口感上，好玉米越吃越甜，霉玉米放在口中咀嚼味道很苦。

⑤在饱满度上，霉玉米比重低，籽粒不饱满，取一把放在水中有漂浮的颗粒。另外，还要警惕不法商贩用油抛光已经发霉的玉米并进行烘干的处理，还有一些不法分子将已经发芽的玉米用除草剂喷洒，再进行烘干销售。

⑥玉米粒发黑的，是长时间高湿高温造成的；胚芽外皮发绿的，是脱粒早，没有及时晾晒造成的；胚芽皮内发绿或发黑的，是闷时间过长造成的。

2. 糠麸类

小麦麸粗纤维含量高，能量值低，质地疏松，可减缓，但仔猪喂多易引起腹泻。小麦麸易氧化变质，不宜储存；米糠分为全脂米糠、脱脂米糠和粗糠，其纤维含量高，赖氨酸含量低，精氨酸含量高。米糠含胰蛋白酶抑制因子，须经加热除去。全脂米糠不饱和脂肪含量高，不耐储存，对猪适口性不好。脱脂米糠脂肪含量低，其他成分与全脂米糠基本相同，对猪的适口性好于全脂米糠。粗糠几乎没有利用价值，多用作填充物。

另外，在猪的常用能量饲料中，一些油脂也可作为能量饲料使用，尤其是夏季，可喂食母猪油脂补充能量。

（二）猪常用的蛋白质饲料及其与豆粕的比较

蛋白质饲料指干物质中粗纤维含量低于18%、粗蛋白质含量高于20%的豆类、饼粕类及动物性饲料。蛋白质饲料可分为植物性蛋白饲料和动物性蛋白饲料。

1. 植物性蛋白饲料

（1）豆粕（饼）。以大豆为原料取油后的副产品。其过程为大豆压碎，在70~75℃下加热20~30 s，以滚筒压成薄片，而后在萃取机内用有机溶剂（一般为正己烷）萃取油脂，至大豆薄片含油脂量为1%为止，进入脱溶剂烘炉内110℃烘干，最后经滚筒干燥机冷却、破碎即得豆粕（饼）。通常将用浸提法或经预压后再浸提取油后的副产品称为大豆粕；将用压榨法或夯榨法取油后的副产品称为大豆饼。一般大豆的出粕率约为88%。由于原料、加工过程中温度、压力、水分及作用时间很难统一，因此，饼（粕）的质量也千差万别。如温度高、时间过长，赖氨酸会与碳水化合物发生美拉德（Maillard）反应，蛋白质发生变性，引起蛋白质的营养价值降低。反之，如果加温不足又难以消除大豆中的抗胰蛋白酶的活性，同样也影响大豆粕（饼）的蛋白质利用效率。

豆粕（饼）是很好的植物性蛋白饲料原料，在美国等发达国家，将其作为最重要的饲料蛋白来源。一般的豆粕（饼）粗蛋白质含量，在40%~45%，氨基酸的比例是常用饼粕原料中最好的，赖氨酸达2.5%~2.8%，且赖氨酸与

生猪低蛋白精准饲养技术

精氨酸比例好,约为1:1.3。其他氨基酸(如组氨酸、苏氨酸、苯丙氨酸、缬氨酸等)含量也都在畜禽营养需要量以上,所以大豆粕(饼)多年来一直作为平衡配合饲料氨基酸需要量的蛋白质饲料被广泛采用。经济发达国家将其作为配合饲料中蛋白质饲料的当家品种。但要注意豆粕(饼)中蛋氨酸含量较低。

现代榨油工艺上为了提高出油率,常在大豆榨油前将豆皮分离,这样生产出的豆粕为去皮豆粕。豆皮约占大豆的4%,所以去皮豆粕与普通豆粕相比,蛋白质及氨基酸含量有所提高。

(2)全脂大豆。全脂大豆中约含35%的粗蛋白质,17%~20%的粗脂肪,有效能值也较高,不仅是一种优质蛋白质饲料,同时在调配仔猪饲料时也可作为高能量饲料利用。根据国际饲料分类原则,大豆属蛋白质补充料,从氨基酸组成及消化率分析也属于上品。赖氨酸含量在豆类中居首位,约比蚕豆、豌豆含量高出70%。大豆中含钙较低,总磷含量中约1/3是植酸磷。因此在饲用时还应考虑磷的补充与钙、磷平衡问题。但是生大豆中存在数种抗营养因子,其中主要的是胰蛋白酶抑制因子。这些抗营养因子在加热处理时会被破坏。全脂大豆有数种加工方法,挤压膨化和焙烤是两种最常用的方法。挤压的方法是:将大豆进行预湿润,使用高压和蒸汽强制大豆通过压模或小孔。大豆进入挤压机后30 s内就在150℃左右的温度下从挤压机内被压出。焙烤则是使大豆通过一个用火焰加热的小室。在这一过程中,大豆进入烤焙机后在110~125℃的温度下经过2~5 min,从而破坏抗营养因子。

(3)菜籽粕(饼)。以油菜籽为原料取油后的副产品。用压榨法或土法夯榨取油后的副产品称为菜籽饼,用浸提法或经预压后再浸提取油后的副产品称为菜籽粕。油菜籽的出油率受品种、加工工艺的制约,一般出油率为30%~35%,平均出饼率约为68%(65%~70%)。随着脱毒技术的改进,饲料需求量的增加,菜籽粕用于肥料比例已逐年减少。

菜籽粕(饼)中含有较高的粗蛋白质。菜籽饼含粗蛋白35%~36%,菜籽粕含37%~39%。有些菜籽粕(饼)的干物质中粗纤维含量高达18%以上,按照国际饲料分类原则应属于粗饲料。菜籽粕(饼)中粗纤维含量为12%~13%,属低能量蛋白质饲料。菜籽粕(饼)中含有较高的赖氨酸,约超出猪需要量的1倍,含硫氨基酸、色氨酸、苏氨酸等必需氨基酸也都能基本满足猪的营养需要量。但菜籽粕(饼)的营养价值低于豆粕(饼)。菜籽粕仁富含铁、锌、硒,但缺铜,在其总磷含量中约60%以上是植酸磷,不利于矿物质、微量元素的吸收利用。菜籽粕(饼)中含有一些有毒物质,主要包括硫

第六章 生猪低蛋白饲养之全价营养饲料的配制与使用

葡萄糖苷的 4 种降解产物、芥子碱、单宁、植酸等。其中硫葡萄糖苷的降解产物恶唑烷硫酮（OZT），有抗甲状腺作用，又被称为致甲状腺肿素，使甲状腺素分泌失调，猪生长缓慢。

其脱毒方法包括碱处理法、水浸法、发酵法、热喷法等，但根本途径还须从普及应用无毒或低毒品种着手。加拿大等国家培育成各种"双低菜籽"新品种，即低硫葡萄糖苷、低芥酸菜籽品种。"双低"菜籽粕（饼）中的粗蛋白质以及各种氨基酸含量均比普通菜籽粕（饼）中的含量稍高，是一种品质较好的蛋白质饲料资源。在肉猪日粮中可以用到 18%，几乎可以代替约 80% 的豆饼。

菜籽粕粗蛋白质含量低于豆粕，蛋氨酸等含硫氨基酸含量较高，但赖氨酸和精氨酸含量低，普通菜籽粕氨基酸消化率比豆粕低很多；可与豆粕等其他饼粕合理搭配组合使用，改善氨基酸组成。普通菜籽粕可替代 40%～50% 的豆粕，双低菜粕替代比例可达 60%～80%。菜籽粕有效能值偏低，替代豆粕时也需要注意有效能量平衡。

（4）棉籽粕（饼）。以棉籽为原料经脱壳、去绒或部分脱壳、再取油后的副产品。在中国目前的加工条件下，每 100 kg 棉籽可产出棉籽粕（饼）（含壳、杂质、少量油）约 50 kg。

去壳的棉籽粕（饼）的蛋白质质量在饼粕类中属高档品质。棉籽粕（饼）蛋白质含量因榨油工艺不同而变化较大，范围在 22%～44%，代谢能水平在 6.28～10 MJ/kg。氨基酸组成特点是含有较丰富的蛋氨酸、胱氨酸，比菜籽粕（饼）中的含量高约 1 倍，与豆粕（饼）近似，但赖氨酸含量较低，仅为豆粕（饼）的一半。棉籽粕（饼）中含有较丰富的磷、铁及锌，但植酸磷的含量也较高，影响其他元素的吸收利用。棉籽粕（饼）含有多种抗营养物质，最主要的是游离棉酚（存在于棉籽色素腺体中的一种毒素）。猪对游离棉酚的耐受力较差，一般乳猪、仔猪料中不用棉籽粕（饼）。另外，由于棉酚是人类的避孕药，因此种猪避免使用。品质优良的棉籽粕（饼）在取代猪日粮中的部分豆粕（饼），但用量不宜超过 10%，同时注意氨基酸的平衡。

棉籽粕粗蛋白质含量变化较大，从 40% 左右到 50% 以上，因此，有的产品高于豆粕，但含有游离棉酚等抗营养因子；蛋氨酸等含硫氨基酸含量较高，但赖氨酸和精氨酸含量低，棉籽粕氨基酸消化率比豆粕低。棉籽饼粕可与豆粕等其他饼粕组合使用，改善氨基酸组成。普通棉籽粕可替代 30%～40% 的豆粕，脱酚棉籽蛋白替代比例可达 60%～80%。

（5）花生粕（饼）。以脱壳后的花生仁为原料，经取油后的副产品。一般将土法夯榨及机械压榨取油后的副产品称为花生饼，而以脱壳花生果为原料，经有机溶剂提取或预压浸提法提取油脂后的副产品，就是花生粕。花生仁出油率为35%（27%～43%），出饼率为65%（64%～70%）。

花生仁饼和花生仁粕中的粗蛋白质含量分别约为45%和48%，高于豆粕（饼）中的含量3～5个百分点。但从氨基酸的含量及组成比例看则不如豆粕（饼），如赖氨酸含量低，仅为豆粕（饼）的一半，其他必需氨基酸（精氨酸除外）均低于豆粕（饼）。不带壳的花生饼中粗纤维含量一般在4%～6%，目前许多花生原料中均或多或少带壳，而壳中含有将近60%的粗纤维，所以一般花生粕（饼）粗纤维均高于6%，这取决于榨油用的花生仁质量。用机榨法或用土法夯榨的花生饼中一般含4%～6%的粗脂肪，有的甚至高达11%～12%。注意高脂肪含量的花生粕（饼）易酸败变质，不利保存。对于脂肪含量少的花生粕（饼）一般可能经高温、高压处理，氨基酸可能与碳水化合物发生美拉德反应，影响蛋白质的利用率。相对于其他粕（饼）类，花生仁粕（饼）中的钙、磷含量较低，总磷中的40%为植酸磷，难以被单胃动物吸收利用。花生粕（饼）的微量元素（铁除外）含量总的偏低，应注意补充。花生粕对猪的适口性很好，但赖氨酸含量低，其饲用价值低于豆粕；对于生长育肥猪花生粕用量不宜过高，否则会影响胴体品质。

按我国农业行业标准《饲料用花生粕》规定，以粗蛋白质、粗纤维、粗灰分为控制指标，花生粕可分为三级，低于三级者为等外品。

花生粕粗蛋白质含量高于豆粕或与豆粕相当，精氨酸含量较高，但蛋氨酸、赖氨酸和色氨酸含量较低，氨基酸消化率偏低；所含矿物质中钙少磷多，且主要是植酸磷；因此，在配制饲料时应注意营养平衡。另外，花生粕易受黄曲霉毒素等污染，使用时需要注意防霉。花生粕在猪饲料中用量一般不超过10%，在肉鸡饲料中用量前期一般不超过5%、后期不超过15%，在产蛋鸡饲料中用量一般不超过8%。而豆粕的用量一般没有限制。

（6）棉籽浓缩蛋白。棉籽浓缩蛋白是一种经过棉籽加工工艺提升后获得的新型植物蛋白源，有效去除了限制棉粕添加量的抗营养因子，如棉酚、环丙烯脂肪酸、霉菌毒素等，一般蛋白质含量可达60%～70%。由于采用软化轧胚、低温烘干等工艺取代了高温蒸炒，相比传统棉籽粕有效降低了蛋白质的热变性程度，棉籽浓缩蛋白更容易被动物消化吸收。棉籽浓缩蛋白主要包括球蛋白和谷蛋白，小分子蛋白含量较高，不含导致动物过敏反应的抗原因子，没有生大豆腥味和其他异味，口味温和，能与其他食品原料的风味相互协调，同时，棉籽浓缩蛋白中不能被消化的低聚糖含量很低，不会导致肠胃胀气。棉籽浓缩蛋白的赖氨酸含量稍低于大豆蛋白，但蛋氨酸含量稍高于大豆蛋白，水平更接近 FAO 的推荐值。因此，对于动物而言，棉籽浓缩蛋白具有更高的营养价值和适口性。

（7）葵花仁粕。葵花仁粕作为饲料原料，与豆粕相比，其优势在于：①价格较低，特别是一些进口葵花仁粕，性价比较高。②其氨基酸与豆粕有很好的互补性，替代部分豆粕可提高蛋白质的沉积效率。③含有较高的绿原酸（1.5%～3.3%），可以促进动物机体健康。

其不足之处在于：①葵花仁粗蛋白质含量低（35%左右），纤维含量较高（粗纤维 > 20%），有效能值较低（猪消化能 2 780 kcal/kg，禽代谢能 2 320 kcal/kg）；其氨基酸消化率也不如豆粕高。②国产葵花仁粕大部分是由中小型企业生产，产品质量变异较大。③国内向日葵产量少，容易出现供货不稳定现象。

（8）玉米蛋白粉、米糠粕等谷物加工蛋白原料。其优势在于：①在通常情况下，谷物加工蛋白原料价格较低，性价比较高，如喷浆玉米皮、玉米胚芽粕、米糠粕等。②有些原料蛋白质消化率较高，如玉米蛋白粉、小麦蛋白等。

其不足之处在于：①营养价值低，大部分原料蛋白含量较低，纤维含量较高，蛋白质消化率较低。②氨基酸不平衡，一般谷物加工蛋白原料缺乏赖氨酸，且赖氨酸消化率也较低。③质量变异大，由于这些原料主要是谷物加工的副产品，其营养成分受加工原料质量、加工工艺的影响，不同企业的产品或者同一企业不同批次产品变异较大。④霉菌毒素等卫生指标容易超标。在谷物加工过程中，其霉菌毒素通常会在副产品中浓缩，造成副产品中毒素较高。使用这些谷物加工副产品时需要严格控制霉菌毒素，如玉米加工副产品中通常需要检测黄曲霉毒素、呕吐毒素、玉米赤霉烯酮等，小麦加工副产品中需要检测呕吐毒素等。⑤有些副产品含有抗营养因子，如喷浆玉米皮、喷浆胚芽粕等原料中含有较高亚硫酸根离子。

2. 动物性蛋白饲料

（1）鱼粉。以一种或多种鱼为原料，经去油、脱水、粉碎后的高蛋白质饲料。如按原料可分为全鱼粉、混合鱼粉及下杂鱼粉 3 种。高脂鱼粉的生产是用蒸煮或干热风加热的办法，使蛋白质凝固，并促使油脂分离。固接物由螺旋压榨法压榨，将固体部分烘干制鱼粉。榨出的汁液经酸化后，喷雾干燥或加热浓缩成鱼膏。

鱼粉蛋白质含量高，消化率一般在 90%以上，而且所含氨基酸平衡，赖氨酸、色氨酸、蛋氨酸及胱氨酸丰富。鱼粉蛋白质含量因原料质量不同，变异较大。在美国按粗蛋白质含量将鱼粉分为3档：55%~60%、60%~65%、65%以上。鱼粉含赖氨酸4%~6%、含硫氨基酸2%~3%、色氨酸0.6%~0.8%。鱼类脂肪中含较大比例的高度不饱和脂肪酸，且消化率好。鱼粉也是良好的钙、碘、硒等矿物质来源，磷以磷酸钙形式存在，利用率高。此外，鱼粉中B族维生素含量高，尤以维生素B_2及维生素B_{12}含量丰富。鱼粉是猪良好的蛋白质及必需氨基酸的来源，可促进生长，改善饲料利用率，特别在乳猪、仔猪阶段效果明显。生长育肥猪阶段鱼粉用量应适当控制，一是成本因素，二是猪后期鱼粉用量太高会使胴体变软及有鱼臭味。

新鲜的鱼粉有烤鱼香味，并略带鱼油味，不可有酸败、氨臭等腐败味及过热之焦味。在贮藏不良时，鱼粉变质，难以消化。国产鱼粉与国外同类产品相比，粗蛋白质含量相近。进口鱼粉中秘鲁鱼粉质量较好，粗蛋白质含量可达60%以上，含硫氨基酸约比国产鱼粉高1倍，赖氨酸也明显高于国产鱼粉。

(2) 肉骨粉。用动物屠宰后不宜食用的下脚料以及肉类罐头厂、肉品加工厂等的残余碎肉、内脏杂骨等为原料，经高温消毒、干燥粉碎成的粉状饲料。生产方法包括湿法生产和干法生产两种。

肉骨粉是品质变化相当大的饲料原料，因所用原料不同，质量差异较大。蛋白质含量较高，为20%~50%，但粗蛋白质主要来自磷脂、无机氮、角蛋白、结缔组织蛋白、水解蛋白和肌肉蛋白。其中磷脂、无机氮、角蛋白利用价值很低，肌蛋白利用价值较高。氨基酸组成不理想，脯氨酸、甘氨酸含量较多，赖氨酸及色氨酸不足。肉骨粉是良好的钙、磷来源，维生素B_{12}、烟酸含量较高，但维生素A、维生素D不足。在生长育肥猪中可适量添加，但乳猪料中应尽量少用。

(3) 喷雾干燥血浆蛋白粉。是将健康动物的新鲜血液经抗凝处理，分离血浆和血细胞，将血浆经瞬间的高温喷雾干燥后而获得的具有固有气味的粉末状产品。它作为一种新型的蛋白质饲料原料，在早期断奶乳猪料中得到广泛的使用。

喷雾干燥血浆蛋白粉营养全面，蛋白质含量72%以上，粗脂肪2%左右，灰分9%以下。它不仅氨基酸组成理想（赖氨酸、色氨酸和苏氨酸等必需氨基酸的含量较高），而且氨基酸的消化利用率高（蛋氨酸除外，其他各种氨基酸的回肠末端消化在80%以上）。此外，它含丰富的免疫球蛋白，还含许多生物活性物质，如未知生长因子、生物活性肽、各种酶等。其消化能可达17.1 MJ/kg，是一种高能量物质。

喷雾干燥血浆蛋白粉由于不同的加工工艺，其品质差异较大，且由于价格昂贵，常有掺假的产品，以下几点供采购时参考。

外观颜色：生产血浆蛋白粉在分离血浆和血细胞时，如果分离不彻底则血浆蛋白粉的颜色呈微红色，由于血细胞混在血浆蛋白粉中，血浆蛋白粉的蛋白质含量虽然提高，但是其价值大大降低，因为蛋白质消化率降低。同时也可使用水溶试验鉴别，混有血细胞蛋白的产品其溶液呈现红色，并且有不溶于水的物质存在。真正的高品质纯血浆蛋白粉，水溶后外观应为澄清的、淡黄色完全性溶液。

水溶性分析：高品质血浆蛋白粉是纯血浆喷雾干燥而成的，因此它应为100%的可溶于水，且水溶速度快，溶液外观呈淡黄色、完全澄清性溶液。劣质血浆蛋白粉（掺入大豆分离蛋白或蛋白精，或血浆中的血细胞分离不彻底等）蛋白质含量虽高，但其水溶性变差、水溶速度非常慢，并可见水溶后有过多的不溶物漂浮于上面或沉积在底部。

营养成分分析：高品质的血浆蛋白粉由于其生产工艺中添加去灰分过程和逆渗透浓缩等特殊工艺，从而提高了蛋白质含量（含量达到76%~82%），因而回收率更低，相对品质更好、价值更高。没有此道工艺的血浆蛋白粉的蛋白含量多低于72%，灰分含量超过14%以上。

蛋白质的变性分析：加工工艺中的高温不但会导致蛋白质变性，还会使特殊活性蛋白（如免疫球蛋白）丧失活性。如何鉴别血浆蛋白粉的蛋白是否加热过度，可取样品加适量的水放置在恒温箱中100℃，10~15 min 取出，品质高的血浆蛋白粉应是凝固状态且凝固体颜色一直无任何杂质污点。

（4）羽毛粉。是将家禽羽毛净化消毒，再经蒸煮、酶解或水解、粉碎或膨化成粉状，可作动物性蛋白质补充饲料。羽毛粉的加工方法有蒸煮法、酶解法、膨化法等。

羽毛蛋白质主要成分为含双硫键的角蛋白，加热水解可提高其利用价值，关键取决于水解程度，如果水解过度，则会破坏氨基酸；水解不足，则双硫键未被解开，蛋白质利用率不良。羽毛粉中含粗蛋白质80%~85%，含硫氨基酸最高，其中胱氨酸含量可达4%，此外缬氨酸、亮氨酸、异亮氨酸的含量也很高。宜与缺乏异亮氨酸的原料（如血粉）配合使用效果较好。

（三）猪常用的青绿多汁饲料

青绿多汁饲料主要指天然水分含量高于或等于60%的饲料，以富含叶绿素而得名。主要包括天然牧草、栽培牧草、青饲作物、水生植物、菜叶瓜藤类、非淀粉质根茎瓜类等。这类饲料来源广、成本低、采集方便、营养丰富，对促进动物生长发育、提高畜产品品质和产量等具有重要作用。我国养猪在利用青绿多汁饲料方面积累了很丰富的经验，特别在母猪的空怀及妊娠前期、肉猪的生长期及青年母猪都大量利用这类饲料。如何更好地利用这类饲料，对缺粮的我国，在发展猪业方面有重要的意义。青绿多汁饲料可以鲜喂，制成干草饲喂，也可制成青贮饲喂。人工制的豆科干草是一种非常好的饲料，有专制喂猪的干草粉及颗粒。

1. 青绿多汁饲料的营养特点

（1）水分含量高。一般青绿多汁饲料的水分含量在60%~90%，水生植物甚至可高达90%~95%。因其水分含量高，干物质少，所以能值较低，对于杂食性单胃动物不能以青绿饲料作为主食。

（2）蛋白质含量高，品质优良。一般禾本科牧草和叶菜类青绿多汁饲料的粗蛋白质含量在1.5%~3%，豆科牧草在3.2%~4.4%，折合成干物质计算，两者的粗蛋白质含量分别在13%~15%、18%~24%。例如苜蓿干草中粗蛋白质含量为20%左右，相当于玉米籽实中粗蛋白质含量的2.5倍，约为大豆饼的一半。不仅如此，由于青绿多汁饲料都是植物体的营养器官，其中所含的氨基酸组成也优于禾本科籽实，尤其是赖氨酸、色氨酸等含量更高。

（3）维生素含量丰富。青绿多汁饲料富含有多种维生素，包括B族维生素以及维生素C、维生素E、维生素K等，特别是胡萝卜素，每千克青饲料中含有50~80 mg胡萝卜素。青苜蓿中含硫胺素为1.5 mg/kg、核黄素4.6 mg/kg、烟酸18 mg/kg，是各种维生素的廉价来源。

（4）矿物质元素含量丰富。一般青绿多汁饲料中钙为0.25%~0.5%，磷为0.20%~0.35%，比例较为适宜，尤其以豆科牧草钙的含量较高。此外，青绿多汁饲料中含有丰富的铁、锰、锌、铜等微量矿物元素。

2. 使用青绿多汁饲料注意事项

（1）要合理搭配使用，防止过量。青绿多汁饲料蛋白质、维生素及矿物元素含量丰富，是一类良好的饲料，但由于其水分含量高，营养不全面，单位重量的能值低，不能长期单独饲喂，只能作搭配饲用。用青绿多汁饲料饲喂生长育肥猪，一般可替代精饲料的10%~15%（以干物质计算）；用青绿多汁饲料饲喂母猪效果较好，可替代精料20%~25%。

（2）无须将青绿多汁饲料煮熟喂猪。我国农村为了将青绿多汁饲料的体积减小，尽量多利用青绿饲料，一般煮熟后再喂猪，实际这样做的结果不仅降低了原有营养的含量，还容易引起亚硝酸盐中毒。正确方法是将青绿多汁饲料洗净、切碎、打浆或发酵后与适量的全价料混匀直接喂猪，这样既可相对减少青绿多汁饲料的体积，又可保持其营养。怀孕母猪可将其切碎直接饲喂，但须注意不要过量饲喂。

（3）预防感染寄生虫病。水葫芦等水生饲料或在池塘边生长的草，由于与淡水螺等水生动物接触，很容易成为某些寄生虫的附着物，如果喂猪不注意方法，就易造成寄生虫病的传播与蔓延。在喂养过程中，须及早进行预防投药，防止寄生虫病的传染。

（4）防止中毒。主要考虑两方面，一是农药中毒。对于刚施用过农药的田地上青绿多汁饲料，不宜立即喂猪，一般要经 15 d 后方可收割利用。二是氢氰酸中毒。青绿多汁饲料一般不含氢氰酸，但有的青绿多汁饲料，尤其是玉米苗、高粱苗含有氰苷配糖体，如果经过堆放好氧发酵或霜冻枯萎，或是在烧煮过程中缺氧或不煮熟透，在植物体内特殊酶的作用下，氰苷被水解后便形成氢氰酸而有毒。如喂猪，会发生氢氰酸中毒，这在农村中经常发生。将青绿多汁饲料制作成青贮料就可避免发生这类情况。

3. 生猪上常用的青绿多汁饲料

（1）紫花苜蓿。紫花苜蓿属豆科多年生草本植物，特点是适应性强、产量高、品质好，一般每亩（1 亩≈666.7 m²，全书同）产 2 000~4 000 kg，被冠以"牧草之王"的称号。苜蓿的营养成分较丰富，按干物质计算，每千克初花期的紫花苜蓿含粗蛋白质 20%~22%、粗脂肪 3.1%、无氮浸出物 41.3%，且富含维生素 A 及 B 族维生素。

目前一般中小养猪场夏季将苜蓿草切成 5~10 cm 的小段直接饲喂，种猪每天饲喂 1~2 kg，妊娠前期适当多喂一些，因为适口性好，又由于纤维含量高，在怀孕母猪限喂阶段可适量多喂些，以增加母猪的饱感，利于胚胎着床。冬季将苜蓿脱水或晒干制成苜蓿粉或颗粒在配合饲料中使用。全价饲料中的添加比例一般为 5%~15%。

（2）紫云英。又称红花草。特点是产量较高，鲜嫩多汁，适口性好，猪只特别喜欢采食。其营养价值在现蕾期最高，按干物质计算，粗蛋白质含量 31.76%、粗脂肪 4.14%、粗纤维 11.82%、无氮浸出物 44.46%、粗灰分 7.82%。

（3）象草。又称紫狼尾草。象草具有产量高、管理粗放、利用期长等特点，已成为南方青绿多汁饲料的重要来源。象草营养价值较高，茎叶干物质中含粗蛋白质 10.58%、粗脂肪 1.97%、粗纤维 33.14%、无氮浸出物 44.70%、粗灰分 9.61%。在广东、福建利用美洲狼尾草和非洲象草培育的杂交狼尾草用于养猪取得了较好的效果。该杂交狼尾草在株高 120 cm 时测定，鲜草含干物质 15.2%，干草含粗蛋白质 9.95%、粗脂肪 3.47%。而且该品种杂交狼尾草产量高，一般每公顷可产鲜草 15 万 kg 以上，6 个月生长期每公顷的产量可达22.5万kg。将杂交狼尾草切碎、打浆与饲料按1∶1拌匀，饲喂生长育肥猪可提高日增重，降低饲料成本。

（4）菜叶类。包括瓜果、豆类叶子及一般蔬菜副产品。其中的豆类叶子营养价值、能量高，蛋白质含量也较丰富。作物的藤蔓和幼苗，一般粗纤维含量较高，可作猪饲料。白菜、甘蓝和菠菜也可用于饲料。

（5）南瓜。南瓜营养丰富，无氮浸出物含量高，且其中多为淀粉和糖类。南瓜脆嫩多汁，能刺激食欲，有机物质消化率高，对改善日粮的营养成分、提高消化率有重要作用。此外，南瓜耐贮藏，运输方便，是猪的好饲料，尤其适合用于育肥阶段的猪。

（6）水生植物类。包括水浮莲、水葫芦、水花生、绿萍、水芹菜和水竹叶等。这类青饲料具有生长快、产量高、适应性强、管理方便、不占耕地等特点。水生饲料茎叶柔软，细嫩多汁，水分含量可达90%~95%，干物质含量很低。此外，水生饲料最易带来寄生虫（如猪蛔虫、姜片虫、肝片吸虫等），最好将水生饲料青贮发酵或煮熟后饲喂。熟喂时宜现煮现喂，不宜过夜，以防产生亚硝酸盐。

（7）松叶。主要是指马尾松、黄山松、油松以及桧、云杉等树的针叶。据分析，马尾松针叶干物质为53.1%~53.4%、总能9.66~10.37 MJ/kg、粗蛋白质6.5%~9.6%、粗纤维14.6%~17.6%、钙0.45%~0.62%、磷0.02%~0.04%，且富含维生素、微量元素、氨基酸、激素和抗生素等，对猪具有抗病、促生长之效。饲喂时应坚持由少到多的原则。猪料中针叶用量以5%~8%为宜。

（四）猪常用的矿物质饲料

1. 食盐

盐的主要化学成分氯化钠在食盐中的含量高达99%之多，而钠和氯都是动物所需的重要无机物。因此食盐成为补充钠、氯的最简单、价廉的有效物质。食盐的生理作用是刺激唾液分泌、促进其他消化酶，同时可改善饲料的味道，促进食欲，保持体内细胞的正常渗透压，氯还是胃液的组成成分，对蛋白质的消化具有重要作用。

2. 钙

钙约占动物体内所含无机物的70%，是动物的齿、骨骼、蛋壳的重要组成元素。钙对动物的生长发育和生产水平至关重要。一般配合饲料中规定的钙磷比例，猪为（1.5~1）∶1。石粉、贝壳粉、蛋壳粉则是饲料中常用到的补充钙源的矿物质饲料。其中，石粉称为天然的碳酸钙，含钙在35%以上。贝壳粉是所有贝类外壳粉碎后制得的产物总称,主要成分为碳酸钙。蛋壳粉是蛋加工厂的废弃物,包括蛋壳、蛋膜、蛋等混合物经干燥灭菌粉碎而得,优质蛋壳粉含钙可达34%以上。一般来说,碳酸钙颗粒越细,吸收率越好。目前还有相当一部分厂家用石粉作微量元素载体,其特点是松散性好、不吸水、成本低。

3. 磷

磷几乎存在于所有细胞中,为细胞生长和分化所必需。磷的生理功能在于参加骨的组成,且与能量代谢有关,调节血液酸碱度。磷还决定蛋壳的弹性和韧性。缺乏磷时,禽会出现运动障碍,骨变形,羽毛无光,异嗜,消化紊乱,蛋鸡产软壳蛋。

在饲料中常用到的含磷补充物有磷酸二氢钠、磷酸氢二钠。其中,磷酸二氢钠为白色粉末,含两个结晶水或无结晶水,含磷在26%以上。磷酸二氢钠水溶性好,生物利用率高,既含磷又含钠,适用于所有饲料,特别适用于液体饲料或鱼虾饲料。磷酸氢二钠为白色细粒状,无水磷酸氢二钠含磷为21.82%。

另外,需要注意的是猪日粮中磷含量过高,会导致纤维性骨营养不良症。

(五) 猪常用的饲料添加剂

饲料添加剂是指那些在常用饲料之外,为补充满足动物生长、繁殖、生产各方面营养需要或为某种特殊目的而加入配合饲料中的少量或微量的物质。其目的在于强化日粮的营养价值或满足养殖生产的特殊需要,如保健、促生长、增食欲、防饲料变质、保存饲料中某些物质活性、破坏饲料中的毒性成分、改善饲料及畜产品品质、改善养殖环境等。广义的饲料添加剂包括营养性和非营养性添加剂两大类。

1. 营养性饲料添加剂

(1) 氨基酸添加剂。猪饲料主要是植物性饲料,最易缺乏的必需氨基酸是赖氨酸和蛋氨酸。因此,猪用氨基酸添加剂主要有赖氨酸添加剂和蛋氨酸添加剂。这两种氨基酸添加剂都有L型和D型之分,猪只能利用L型赖氨酸,但D型和L型蛋氨酸却均能利用。在具体使用时应注意以下3个问题。第一,适量添加。添加合成氨基酸降低饲粮中的粗蛋白质水平,应有一定的限度。一般生长前期(60 kg)前粗蛋白质水平不低于14%,后期不低于12%。第二,经济划算。如添加合成氨基酸后饲粮价格过高,经济不划算,也没有实际意义。第三,人工合成的氨基酸大都是以盐的形式出售,如L型赖氨酸盐酸盐,其纯度为98.5%,而其中L型赖氨酸的量只占78.8%。添加时应注意效价换算。例如，饲料中拟添加 0.1% 的赖氨酸，则每吨饲料中 L 型赖氨酸盐酸盐的添加量为 $1 \div 0.985 \div 0.788 \approx 1.288$（kg）（1 228 g）。

（2）维生素添加剂。随着集约化养猪的发展，常年不断而又大量地供给青绿饲料越来越受到了限制，因此，在饲粮中添加维生素添加剂，得到日益广泛的应用。常用的维生素添加剂有维生素 A、维生素 D_3、维生素 E、维生素 K_3、B 族维生素（氯化胆碱、烟酸、泛酸、生物素）等。生产中多采用复合添加剂形式配制，把多种维生素配合加入饲粮中，其添加量仔猪为 0.2%～0.3%，育肥猪为 0.1%～0.2%。配制复合维生素时应注意维生素间的相互作用。

（3）微量元素添加剂。微量元素添加剂为常用添加剂，从化工商店购买饲料级即可（不一定非要分析纯或化学纯）。目前我国养猪生产中添加的微量元素主要有铁、铜、锰、锌、钴、硒、碘等。饲料中的微量元素，是用矿物质盐类，只是对某元素（如铁）的需要量，而不是对矿物质盐（如硫酸亚铁）的需要量。作为添加剂使用时，必须注意以下两点：第一，充分粉碎，均匀混合。加入全价料中须先经石灰石粉等先稀释，后混合；第二，实际含量。不同产品，化学式不同，杂质含量各异，应注意该元素在产品中的实际含量。部分元素在不同化学结构中的含量是有差异的，要根据矿物质盐中所含元素量计算出所需用该盐类的数量。

2. 非营养性饲料添加剂

非营养性饲料添加剂虽不是饲料中的固有营养成分，本身也没有营养价值，但有着特殊的、明显的维护机体健康、促进生长和提高饲料利用率等作用。

目前，属于这类添加剂品种繁多，在实践中应用也不一致。对这种添加剂不应理解为配合饲料所必需的，但为了取得某种特定效果，它却是重要手段。

（1）抑菌促生长剂。属于抑菌促生长的添加剂有抗生素类、抑菌药物、砷制剂、高铜制剂等。这类物质的作用主要是抑制猪消化道内的有害微生物的繁殖，促进消化道的吸收能力，提高猪对营养物质的作用，或影响猪体内代谢速度，从而促进生长。

（2）驱虫保健剂。主要用于预防和治疗猪寄生虫病。寄生于猪体的寄生虫，不仅大量消耗营养物质，而且使猪的健康和生产受到严重的危害。驱虫药一般须多次投药。第一次只能杀灭成虫或驱成虫，其后杀灭或驱赶卵中孵出的幼虫。在驱虫期间，畜舍要勤打扫，以防排出体外的虫与虫卵再次进入猪体内。以饲料添加剂的形式用药为连续用药，有较好的驱虫效果，是在大群体、

第六章　生猪低蛋白饲养之全价营养饲料的配制与使用

高密度饲养管理条件下，预防和控制寄生虫方便而有效的方法。

目前我国批准使用的猪用驱虫性抗生素只有两个品种，即越霉素 A 和潮霉素 B。

此外，近年研制开发的阿维菌素、伊维菌素也是一些高效安全的体内外驱虫抗生素，但目前我国尚未批准作为饲料添加剂使用。

（3）微生态制剂。又名活菌制剂、生菌剂、益生素。即动物食入后，能在消化道中生长、发育或繁殖，并起有益作用的活体微生物饲料添加剂。这是自 1970 年以来为替代抗生素饲料添加剂开发的一类具有防治消化道疾病、降低幼畜死亡率、提高饲料效率、促进动物生长等作用，天然无毒，安全无残留，副作用少的饲料添加剂。这类产品在国外已开始应用。可选作活菌制剂的微生物种类很多，主要的菌种有乳酸杆菌属、链球菌属、双歧杆菌属、某些芽孢杆菌、酵母菌、无毒的肠道杆菌和肠球菌等，多来自土壤、腌制品和发酵食品、动物消化道、动物粪便的无毒菌株。在生产和选用这类产品时，绝对不能引入有毒、有害菌株；产品必须稳定存活且对消化道环境和饲料加工、贮存等因素有较强的抵抗能力。使用活菌制剂获得理想效果的关键是猪食入活菌的数量，一般认为每克日粮中活菌（或孢子）数以 200 000~2 000 000 个为佳。此外，与活菌制剂的菌种、动物所处的环境条件有关。当动物处于因断奶、饲料改变、运输等引起的应激状态或其消化道中存在着抑制动物生长的菌群时，使用活菌制剂效果才比较明显。

研究证明，在动物的消化道内存在的正常微生物群落对宿主具有营养、免疫、生长刺激和生物拮抗等作用，是维持动物良好健康状况和发挥正常生产性能所必需的条件。近年来，已开始采用寡糖等通过化学益生作用调控动物消化道微生物群落组成。这些寡糖包括果寡糖、甘露寡糖、麦芽寡糖、异麦芽寡糖、半乳糖寡糖等。大量研究表明，在饲料中适量添加寡糖，可提高猪生长速度，改善其健康状况，提高饲料利用率和免疫力，减少粪便及粪便中氨等腐败物质含量。

（4）酶制剂。猪对饲料养分的消化能力取决于消化道内消化酶种类和活力。研究和实践证明，适合猪消化道内环境的外源酶能起到内源酶同样的消化作用。饲料中添加外源酶可以辅助猪消化，提高猪的消化力，能够改善饲料利用率，扩大对饲料物质的利用，扩大饲料资源，消除饲料抗营养因子和毒素的有害作用，全面促进饲粮养分的消化、吸引和利用，提高猪的生产性能和增进健康，减少粪便中的氮和磷等排出量，保护和改善生态环境等。

作为饲料添加剂的酶制剂多是帮助消化的酶类，主要有蛋白酶类、淀粉酶类、纤维素分解酶类、植酸酶等。

目前多从发酵培养物中提取酶，制成饲料添加剂，也有连同培养物直接制成添加剂的。由于酶活性受许多因素的影响，其作用具有高度的特异性，为了适应底物的多样性、复杂性和动物消化道内 pH 环境的变化，根据使用对象和使用目的的要求，选用不同来源、不同 pH 适应性的酶配制成的多酶系复合酶制剂，适应范围广，作用能力强，在饲料中的添加效果好，是较理想的酶添加剂产品。

（5）调味、增香、诱食剂。这种添加剂是为了增进动物食欲，或掩盖某些饲料组分的不良气味，或增加动物喜爱的某种气味，改善饲料适口性，增加饲料采食量。作为调味剂的基本要求是：第一，加入饲料后的味道或气味更适合猪的口味，从而刺激猪食欲，提高采食量；第二，调味剂的味道或气味必须具有稳定性，在正常的加工贮存条件下，味道或气味既不被挥发掉，又不致变成另一种不被动物喜爱的味道或气味。

调味剂有天然的和合成的两种，主要活性成分包括：香草醛、肉桂醛、茴香醛、丁香醛、果酯及其他物质。商品调味剂除含有提供特殊气味和滋味的活性物外，一般还含有如助溶剂、表面活性剂、稳定剂、载体或稀释剂、抗黏结剂等非活性的辅助剂。

饲料调味剂产品有固体和液体两种形式。液体形式的饲料调味剂为多种不同浓度的溶液，其溶剂的种类取决于活性物质的可溶性，一般有油、脂肪酸、水、丙二醇或它们的混合物。其添加方法通常是以喷雾法直接喷附在颗粒饲料表面或其饲料中，但这种添加方法对于饲料中香料的香气不能持久，故多用于浆状或液体饲料中。固体调味剂通常是以稻壳粉、玉米芯粉、麦麸粉以蛭石等作为载体的粉状混合物。有的香料调味剂制成胶囊，可提高稳定性，延长香气持续时间。干燥固体调味剂较液体调味剂具有稳定性好、使用方便、不需喷雾设备，且易装运、贮存等优点。但液体调味剂一般较便宜、经济，添加于颗粒饲料方便，效果好。实际应用须根据需要选用。

调味剂主要用于人工乳、代乳料、补乳料和仔猪开食饲料，使仔猪不知不觉地脱离母乳，促进采食，防止断奶期间生产性能下降。添加的香料主要为乳香型、水果香型，此外还有草香、谷实香等。常加的除人工乳中的香源外，还有柑橘油、香兰素以及有类似烧土豆、谷物类的香味都是猪所喜爱的。一般断奶前先在母猪饲料中添加，使仔猪记住香味，再加入人工乳中。开始以乳香型为主，随着日龄的增加，逐渐增加柑橘等果香味香料，后期逐渐转为炒谷物、炒黄豆等，使其逐渐转为开食料。

(6) 其他非营养性生长促进剂。包括铜制剂、有机砷制剂等。如每吨日粮添加 150~250 g 铜，可提高日增重 8% 左右，提高饮料利用率 5% 左右。

第二节　猪饲料常用的加工调制方法

一、粉碎

猪饲料种类不同，可采用相应的加工处理技术。现代化养猪多以干粉料为主，所以，粉碎就是最常用的饲料加工方法。

在多种猪饲料原料的冷加工工艺中，锤片机粉碎处理可能是应用最广泛的。多数常规的原料，如大麦、玉米、小麦、高粱和燕麦在生产中几乎都是利用锤片式粉碎机进行加工。但如果将小麦粉碎得过细，饲料黏性就会增加，采食过程中极易引起糊嘴现象，从而导致适口性降低；如果粉碎得过粗，小麦的利用率就会变得很低，但用对辊式粉碎处理可有效解决上述问题。对于燕麦的粉碎，资料表明，较小的粉碎粒度对于提高其利用率是必要的。粉碎燕麦时，筛孔直径小于 5.25 mm，不会对其利用效率造成明显的影响；但当筛孔直径等于或大于 9 mm 时，就会降低燕麦的利用效率。对燕麦进行对辊式粉碎处理，如加工得很均匀且很扁时，其利用效率与用筛孔直径小于 5.25 mm 的其他任何粉碎方式的利用效率相同。另外，不同粉碎工艺对玉米和高粱利用率的影响与燕麦相似。

二、压片

压片是指谷物在对辊式粉碎处理之前所进行的加热或润湿的过程。压片玉米在进入蒸气仓前首先须进行破碎处理，之后将其浸泡 1~2 h，使玉米水分含量达到约 20%。然后将蒸煮后的玉米通过重型对辊式粉碎机进行加工，使最终的水分含量降至约 14%。这种加工过程对玉米的调制主要包括：去除玉米胚芽，仅留下无胚芽的部分进行压片处理；在蒸气仓内，使玉米水分增加，同时进行蒸煮加工。日粮中压片玉米的比例较低时，其适口性很好。但当压片玉米比例很高（如达到 85%），特别是在湿料饲喂或玉米未粉碎即饲喂的情况下，适口性变得非常差。

三、膨化处理

膨化处理是一种干热形式的加工工艺，是将谷物在加热或加压的情况下突然减压而使其膨胀的加工方法。据报道，膨化处理可在一定程度上提高饲料的营养价值。

四、微爆化处理

微爆化处理是用混合气体将陶瓷体加热到一定温度后，使谷物通过这些陶瓷体，将谷物进行对辊式粉碎和冷却处理。与膨化温度（280℃）相比，微爆化加工过程的温度通常控制在140~180℃。但微爆化处理在这个温度下的暴露时间为20~70 s，比膨化处理的时间（5~6 s）长。谷物在加工前应进行预浸泡处理，使水分含量达到21%。

五、制粒

在制粒工艺中，饲料组分在压力作用下被挤出制粒机的环模。制粒过程本身就可对饲料进行摩擦加热。大多数的饲料企业在制粒之前已对饲料进行了蒸气加热处理，但也有一些企业并不采用蒸气加热处理，即冷制粒，仅是依靠制粒机的压力使饲料挤出环模。因此，制粒工艺包括干制粒或湿制粒过程。

制粒过程对饲料物理和化学特性的改变，是提高猪生产性能的真正原因。制粒过程可降低饲料中的水分和粗纤维含量，增加干物质含量，提高能量消化率，并且改善氨基酸和磷的利用率。干制粒处理的饲料中有机物的消化率和饲料转化率最高。

第三节　全价营养饲料配方的设计

一、全价营养饲料配方的设计原则

（一）必须以猪的饲养标准中的各项营养指标规定为基础

饲养标准是通过试验总结出来而制定的，标准规定的各项指标需要量可作为配合日粮的基础。

（二）必须适应猪的消化生理特点

不同年龄的育肥猪其消化器官的发育有所不同，特别是单胃动物，对粗纤维消化力很低，应选择粗纤维含量低的饲料。幼猪代谢旺盛，消化器官又不发达，所以需要更精细的饲料和添加酶来促进消化。

第六章　生猪低蛋白饲养之全价营养饲料的配制与使用

（三）必须考虑日粮体积和猪的食量

一般每 100 kg 体重的猪，每日需干物质 2.5~4 kg，所以配合日粮，应注意干物质含量。

（四）注意日粮适口性

（五）注意日粮的经济性

（六）注意日粮的多样性

日粮的多样性即饲料的多样搭配，包括青、粗、精饲料的合理搭配，碳水化合物、蛋白质、矿物质和维生素饲料的合理搭配，以及同类饲料的多种搭配 3 个方面。总之，饲料中所含原料的品种越多，搭配得越合理，喂猪的效果越好。

（七）注意精、粗饲料合理比例

小猪的粗纤维含量不超过 7%，中、大猪不大于 12%。

（八）注意日粮中能量和粗蛋白质的含量

育肥猪日粮中每千克应含能量 2.8~3.00 Mcal（注：1 cal=4.18 J），粗蛋白质为 12%~16%。三元杂交猪则应为 3.10 Mcal/kg 左右，粗蛋白质应为 14%~18%，都是幼猪取大值，大猪取小值。

（九）猪饲料玉米豆粕减量替代技术中日粮配制要点

（1）确定日粮类型。根据玉米、豆粕替代原料的供应情况和市场价格，综合性价比，选择适宜的饲料原料，确定日粮类型。

（2）合理设置日粮有效能水平。参考有关饲养标准或饲养手册，结合动物不同生理阶段特点，确定日粮适宜的净能（猪）水平，根据动物品种或品系推荐的有效能需要量确定其他营养成分的相应比例。

（3）配制基于可利用氨基酸的低蛋白日粮。针对动物不同生理阶段，选用合适的氨基酸平衡模式。按照饲料原料中氨基酸实测值（湿化学或者近红外方法）或者数据库中可利用氨基酸（如标准回肠氨基酸消化率）数值，计算出以可利用氨基酸为基础的日粮配方。合理补充必需氨基酸，并考虑其与非必需氨基酸、小肽之间的平衡。

（4）适当考虑其他营养素平衡。包括能氮平衡、脂肪酸平衡（补充亚油酸或不饱和脂肪酸）、维生素平衡、微量元素平衡、电解质平衡等。此外，还要兼顾考虑营养素来源、能量饲料组合、蛋白饲料组合等。

（5）合理选择和使用酶制剂。针对玉米、豆粕以外原料的抗营养因子种类和含量,选择适宜的酶制剂及其组合,如植酸酶以及木聚糖酶、β-葡聚糖酶等非淀粉多糖(NSP)酶和纤维素酶等。

二、全价营养饲料配方设计中应注意的问题

配方设计是饲料生产的核心技术,也是动物营养学与饲养有机结合的结晶与媒介。饲料配方的设计水平不仅关系到企业的效益和形象,甚至关系到一个地区乃至整个国家饲料资源的合理利用与畜牧业生产的可持续发展。设计科学合理的饲料配方,不仅需要在微观上谨慎考虑养殖动物的营养需要、安全卫生,而且从宏观上还要考虑该地区乃至国家整体的饲料资源耗竭与不可逆转性的预防等生态效益问题。因此,只有把饲料配方的目标放在经济效益、社会效益与生态效益的结合点上,充分考虑品种、性别、日龄、体重、饲喂条件、饲喂方式等影响饲粮配制效果的因素,才能设计出具有合理利用同种饲料资源、提高产品质量、降低饲养成本的高质量饲料配方。

(一) 注意灵活应用饲养标准,科学确定饲料配方的营养标准

饲养标准是指一定品种的健康畜禽在适宜的条件下,达到最优生产性能时,营养的最低需要量。它是对一定时期动物营养科研成果和畜牧业发展水平的总结,是配方设计的主要依据。但由于试验畜禽的品种、供试饲料品质、试验环境条件等因素的制约,导致饲养标准存在着明显的时间滞后性、静态性、地区性和最佳生产性能而非最佳经济效益的不足,加之由于各国和各地区的饲养环境、条件、动物的品种、生产水平的差异,决定着饲养标准也只能是相对合理。如1987年我国瘦肉型猪营养标准规定仔猪赖氨酸/消化能之比为0.5,1998美国NRE为0.81。以赖氨酸为100%,中国和美国标准分别为:蛋氨酸+胱氨酸65%、57%,苏氨酸98%、65%,色氨酸25%、18%,两个标准相差很大。同时,配方中的营养指标的质量要求也在不断更新,如蛋白质指标从粗蛋白质含量演变为可消化蛋白质、氨基酸、可利用氨基酸等深层次的内在质量。在矿物质微量元素方面,不仅要满足安全用量,同时还需要充分调配不同元素之间的拮抗规律;对一些含有有毒有害物质或抗营养因子的原料,还必须考虑其加工工艺对营养物质的破坏、毒素的残留等因素。因此,在饲料配方设计时不能生搬硬套饲养标准,要在国家标准允许的范围内,根据不同的饲喂对象,以动物试验的结果为依据,从以下4个方面灵活应用饲养标准。

1. 不同的品种(基因型)选用不同的营养水平

猪的遗传基础,饲粮的养分含量和各养分之间的比例关系以及猪与饲粮因素的互作效应,都会对饲粮营养物质的利用产生影响。脂肪型、瘦肉型与兼用

第六章　生猪低蛋白饲养之全价营养饲料的配制与使用

型猪之间对饲粮的干物质、能量和蛋白质消化率方面存在的显著差异已是不争的事实。一般认为，在相同的条件下，瘦肉型猪较肉脂型猪需要更多的蛋白质，三元杂交瘦肉型比二元杂交瘦肉型猪又需要更多的蛋白质。因此，在配制猪的饲粮时，不仅要根据不同经济类型猪的饲养标准和所提供的饲料养分，而且要根据不同品种特有的生物特点、生产方向及生产性能，并参考形成该品种所提供的营养条件的历史，综合考虑不同品种的特性和饲粮原料的组成情况，对猪体和饲粮之间营养物质转化的数量关系，以及可能发生的变化作出估计后，科学地设计配方中养分的含量，使饲料所含养分得以更加充分利用。

2. 不同生产阶段选用不同的营养水平

猪在不同的生理阶段，对养分的需要量各有差异。虽然猪的饲养标准中已规定出各种猪的营养需要量，是配方设计的依据，但在配方设计时，既要在充分考虑到不同生理阶段的特殊养分需要，进行科学的阶段性配方，又一定要注意配合后饲料的适口性、体积和消化率等因素，以达到既提高饲料的利用率，又充分发挥猪的生产性能的效果。如早期断奶仔猪具有代谢旺盛、生长发育迅速、饲料利用率高的生理特点，但也处于消化器官容积小、消化机能不健全等特点，在配方设计时，既要考虑其营养需要，又要注意饲料的消化率、适口性、体积等因素。

3. 不同性别采用不同的营养水平

据美国NCR-41猪营养委员会进行的一项包括9个试验站的综合研究阉公猪和小母猪的蛋白质需要量的结果表明，日粮中蛋白质含量从13%提高到16%，并不影响公猪增重和饲料利用率，胴体成分也未变化；而小母猪日粮中蛋白质含量从13%提高到16%，增重和饲料利用率都有所提高，眼肌面积和瘦肉率呈线性下降。他们得出结论认为，当饲料中蛋白质含量最小为16%，小母猪的各期生产性能达到最佳水平，而阉公猪日粮中蛋白质含量为13%~14%时，即可达最佳水平。

4. 不同的季节选用不同的营养水平

据报道，高温可以引起摄食中枢兴奋性降低，从而致使猪采食量下降，气温每升高1℃，猪采食量下降约40 g，若环境温度超出最佳温度5~10℃，则每天采食量将下降200~400 g。由于采食量的减少，导致营养不良，改变生化作用，使酶的活性和代谢过程发生紊乱，而影响生产性能的表现。为此，不同的季节，应配制营养浓度不同的日粮，以满足其生理需要。对于炎热的夏季，为保证猪的营养需要，应注意调整饲料配方，增加营养浓度，特别是提高日粮中油脂、氨基酸、维生素和微量元素的含量，降低饲料的单位体积，并适当添加氯化钾、小苏打等电解质，以保证养分的供给，减缓其生产性能的下降。

（二）注意饲料原料的质量和可利用性

饲料产品质量的优劣，除决定于配制技术外，还决定于饲料原料的质量。为此，要设计配制高质量的饲料配方。在选用饲料原料时要注意下列问题。

1. 原料的营养含量

我国幅员辽阔，地形复杂，土壤类型繁多，气候差异较大，即使是同一种饲料，由于产地、品种、加工方法和质量等级不同，其营养成分含量也有差异。如同是玉米，产地、品种、等级不同，它们中的粗蛋白质、粗纤维、粗脂肪的含量也千差万别。要选用效价高、稳定性好、剂型符合配合饲料生产要求的产品使用，因此，配方设计时一定注意原料的养分含量的取值，尽量让原料的营养含量取值相对合理或接近，使配制的饲料达到既能充分满足猪的生理需要，又能生产出符合产品质量标准的产品，同时也不浪费饲料原料。

2. 饲料原料的消化率与体积

由于饲料原料种类、来源、加工方法等属性不同，总营养成分中能被动物消化利用的程度差异较大。同时，日粮的体积也要合适，过大不仅使消化道负担加重，影响饲料的消化吸收，而且由于体积过大，导致猪食后的营养不足，影响生长发育。尤其是在选用低成本的原料进行营养替代时，更要注意不同营养物质的适宜比例与消化率等因素，不能只顾营养物质含量的平衡进行替代，而忽视了替代物的体积与消化率。因此，选用原料设计配方时，要注意饲料的消化率和体积，做到配方营养平衡、消化率高和体积又适中，以使所配饲料能达到预期效果。

3. 原料的适口性

猪采食量的多少，主要受猪的体重、性别、健康状态、环境温度、饲料品质与养分浓度等因素的影响。而对于健康猪群，饲料的适口性则是决定猪采食量多少的主因。因此，在考虑饲料的营养价值、消化率、价格因素的基础上，要尽量选用适口性好的饲料原料，以保证所配饲料能使猪足量采食。

4. 原料营养成分之间适宜配比

营养物质之间的相互关系，可以归纳为协同作用和拮抗作用两个方面。具有协同作用就能使饲料营养的利用率提高，改善饲料报酬，降低饲养成本。不合理的配比或具有拮抗作用，就会降低使用效果，甚至产生副作用。有条件的企业最好能进行试验研究或根据积累的饲养经验修订配方设计标准。

5. 饲料原料的可利用性

配方设计应从经济、实用的原则出发，尽可能考虑利用当地便于采购的饲料原料，找出最佳替代原料，实现有限资源的最佳分配和多种物质的互补作用。

（三）注意正确限制配方中养分的最低限量与最小超量

按照饲养标准中规定的猪营养需要量平均值的最低需要量设计配方，由于原料的质量差异和加工方面的因素，产品中的某些养分指标不一定能够满足猪的实际需要量和配合饲料质量标准中规定的营养指标的最低保证值，必须超量添加一部分来满足猪的实际营养需要和饲料质量标准中规定的要求，这个超量称之为最小超量。它是根据原料的质量情况和加工因素，是产品营养指标的实测值与饲料质量标准中营养指标的最低保证值之差。因此，正确限制配方中养分的最低含量和最小超量，是有效控制和降低配方成本的有效措施，也是保证饲料产品合格的重要措施。

（四）注意饲料的安全性和合法性

饲料是动物的粮食，也是人类的间接食品，同时还是影响生态环境的重要因素。因而饲料安全问题不仅会产生经济问题，也会引发严肃的政治问题，是影响一个地区和国家经济发展、人民健康和社会稳定的大事。因此，配方设计必须遵循国家的《中华人民共和国产品质量法》《饲料和饲料添加剂管理条例》《兽药管理条例》《饲料标签》（GB 10648—2013）、《饲料卫生标准》（GB 13078—2017）《饲料药物添加剂使用规范》《禁止在饲料和动物饮用水中使用的药物品种目录》等有关饲料生产的法律法规，决不违禁违规使用药物添加剂，不超量使用微量元素和有毒有害原料，正确使用允许使用的饲料原料和添加剂，确保饲料产品的安全性和合法。

（五）配制猪玉米豆粕减量替代日粮要注意的问题

1. 原料预处理

采用生物发酵或体外酶解等方式，处理杂粮和糟渣类副产物等低值原料，能够降解抗营养因子，增加有益微生物，产生部分有机酸和酶类，实现养分预消化，可提高其在饲料中的添加比例。

2. 替代原料加工

可合理使用粉碎、膨化、制粒等方式处理原料，提高其营养价值。在加工过程中，需要关注粉碎粒度、混合均匀度、饲料硬度等，否则会影响动物采食量和生产性能。小麦、大麦、高粱等黏度高，粉碎时尽量粗破。

3. 日粮加工生产

采用专用粉碎机如变频粉碎机，尽量使颗粒均匀、含粉率低，可采用蒸汽处理消毒饲料。

4. 注意电解质平衡，合理使用钠源

豆粕含有的钾离子较多，选择其他原料时要关注钠、钾、氯的含量，保持电解质平衡。钠源的选择包括小苏打、硫酸钠等。

5. 替代物使用要设限量

玉米、豆粕为优质的饲料原料，其他原料虽然可发挥组合效应，但多含有抗营养因子或真菌毒素，需要设置使用上限。

6. 换料设置过渡期，及时观察并适时调整

饲喂新料后，要仔细观察动物的反应和生产性能变化。杂粮和粮食加工副产物由于气味、颜色或可能存在有毒有害物质，适口性改变，生产中应根据具体原料加以调整。注意观察适口性和饲喂效果是否良好，并确定是否采取相应措施。

（六）如何配制低蛋白日粮

（1）适度降低日粮粗蛋白质水平。养殖动物无论对必需氨基酸还是非必需氨基酸都有营养需要，非必需氨基酸可以内源合成，一般在适度降低日粮粗蛋白质水平的条件下无须考虑其营养需要的满足，但其合成量在合成底物（氮元素）不足时无法满足动物需要。

（2）以净能体系为基础，准确满足养殖动物的能量需要。净能是指饲料中真正可以用于动物维持生命和生产产品的能量，使用净能体系配制低蛋白日粮，可精准满足动物对能量的需要，避免胴体变肥。

（3）日粮净能水平应与氨基酸含量保持适宜平衡比例，以提高氨基酸合成为肌肉蛋白的效率。大量动物试验证明，生长猪和育肥猪获得最佳生长性能的赖氨酸净能比分别为 4.7 g/Mcal 和 3.5 g/Mcal。

（4）应根据养殖动物生理阶段，参照相应的国家标准中限制性氨基酸营养需要及平衡模式，确定日粮中各种氨基酸的添加量，以准确满足动物的氨基酸营养需要。

（5）应关注不同养殖动物对矿物质微量元素的营养需要及日粮最佳电解质平衡，促进营养物质的高效吸收利用。

（6）应关注日粮能量原料与蛋白质原料的协同适配。由于低蛋白日粮添加了大量合成氨基酸，其消化吸收速率远快于完整蛋白，应为其提供相匹配的快速消化淀粉，促进能、氮协同供应，提高氨基酸的利用效率。

三、猪饲料的配合方法

现举例说明猪饲料的配合方法。

(一) 一般方法

1. 方块法

方块法又称对角线法、交叉法或四角法，此法简单易行，适用于饲料原料品种少、营养指标单一的配方计算。

例如：运用含粗蛋白质8.2%的能量混合料（玉米50%，甘薯干粉25%，米糠25%）与含粗蛋白质33%的浓缩饲料，给体重120 kg的哺乳母猪设计满足粗蛋白质需要的饲料配方。

第一步：查猪的饲养标准，体重120 kg的哺乳母猪饲料中要求含粗蛋白质含量14%。

第二步：画一方块，在左边的上下两角，分别列出能量饲料与浓缩饲料的粗蛋白质含量（%）8.2、14、33。

第三步：按对角线计算，将左侧两角与中心的数字差值的绝对值，分别列于右侧两角，此即为能量饲料与浓缩饲料的份数，即：33－14＝19，8.2－14＝5.8。

第四步：将上述相对份数，换算成百分比，能量饲料：19÷（19+5.8）＝0.766 196≈76.6%，浓缩饲料：5.8÷（19+5.8）≈0.233 9≈23.4%。

第五步：计算体重120 kg哺乳母猪含粗蛋白质14%的饲料配方。玉米：50%×76.6%＝38.3%；甘薯干粉：25%×76.6%＝19.15%；米糠：25%×76.6%＝19.15%。体重120 kg哺乳母猪饲料配方为：玉米38.3%，甘薯干粉19.15%，米糠19.15%，浓缩饲料23.4%。配合饲料中含粗蛋白质14%。

2. 试差法

某养猪户现有玉米粉、麦麸、木薯粉、统糠、鱼粉、花生饼、骨粉、钙粉、食盐等，拟配合一个60~70 kg二元杂交育肥猪日粮。

第一步：查表60~90 kg二元杂交育肥猪的饲料标准为消化能2 900 kcal/kg，粗蛋白质为13.6%、钙0.4%、磷0.35%、食盐0.5%、粗纤维8%（三元杂交猪要求更高）。

第二步：从饲料营养成分（表6-1）中查出各营养成分。

表6-1 现有饲料原料中的营养成分

饲料	数量（kg）	消化能（kcal）	粗蛋白质（%）	粗纤维（%）	钙（%）	磷（%）
玉米粉	1				0.04	0.21
木薯粉	1	3 500	8.5	2.0	0.07	0.05
麦麸	1	3 440	3.7	2.4	0.22	1.05
统糠	1	2 627	13.7	6.8	0.12	0.44
花生饼	1	1 040	5.8	30.9	0.32	0.59
鱼粉	1	3 412	43.8	5.8	3.91	2.9
骨粉	1	3 310	65.0	0	48.79	4.06
石粉	1				37.0	0.02

第三步：按能量或饲料比例分配营养进行初步搭配，一般分配营养原则，其中能量料占50%~60%，蛋白质料占15%~30%，糠麸类占15%~25%，这个经验一定要牢记，进行试配是大有好处的，当然，试配首先考虑的先是粗蛋白质含量和能量，其他以后再考虑。试配日粮见表6-2。

表6-2 按配方比例进行试配

饲料	配方比例（%）	消化能（kcal）	粗蛋白质（%）	钙（%）	磷（%）
玉米	45	3 500×45%=1 575	8.5×45%≈3.83	0.04×45%=0.018	0.21×45%=0.094 5
木薯粉	10	3 440×10%=344	3.7×10%=0.37	0.07×10%=0.007	0.05×10%=0.000 5
花生饼	10	3 412×10%≈341	43.8×10%=4.38	0.32×10%=0.032	0.59×10%=0.059
统糠	20	1 014×20%≈208	5.8×20%=1.16	0.12×20%=0.024	0.44×20%=0.088
麦麸	10	2 627×10%≈263	13.7×10%=1.37	0.22×10%=0.022	1.05×10%=0.105
鱼粉	5	3 310×5%≈166	65×5%=3.25	3.91×5%=0.196	2.9×5%=0.145
合计	100	2 897	14.34	0.299	0.492

另外算得试配日粮的粗纤维为8.4%，赖氨酸含量为0.55%。

第四步：试配日粮成分与标准进行比较，见表6-3。

表6-3 试配日粮成分与标准比较

项目	消化能（kcal）	粗蛋白质（%）	钙（%）	磷（%）	粗纤维（%）	赖氨酸（%）	食盐（%）
标准	2 900	13.6	0.44	0.35	8	0.59	0.5

第六章 生猪低蛋白饲养之全价营养饲料的配制与使用

（续表）

项目	消化能（kcal）	粗蛋白质（%）	钙（%）	磷（%）	粗纤维（%）	赖氨酸（%）	食盐（%）
试配日粮	2 897	14.34	0.299	0.492（有效磷0.325%）	8.4	0.55	未加
相差	-3	+0.74	-0.141	+0.142	+0.40	-0.04	-0.5

通过比较发现，试配日粮消化能少3 kcal，粗蛋白质多0.74%，均不超过5%范围，一般不需要进一步调整。但是钙少0.141%，磷多0.142%，钙磷比例极不合理，需要补充一些钙制剂。同时，由于磷含量在上述饲料原料中的植物原料中有一半以上是以植酸态磷形式存在，不能被动物消化吸收，实际上只能算一半（这是个估计原则，即植物饲料中的磷含量一般只能算一半），所以，除去鱼粉中的磷含量可以吸收（为0.145%），其他的0.347%只能算一半为0.18%，加起来有效磷只有0.325%。

补充钙可使用磷酸氢钙0.8%左右，即可满足钙和磷的需要和比例合理等要求。如果是无鱼粉配方，一般需要添加磷酸氢钙1%~1.2%。

另外，赖氨酸的缺少超过了5%，最好补充赖氨酸0.05%左右。

食盐则考虑到原料中已含有部分钠和氯，只需要添加0.35%左右。

另外，再补充维生素和微量元素预混料，这里建议使用金赛维和百日出栏。

最后的配方是：玉米粉43%、麦麸10%、木薯粉10%、统糠20%、鱼粉5%、花生饼10%、磷酸氢钙粉0.8%、食盐0.35%，复合维生素适量，百日出栏适量，后两者按说明书用量使用。

确定日粮喂量的方法如下。

①每天喂量（kg）=每天每头采食能量总量（Mcal）/每千克混合料含能量（Mcal）

②按猪的体重计算喂量=实际体重×系数，系数为小猪0.06~0.07，中猪0.04~0.05，大猪0.03~0.04，这套系数也要牢记住，即猪的采食量系数（表6-4）。

表6-4 按猪的体重计算喂料量

体重（kg）	系数	喂量（kg）
15~20	0.07	1.05~1.40

(续表)

体重（kg）	系数	喂量（kg）
21~30	0.06	1.05~1.40
31~45	0.05	1.55~2.25
46~60	0.04	1.84~2.40
61~75	0.035	2.14~2.63
76~100	0.03	2.28~3.0

（二）以一个标准猪饲料配方为参照配方的设计方法

以一个最为常用的标准的猪饲料配方作为参照物，再应用于使用其他饲料原料时的设计方案，即用其他饲料原料来考虑替代标准配方中的某些原料的方法。

标准猪饲料配方以最常用的玉米-豆粕-鱼粉-糠麸型日粮配方为准，如下。

小猪（10~20 kg）配方：玉米粉57%、豆粕20%、鱼粉5%、米糠或麦麸15%、磷酸氢钙1%、贝壳粉0.5%、食盐0.35%、预混料（含微量元素、维生素、非营养性添加剂等）1%。此配方粗蛋白质18.4%，消化能3 230 kcal/kg，粗纤维3.5%，钙0.73%、磷0.682%，赖氨酸0.92%，各项指标均满足小猪的日粮营养需要，而且并不偏太高，是比较标准的小猪饲料营养配方。

中猪（20~60 kg）配方：玉米粉62%、豆粕20%、米糠或麦麸15%、磷酸氢钙1.2%、贝壳粉0.8%、食盐0.35%、预混料（含微量元素、维生素、非营养性添加剂等）1%。此配方粗蛋白质16%，消化能3 180 kcal/kg，粗纤维3.8%，钙0.656%、磷0.577%，赖氨酸0.74%，各项指标均能满足中猪的日粮营养需要，而且并不偏太高，是比较标准的中猪饲料营养配方。但由于去掉鱼粉后，赖氨酸含量下降比较多，比饲养标准要求的0.75%少了0.01%，但相关不大，可以忽略。

大猪（60~90 kg以上）配方：玉米粉70%、豆粕15%、米糠或麦麸12%、磷酸氢钙1.0%、贝壳粉0.8%、食盐0.35%、预混料（含微量元素、维生素、非营养性添加剂等）1%。此配方粗蛋白质14%，消化能3 240 kcal/kg，粗纤维3.7%，钙0.60%、磷0.535%，赖氨酸0.65%，各项指标均能满足大猪的日粮营养需要，而且并不偏太高，是比较标准的大猪饲料营养配方。但赖氨酸与饲养标准的 0.63% 只多 0.02%。

以上是标准经典配方，如果自有饲料原料不是上述原料，可以进行对比参照，加减和补充添加剂的方法来调整设计，需要注意如下几点。①上述标准配方中的中、大猪配方中的赖氨酸已达饲养标准的边缘，如果用赖氨酸含量更低的原料来代替上述配方中的原料，则需要补充赖氨酸，如使用 30% 的发酵豆渣来代替上述配方中的 15% 的豆粕和 15% 的玉米粉，则由于豆渣中的赖氨酸只有 1.6%，比豆粕中的 2.5% 少 1.9%，比玉米粉中的 0.3% 又多 1.3%，最后算出赖氨酸少 0.18%，所以，需要补充赖氨酸 0.15%，而对于上述小猪标准配方来说，由于上面配方中的赖氨酸已经比饲养标准多 0.14%，则不存在这个问题。②发酵饲料中添加了磷酸氢钙，则在使用这种发酵饲料时，需要在上述标准配方中减少相应的磷酸氢钙用量。③特别注意玉米粉中的钙含量为 0.03% 左右，基本上可以忽略，磷为 0.25%，赖氨酸含量为 0.25% 左右，消化能为 3 450 kcal/kg，粗蛋白质 8.5%，因为玉米粉在配方中用量最大，所以，在以上面配方为参照时，要心中牢记玉米粉的这几个参数。④上述配方中的能量都比较高，较饲养标准高很多，特别是大猪配方高 140 kcal/kg，所以，可以适当用一些低能量的饲料代替一部分玉米粉，如上面举例的发酵豆渣代替了 15% 玉米粉，仍然符合饲养标准。⑤能量蛋白比的概念是每千克饲料中含有的消化能（kcal）与每千克饲料中的蛋白质的克数的比值，如小猪饲料标准中要求的消化能是 3 310 kcal/kg，要求的日粮蛋白质含量为 190 g/kg（19%），所以，能量蛋白比要求为 17.4，取 18 整数，相应地，中猪能量蛋白比应为 19，大猪能量蛋白比为 22，越大的猪由于基础代谢旺盛，体重增多，长肥肉比例增加，所以，需要的能量越多，能量蛋白比越高，如果饲料原料营养价值太低，只要符合能量蛋白比就可以。举例说明，饲料原料为木薯渣和统糠粉混合物，配制中猪饲料，只能配制到能量 2 500 kcal/kg，则相应地蛋白质含量也配制到 2 500÷19 = 132 g/kg 的蛋白质含量就可以，即 13.2% 就可以，不必像饲养标准那样达到 16%。猪在采食时会根据能量需要适当增加采食量，以满足日粮营养需要，反之，如果饲料达到饲养标准那么高的能量（中猪是 3 100 kcal/kg），则蛋白质含量也要达到 16%，猪也不会采食那么多。公式：饲料能量蛋白比＝饲料消化能（kcal 或 kcal/kg）÷蛋白质含量（g/kg），注意蛋白含量单位不是（%），而是（g/kg）。⑥有时，尽管能量蛋白比符合要求，但营养也不能太低，举例说明，如果饲料原料大多为秸秆发酵料，用量达 30% 以上，则可能消化能只有 2 000 kcal，尽管能量蛋白比合理，中猪的蛋白质也配制到 2 000÷19 ≈ 105（g/kg）（10% 含量），但根据猪的采食量要求，采食量=猪每日需要摄入的消化能总值÷饲料中的能量含量，从饲养标准中查得40 kg的中猪每日需要摄入能量为5 610 kcal，则需要采食这种饲料为2.85 kg，但是40 kg的中猪是很难食入近3 kg的饲料，肚子会撑很大，影响消化，且体形易形成草腹。所以，饲料中最低能量值应不小于2 500 kcal/kg。

在上述标准配方中，还可以采用菜粕、棉粕、花生饼、芝麻饼、豆渣发酵料及其他蛋白质原料来代替其中的部分豆粕，可以采用薯干粉、大小麦粉、高粱粉、啤酒糟发酵料、木薯渣发酵料等其他能量饲料来代替部分玉米粉、麦麸米糠等能量饲料，注意根据不同原料的特点，进行赖氨酸、钙磷含量和比例、能量蛋白比等的调整。

四、生猪饲料配方技术的最新进展

生猪饲料配方技术所取得的最新进展付诸生产实践，将能够在不影响饲料质量或生长性能的情况下，大幅降低饲料成本。

养猪业正在经历一个长期的困难时期。饲料价格昂贵，难以获得银行信贷，猪肉价格总是偏低，涉及的法规条款不断增多，需要不断投资新设备和管理设施。艰难时期需要非比寻常的严格措施，现在是对每个猪场的营养方案重新进行精确评估以节约成本的最佳时机。

这意味着要对猪饲料配方的原则重新加以考量。仅有一个计算机配方程序和程序操作员是不够的。对于这些非常关键的因素，应对比正确选择的参数值，以确保制定出真正的最低成本配方。而且，这些参数的确定还需要依靠经验丰富的营养学专业人员。

（一）最佳的能量管理体系

在世界大多数地区，猪饲料的配方是采用代谢能（ME）系统。但是，例如在英国消化能系统仍然受到青睐，而在丹麦采用的则是经验性的本地饲料单位系统。这些都是很完美的能量管理体系，问题在于，一旦饲料配方离开常见的谷物（玉米）以及众所周知的植物蛋白源（大豆），就可能产生严重影响。原因是这些系统没有正确评估富含纤维或蛋白的副产品。这个问题已经通过净能（NE）系统解决，并且净能系统也已为行业所广泛了解，只是实际应用的仍然很少。

由表6-5显示，对于玉米和小麦这样的常规原料，将其ME转化为NE时，数值之间差异不大，因此基于这些原料制定饲料配方时，不管采用哪种系统，差异都是很小的。然而，当使用非常规原料时，差异就会非常显著。油菜籽是最明显的例子，就能量而言其还不如麦麸。NE系统的另一个优点是对于生长猪和育种猪（母猪和公猪）可以分别采用不同能量值。ME 系统忽略了大肠中发酵产生的能量，如果饲料原料确定用于育种动物，NE 系统能够确定更加准确的 NE（净能）值。换句话说，基于 NE 系统制定的母猪饲料配方更经济。

表 6-5　常用饲料原料的能值

饲料原料	代谢能（MJ/kg）	净能（kJ/kg）	代谢能/净能（%）
玉米	13.9	11.1	125
小麦	13.4	10.5	128
豌豆	13.2	9.7	136
菜籽粕	10.6	6.3	168
麦麸	8.8	6.3	140

资料来源：法国农业科学研究院（INRA）。

（二）最经济的蛋白源

蛋白质，也就是氨基酸，是猪饲料中成本第二高的营养成分，仅次于能量。因此，在制定最低成本饲料配方时，用正确的形式描述其在饲料中的存在至关重要。如果采用氨基酸总量的方式，就需要一个粗蛋白质浓度的最小值以确保饲料中含有足够的氨基酸总量。然而，采用可消化氨基酸（强烈推荐标准化的真实消化率），即不再需要保证最低蛋白值，因为配方已经覆盖所有必需氨基酸。这样就可以在最低成本的基础上进行饲料配制，有效利用更廉价的蛋白源，更多使用合成氨基酸。

这里要强调的是，公开发表的数据中有各种可消化氨基酸的参考值，其中一些是推导值，而另一些则是基于科学试验。应注意选择正确的数据图表来应用，一个方向性的轻微偏差就有可能抵消这一措施所产生的效益。

（三）乳糖替代品

乳糖在仔猪料中非常重要，但也并非不可或缺。可以使用其他具有同等效用的单糖替代乳糖。因此必须使用术语"乳糖等价物"。含有单糖的原料现在可以满足乳糖等价物的需求，并且成本往往还能降低。这些原料包括蔗糖（食糖）、果糖、高果糖玉米糖浆、葡萄糖和麦芽糖糊精。谷物经处理有可能也可以部分满足这一需要，这有待于进一步研究。

（四）可消化磷>总磷

这是第三种最昂贵的营养成分。用总磷来描述饲料中的磷浓度非常不准确，容易导致添加过量。例如，猪只仅能利用谷物中总磷的1/3，却能够利用动物蛋白中高达2/3的总磷。相对于标准来源（磷酸钠）来说，用有效磷来描述某原料的含磷量更准确，这一术语在家禽营养学上的应用已经非常广泛。不过，这一概念已经被更为精确的可消化磷超越，原因无须进一步解释。对于养殖动物所能够获得的磷的量值，可消化磷提供了清晰的描述。当然，我们可以将概念更进一步升级为代谢净磷，但对于当前的行业尚无必要。

（五）维生素和微量矿物质

微小的变化即能大幅降低饲料成本，这是营养学的重要研究课题。在这一点上，重要的不是营养成分的描述形式，而是其实际浓度，换言之，猪只需要多少单位的维生素。而当使用有机微量矿物质时，因其利用率更高，可以降低总体饲料的配方水平。

不同来源维生素的利用率差异是很大的，在制定预混料配方时应将这点考虑在内。例如，猪是完全不能吸收氧化铜的，但是在低成本的维生素和微量元素预混料中可能仍然含有氧化铜，因为它是铜的最便宜的来源。在实际生产中，猪并不常缺乏铜元素，因为天然原料（玉米、小麦、豆粕等）中的铜含量通常都很充足，甚至经常超出要求，但是如果采用非常规原料，情况则可能不同。

（六）待开发的纤维素

纤维素在大多数的饲料配方中都是不受欢迎的，因为它降低了能量密度和饲料消化率。然而，某些纤维素具有改善动物胃肠道健康的有益功能。对于如何准确描述饲料中的纤维素，目前还没有一致的结论。因此，在实际生产中，粗纤维仍然是评估猪饲料原料的基础。

还存在其他复杂的形式，但是许多猪饲料原料的价值还有待确定。最重要的是，纤维素在猪饲料配方中的配比规格（最大值和最小值），除了粗纤维之外，目前还难以找到可靠的参考值。考虑到实际生产情况，这意味着粗纤维仍是当下最好的选择。涉及功能性纤维素，可靠信息还很匮乏。

（七）营养标准

对于以上营养成分，通常是依据政府机构制定的标准来设定目标值。尽管这些范例提供了一个很好的基准点，但仍需根据猪只的实际情况进行必要调整。因为这些在通常情况下所得出的图表数值，并不是任何情况都适用。在制定最终饲料配方时，应将猪只的实际生产性能作为首要考虑因素。这样可以确保最低的饲料成本和最佳的动物生产性能。

这一目标可以通过以下方式来实现，包括：试错试验、营养挑战试验或应用生长猪模型。价格便宜的饲料并不一定意味着品质低劣。因此，在制定猪饲料配方时应使用正确的工具（参数和数值），在保证动物生产性能的同时降低饲料成本。饲料生产商应通过营养学专业人员了解最新、最先进的配方决策技术，在当前饲料成本占总生产成本60%~80%的现实情况下，配方技术的微小突破就可能带来显著效益。

第四节　猪饲料的正确选择

一、配合饲料的种类

按照营养成分和用途不同，饲料可分为单一饲料、混合饲料、配合饲料、浓缩饲料和预混合饲料。如果按饲料形状分，可分为粉状饲料和颗粒饲料。

（一）全价配合饲料

该饲料能满足动物所需的全部营养，主要包括蛋白质、能量、矿物质、微量元素、维生素等物质，其产品可直接饲喂动物，无须再添加其他单体饲料。目前集约化饲养的蛋鸡、肉鸡、猪等畜禽及鱼、虾、鳗等水产动物，均是直接饲喂全价饲料。

（二）浓缩饲料

又称蛋白质补充饲料，是由蛋白质饲料（如鱼粉、豆粕、血粉等）、矿物质饲料（如骨粉、石粉等）及添加剂预混料配制而成的配合饲料半成品。这种浓缩饲料再掺入一定比例的能量饲料（如玉米、高粱、大麦等），就成为满足动物营养需要的全价饲料。

（三）添加剂预混饲料

是指用一种或多种微量的添加剂原料，与载体及稀释剂一起搅拌均匀的混合物。预混饲料便于使微量的原料均匀分散在大量的配合饲料中。添加剂预混料是配合饲料的半成品，可供配合饲料厂生产全价配合饲料或蛋白补充饲料用，也可以单独出售，但不能直接饲喂动物。

（四）超浓缩饲料

又称精料，是介于浓缩饲料与添加剂预混合料之间的一种饲料类型。其基本成分及组成是添加剂预混料，在此基础上又补充一些高蛋白饲料及具有特殊功能的一些饲料作为补充和稀释，一般在配合饲料中添加量为5%~10%。

(五) 混合饲料

又称初级配合饲料，是向全价配合饲料过渡的一种饲料类型。混合饲料是由几种单一饲料，经过简单加工粉碎，混合在一起的饲料。其配比只考虑能量、蛋白质等几项主要营养指标，产品质量较差，营养不完善，但比单一饲料有很大改进。

(六) 自配饲料和成品饲料

规模化猪场自配饲料是一种切实可行的办法。但在配制时，要充分考虑各种营养以及营养的平衡。规模化猪场饲养的外三元杂交猪是公认的瘦肉型猪，其日粮的粗纤维水平不可过高，一般生长育肥猪为3%~4%，能量饲料主要以玉米、麦麸，蛋白饲料主要以豆粕、鱼粉等粗纤维含量低的原料配制日粮。不可过多地利用米糠、稻谷等粗纤维含量高的原料。纯外三元杂交猪的瘦肉率一般都在60%以上，瘦肉组织中的蛋白比例高。要充分发挥瘦肉型猪合成肌肉组织的遗传潜能，在营养上，就必须通过日粮提供足够的粗蛋白质。瘦肉型猪在15~30 kg体重阶段日粮蛋白水平为17.5%，30~60 kg体重阶段为16.5%，60 kg体重至出栏为15%。日粮蛋白的营养实际上是氨基酸的营养，在瘦肉型猪日粮中氨基酸的平衡与供给量尤为重要，实际饲料配制往往须在日粮中额外添加赖氨酸0.1%~0.15%，蛋氨酸0.05%~0.08%。

规模化猪场猪群密度高，且离土饲养（通常为水泥地面），缺乏日光照射和青饲料供应，又以高蛋白和高能量营养水平的日粮喂养，加之瘦肉型猪生长速度快，日增重高达0.8 kg以上，故日粮中维生素、矿物质及微量元素的浓度需要相应提高。否则，因日粮营养水平的不平衡可导致饲料中某些养分的浪费或相对缺乏。现在众多的规模化猪场已从生产实践中认识到使用浓缩料、预混料的诸多益处。值得指出的是，一些用量甚微，过量即引起中毒的药物，如亚硒酸钠、喹乙醇等，自行配料依靠人工拌入饲料是难以达到均匀的，而饲料生产厂家确可做到这一点。

因此，要根据自身情况决定是自配饲料，还是购买饲料。并着重从是否具备相关设备、如何保证饲料品质等方面考虑。同时，还要考虑饲料成本问题。自己配制可以采用一些适合自身条件的饲料原料，如农副产品，同时部分节省加工费用，可有效降低养殖成本，也是自己配制饲料的优势所在。对于大型的养殖场户来说，根据自己的饲料资源特色，充分发挥自身优势，降低养殖成本，自己配制饲料是切实可行的。而对于小型养殖场户来说，则可以采取两者结合的办法，一方面利用饲料生产商的规模效应，采用价廉物美的成品全价配合饲料,另一方面则利用自己的农副产品,适当地减少对全价配合饲料的购买,降低成本。

二、全价配合饲料的选择使用

(一) 全价配合饲料的使用

中小规模化猪场,饲料成本占65%以上,是养殖能否获得高效益的一个关键。现今的养殖场的饲料来源主要分为两种。一种是从配合饲料厂直接购买全价配合颗粒饲料,另一种是购买预混料,然后自己加上玉米粉、豆粕、麸皮等原料配制成的配合粉料。很多养殖户都有个疑惑,究竟哪一种料能够给自己带来最好的经济效益?

1. 从价值方面分析

一般饲料厂每吨全价颗粒料的利润为20~30元;预混料厂每吨预混料的利润为800元左右,按4%的用量计算,每吨预混料可配出25 t粉料。而25 t全价粒料的利润为500~750元。两组数据一对比,粒料成品和利润还比不上粉料的其中一种成分预混料的利润。其次,饲料厂采购大宗原料(如玉米、豆粕等)都是几百吨、几千吨的量,而一般自配料户的采购量都是几吨、十几吨地进货,价格方面会比饲料厂要贵。单从配方成本方面分析,全价料比粉料要低。

2. 从质量方面分析

饲料厂每进一种原料都要经过肉眼和化验室的严格化验,每个指标均合格才能进厂使用,而一般的养猪户大部分都是凭感观或批发商提供的指标进货,并无准确的化验数据。某公司曾经在市场抽取过几种豆粕样本,经化验室测试结果只有30%的蛋白质,未测前就连很有经验的采购员和仓管员都认为豆粕品质很好,结果大跌眼镜,更何况是一般的饲料店老板和普通养殖户?甚至有极少数原料供应商,有意或无意挑选一些超水分或发霉变质的玉米打粉或掺低价值的原料,如麸皮掺石粉、沸石粉、统糠等,而养猪户根本无法分辨。很多养猪户有这样的经历:用同一种预混料,猪养得时好时坏,多数人都怀疑预混料不稳定,其实原因很大程度在于所选的原料上。相反,绝大多数成熟的饲料厂和预混料厂都不会采用此类短期行为。

3. 从加工工艺及过程分析

养猪户自行配料时通常在猪舍旁的料仓进行,设备简陋及卫生条件差,场地及设备都极少清洁消毒,水分难以检测及控制,再加上基本不添加防霉剂、脱霉剂等,极易引起变质,从而影响粉料质量,而全价料在保质方面比粉料要稳定得多。有些中小猪场的粉碎机、混合机等饲料生产设备比较落后，达不到饲料质量要求，甚至一些养猪户粉料都是用手工搅拌，这样相比大型饲料厂的生产设备在粉碎粒度、混合均匀度上要差一些。用自配料的养猪户通常自己随意调整配方，在营养平衡方面肯定比不上专业配方师的水准，再加上原料来源不固定，经常出现缺少某种原料而被迫改用其他原料代替现象，如无麸皮改用米糠等，因此质量经常出现波动。另外，全价颗粒料经过高温熟化，一般的细菌都被杀死，对疾病方面的控制应比粉料好；粉料粉尘较大，易引起猪的呼吸道疾病，未经熟化杀菌又易引起肠道疾病；全价颗粒料吸收利用率也会比粉料要高。用粉料的养猪户通常会认为用预混料，再通过自己采购原料，成本肯定要比购买全价料低，从以上几方面分析，其实养殖成本要比全价料高，用自配料可以说是平买贵用。

（二）全价配合饲料的选择

目前国内全价配合饲料厂家非常多，在选择厂家时要考虑以下几个方面。

1. 看质量

养殖户在选择哪个品牌的饲料时，首先会考虑其产品质量。配合饲料厂家众多，产品质量也良莠不齐，首先应考虑规模较大的配合饲料厂，大型配合饲料厂一般生产设备和生产工艺比较先进，产品质量从硬件上能够得到基本的保证。同时，大型饲料厂信誉度高，有着专业品控队伍，对质量要求比较严格，产品品质较好。

2. 看距离

因为全价配合饲料使用量大，因此饲料厂的生产量和销售量也大，这就存在一个生产及时且送货方便的问题，所以应尽量选择在当地设厂的公司。如果饲料厂离养殖场距离太远，会造成运输成本增加，导致产品价格提高，或者同等价格的饲料其质量要相对差一些，遇到紧急情况送货可能也不够及时。

3. 比价格和质量

养殖户一般都要求在保证产品质量的同时，价格越低越好，即要求饲料质优价廉，这其实存在一定的隐患，价格要求越低，其质量可能就得不到保证，因此不能过分注重价格，更不能只使用最便宜的饲料，俗话说"一分钱，一分货"，一定要综合判断，在价格和质量上有所取舍。

4. 比服务

现在饲料厂不仅是在卖产品，更是在卖服务，因为在猪的饲养过程中，养殖户会遇到一些饲养技术问题或猪发病现象，因此一定要考虑饲料厂家的售后技术服务。饲料厂的专业技术服务是饲料产品最重要和最实用的一项附加值，好的服务就等于给养殖买了一份保险。选择饲料售后服务好、技术强的厂家，可以让饲料产品发挥最佳效果的同时，还能带来先进的生产理念和养殖技术，提高猪场的养殖技术水平，消除猪场对疾病的担忧，从而降低养殖风险和综合成本。因为饲料厂的销售人员一般对猪的价格都比较关注，他们交往的人员和联系的业务也较广，与饲料厂人员多沟通，也可以拓宽猪的销售渠道，让猪卖个好价钱，实现猪场效益最大化。

总之，选择哪个饲料厂家，最终看的是总体养殖效益，猪场可以对各个厂家的饲料进行饲养试验，在使用过程中留心观察猪的生长情况和发病情况，通过试验结果进行比较，最终选择性价比最高的厂家。

三、浓缩料的选择和使用

（一）浓缩饲料的选择

目前，我国生产的浓缩饲料品种不少，质量也有差别，有的甚至是不合格的伪劣产品。因此，一定要选购产品质量可靠的厂家生产的浓缩饲料。同时应根据猪的品种、用途、生长阶段等选购相应的产品，不能把其他动物用的浓缩饲料用于猪，也不能把种猪的浓缩饲料用于生长育肥猪。

根据国家对饲料产品质量监督管理的要求，凡质量可靠的合格浓缩饲料，必须要有产品标签、说明书、合格证和注册商标。只有掌握这些基本知识，才不会上当受骗。此外，一次购买的数量不宜过多，以保证其新鲜度和适口性。

（二）浓缩饲料不能直接饲喂

浓缩饲料是由蛋白质饲料、矿物质饲料、微量元素、维生素、氨基酸和非营养性添加剂按一定比例配制而成的均匀混合物，再与一定比例的能量饲料配合，即成为营养基本平衡的配合饲料。猪用浓缩饲料，一般粗蛋白质含量在35%以上，矿物质和维生素含量也高于猪需要量的3倍以上。因此不能直接饲喂，而必须按一定比例与能量饲料相互配合后才可饲喂。配合时不需要再添加任何添加剂，饲喂时要与粉碎后的能量饲料混合均匀，采用生干粉或用冷水拌湿饲喂，并供足清洁的饮水。

（三）浓缩饲料与饲料原料配比计算方法

浓缩饲料与养猪户自产的饲料原料的配合比例一定要合理，才能达到营养平衡。通常在浓缩饲料产品说明书中，也推荐有与常用饲料原料配合的比例，可以参照使用。但往往所推荐的常用饲料原料与养殖户自产饲料原料不相符，这就需要自己能够计算配合比例。通常都采用简单且易掌握的对角线法。现以

20~60 kg 体重的生长育肥猪为例,说明这种计算方法。

例如:养殖户已购入含粗蛋白质 38% 的猪用浓缩饲料,并有自产的玉米、小麦麸、糠饼 3 种饲料原料,这 3 种饲料原料配合比例计算方法和步骤是:第一步,确定配合饲料营养水平,生长育肥猪营养需要为,消化能 12.9 MJ/kg 饲料,粗蛋白质 15%;第二步,列出自有饲料原料营养成分含量;第三步,根据当地饲料原料和以往经验,初步确定浓缩饲料的大概配比,大约为 20%,然后计算出要配的能量饲料的需要量。

四、预混料的选择使用

预混料中含有猪生长发育所必需的维生素、微量元素、氨基酸等营养成分及药物等功能性添加剂,规格大多为 1%~5%,养殖户购回后,只需按照推荐配方,选用优质原料,经过粉碎、混合,即成为全价饲料。只要将其合理使用,预混料自配料就可保证饲料质量,同时降低生产成本,取得良好的效果。

(一) 营养标准的选择

规模养殖场在使用预混料时,可以根据标签的推荐配方进行配制饲料,但这样配制的饲料配方成本一般较高,因此可以让预混料厂家技术人员根据猪场情况和当地原料来源设计符合本猪场的饲料配方。如果猪场有专业配方人员,可以自己制作配方,制作饲料配方的第一步就是选择猪的营养标准。根据所养猪的品种选择相应的营养标准。目前在养猪生产实际中常采用的营养标准有美国 NRC、英国 ARC 猪的营养需要和饲养标准及中国地方品种猪标准等。猪场应根据所养猪的品种进行选择,也可以根据猪的体况或季节进行细微的调整。

(二) 配料过程控制

1. 严把原料质量关

禁止使用发霉变质原料;不要使用水分超标的玉米;严禁使用过期浓缩料或预混料。

2. 原料称量要准确

采用人工称量配料,称量是配料的关键,是执行配方的首要环节。称量的准确与否,对饲料产品的质量起至关重要的作用。要求操作人员一定要有很强的责任心和质量意识,否则人为误差很可能造成严重的质量问题。在称量过程中,首先要求磅秤合格有效。要求每周由技术管理人员对磅秤进行一次校准和保养,每年至少 1 次由标准计量部门进行检验;其次,每次称量必须把磅秤周围打扫干净,称量后将散落在磅秤上的物料全部倒入下料坑中,以保证原料数据准确；最后切忌用估计值作为投料数量。每种物料因为添加比例不同，其称量精确度要求也不一样，要求称量误差在4%以内。

3. 原料粉碎粒度要合适

粉碎机是饲料加工过程中减小原料粒度的加工设备。应定期检查粉碎机锤片是否磨损，筛网有无漏洞、漏缝、错位等。粉碎机对产品质量的影响非常明显，它直接影响饲料的最终质地和外观的形状。操作人员应经常注意观察粉碎机的粉碎能力和粉碎机排出的物料粒度。该项技术的关键是将各种饲料原料粉碎至最适合动物利用的粒度，使配合饲料产品能获得最大饲料饲养效率和效益。要达到此目的，必须深入研究掌握不同动物及动物的不同阶段对不同饲料原料的最佳利用粒度。大料粉碎粒度要合乎要求，例如玉米粉碎时筛片的孔径选择一般为教槽料 0.6 mm、保育料 1.5 mm、中小猪料 2.0 mm、大猪料 2.5 mm、公母猪料 4.0 mm 等。

4. 原料添加顺序要合理

首先加入量大的原料，量越小的原料应在后面添加，如维生素、矿物质和药物添加剂，这些原料在总的配料过程中用量很小，所以，不能把它们直接添加到空的搅拌机内。如果在空的搅拌机内先添加这些微量成分，它们就可能落到缝隙或搅拌机的死角处，不能与其他原料充分混合。这不仅造成了经济价值较高的微量成分损失，而且使饲料的营养成分不能达到配方的水平，还会对下一批饲料造成污染。所以，量大的原料应首先加入搅拌机中，在混合一段时间后再加入微量成分。有的饲料中需要加入油等液体原料，在液体原料添加前，所有的干原料一定要混合均匀。然后再加入液体原料，再次进行混合搅拌。含有液体原料的饲料需要延长搅拌时间，目的是保证液体原料在饲料中均匀分布，并将可能形成的饲料团都搅碎。有时在饲料中需加入潮湿原料，应在最后添加，这是因为加入潮湿原料可能使饲料结块，使混合更不易均匀，从而增加搅拌时间。

5. 混合时间要合适

混合均匀度指搅拌机搅拌饲料能达到的均匀程度，一般用变异系数来表示。饲料的变异系数越小，说明饲料搅拌越均匀；反之，越不均匀。在生产成品饲料时，变异系数不大于10%。搅拌时间应以搅拌均匀为限。确定最佳搅拌时间是十分必要的。搅拌时间不够，饲料搅拌不均匀，影响饲料质量；搅拌时间过长，不仅浪费时间和能源，对搅拌均匀度也无益处；卧式搅拌机的搅拌时间为 3~7 min。

6. 防止交叉污染

饲料发生交叉污染的场所主要有：储存过程中的撒漏混杂；运输设备中残留导致不同产品之间的交叉污染；料仓、缓冲斗中的残留导致的交叉污染；加工设备中的残留导致的交叉污染；由有害微生物、昆虫导致的交叉污染等。因此需要采用无残留的运输设备、料仓、加工设备和正确的清理、排序、冲洗等技术和独立的生产线等来满足日益高涨的饲料安全卫生要求。

7. 成品包装要准确

成品包装准确，首先所用包装袋的包装型号要与饲料相匹配，不要出现错装或混装。其次包装重量要准确，这样方便饲养员的取用，利于饲养员饲喂量的控制。

（三）使用过程中的注意事项

在实际生产使用中，由于养殖户对其认知不够，仍存在着诸多问题，影响了预混料的使用效果，打击了养殖户使用预混料的积极性。

1. 慎重选料

目前预混料的品牌繁多，质量不一，预混料中的药物添加剂的种类和质量也相差甚大，所以选择预混料不能只看价格，更重要的是看质量，要选择信誉高、加工设备好、技术力量强、产品质量稳定的厂家和品牌。

2. 妥善保管

预混料中维生素、酶制剂等成分在储存不当或储存时间过长时，效价会降低，因此应放在遮光、低温、干燥的地方贮藏，且应在保质期内尽快使用。

3. 严格按规定剂量使用

预混料的添加量是预混料厂按猪不同生长发育阶段精心设计配制的，特别是含钙、磷、食盐及动物蛋白在内的大比例预混料，使用时必须按规定的比例添加。有的养殖户将预混料当作调料使用，添加量不足；有的养殖户将预混料当成万能药，盲目增加添加量；有的将不同厂家的产品混合使用。不按规定量添加，就会造成猪的营养不平衡，不仅增加了饲养成本，还会影响猪的生长发育，甚至出现中毒现象。

4. 合理使用推荐配方

养殖户所购买的预混料，其饲料标签或产品包装袋上都有一个推荐配方，这个配方是一个通用配方，能备齐推荐配方中的各种原料的养殖户，可按推荐配方配料。也可充分利用当地原料优势，请预混料生产厂家的技术人员现场指导，不要随意调整配方，否则会使配出的全价饲料营养失衡影响使用效果。

第六章 生猪低蛋白饲养之全价营养饲料的配制与使用

5. 把握饲料原料的质量

预混料的添加量仅有1%~5%，而95%~99%的成分是饲料原料，因此原料质量至关重要。目前，农村市场饲料原料的质量差异很大。因此，应尽量选择知名度高、信誉好的厂家的原料。

6. 注意原料的粉碎粒度

粒度较大的原料，如玉米、豆粕，使用前必须粉碎，猪饲料粒度为500~600 μm为宜，饲喂的饲料混合均匀度变异系数通常不得大于10%。

7. 正确饲喂

预混料不能单独饲喂，必须按配方混合后方可饲喂，不能用水冲或蒸煮后饲喂。更换料时要循序渐进，1周左右完成换料，尽量减少换料引起的采食减少、生长下降等应激。

五、猪低蛋白低豆粕多元化日粮配方、饲料原料和饲料添加剂选用的原则

中国饲料工业协会2022年5月实施的团体标准《生猪低蛋白低豆粕多元化日粮生产技术规范》中，对生猪低蛋白低豆粕多元化日粮的配方、饲料原料和饲料添加剂选用提出了原则性要求。

（1）日粮配方原则。选择适宜的饲料原料，依据生猪不同生理阶段的营养需求（GB/T 5915和GB/T 39235），确定日粮适宜的净能水平和以标准回肠可消化氨基酸为基础的氨基酸平衡模式。同时考虑矿物质、维生素等其他养分平衡，合理使用其他饲料添加剂，以及原料预处理工艺，配制生猪低蛋白低豆粕多元化日粮。

（2）饲料原料和饲料添加剂选用的原则。

①饲料原料应符合《饲料原料目录》及后续补充公告的要求。根据地区养殖传统和饲料资源特点，选择具有区域特色的蛋白质饲料，包括棉籽饼（粕）、菜籽饼（粕）、花生饼（粕）、葵花籽仁饼（粕）、芝麻饼（粕）、亚麻饼（粕）、含可溶物的玉米干酒精糟（DDGS）等。

②饲料添加剂应符合《饲料添加剂品种目录》及后续补充公告的要求。饲料添加剂的使用应符合《饲料添加剂安全使用规范》的要求。

（3）平衡好非常规蛋白原料。

首先要充分考虑非常规蛋白原料的产地和来源，不同生长条件下的非常规蛋白原料其营养价值与抗营养因子含量有较大差异，在使用前应对其有效养分含量进行准确评价。其次要明确非常规蛋白饲料原料中的抗营养因子种类及含

量，在使用其配制日粮时，要注意其适宜使用量，以免大量使用造成抗营养因子过量，影响动物生长和健康。对适口性较差的原料要限量使用，防止过量使用，降低动物采食量，影响动物生长性能。此外，适宜的加工方式（如发酵、熟化、膨化、制粒等）可有效降低饲料抗营养因子含量，提高营养物质消化率并改善其适口性。因此，在使用非常规蛋白饲料原料配制低蛋白多元化生猪日粮时，应做到使用前对其营养价值及抗营养因子进行准确评价，具备条件时还可对原料进行加工或预处理，并在使用时严格控制使用量在适宜范围内。

第五节　低蛋白日粮配方技术实践

　　饲料配方需要根据动物的营养需要，结合原料的营养成分、特点和生产工艺，将所需原料进行组合，达到营养平衡、成本合适的目的，使配制的日粮可充分发挥动物的生产性能并获得最大的经济效益。随着研究的不断深入和技术的不断发展，在净能体系、理想氨基酸模式及清洁日粮理论的指导下配制的低蛋白日粮，其营养水平越来越接近动物的真实需要，提高了营养物质的消化利用率，节约了蛋白原料资源，达到了高吸收低排放的目的。

　　饲喂程序的合理优化也有助于提高饲料效率，增加农场效益，减少污染物排放。肉猪的饲养周期约 6 个月，根据其生理特点可划分为不同的阶段，每个阶段的营养需要不同，如标准回肠可消化赖氨酸，随着日龄及体重的增加，日粮赖氨酸水平应逐渐降低（NRC，2012）。当前有的农场为图方便，从小猪阶段到出栏仅使用一个阶段的饲料，如小猪料，其虽可以满足小猪阶段的营养需要，但是对于中猪和大猪则会表现出营养不平衡、部分营养素过剩的弊端，最典型的就是蛋白质和氨基酸过剩，影响生产性能，增加用料成本，增加氮、磷排放，造成环境污染。

　　低蛋白日粮技术的日益成熟、营养水平的合理设置完全可以满足生猪的生长需要。结合《猪营养需要》（NRC，2012）、《仔猪、生长育肥猪配合饲料》（GB/T 5915—2020）及《猪营养需要量》（GB/T 39235—2020）所规定的粗蛋白质水平，综合取值，采用低蛋白清洁日粮配方技术，充分利用谷物副产物及部分杂粮类原料，可降低豆粕用量，降本增效。根据猪的不同生长阶段，本章特设计如下推荐配方以供参考。原料参数来源为《中国饲料成分及营养价值表》（2021 年），使用的豆粕粗蛋白质含量为 43%。

第六章 生猪低蛋白饲养之全价营养饲料的配制与使用

一、乳猪阶段配方技术应用

考虑到乳猪的生理特点，人们对乳猪日粮的营养水平要求较高，使用的原料要求品质优良、适口性好、易消化、抗营养因子低等。日粮粗蛋白质水平设置过高会加重消化道的负担，容易导致腹泻，影响生长，同时还增加成本；如果粗蛋白质水平降低两个百分点，可平衡必需氨基酸，豆粕和膨化大豆使用量减少6%，配方成本优势明显，由大豆类原料带来的抗营养因子（如大豆抗原蛋白及胰蛋白酶抑制因子等）的含量则大幅降低，提高日粮营养的消化吸收率，促进乳猪生长，提高经济效益。乳猪高蛋白配方和低蛋白推荐配方及营养指标见表6-6、表6-7。

表6-6 乳猪阶段配方示例 （%）

配方号	玉米	豆粕	膨化大豆	进口鱼粉	预混料	合计
配方一	60.0	21.0	11.0	2.0	6.0	100
配方二	66.0	17.0	9.0	2.0	6.0	100

注：配方一是粗蛋白质水平较高的日粮，配方二是降低粗蛋白质水平后的日粮。

表6-7 乳猪阶段配方相关营养指标 （%）

配方号	粗蛋白质	赖氨酸	蛋氨酸+胱氨酸	苏氨酸	色氨酸	缬氨酸	异亮氨	总钙	总磷
配方一	19.0	1.20	0.66	0.71	0.21	0.76	0.62	0.74	0.62
配方二	17.0	1.2	0.66	0.71	0.21	0.76	0.62	0.74	0.62

注：氨基酸模式参照《猪营养需要量》（GB/T 39235—2020），氨基酸含量以标准回肠可消化需要量为基础。

二、小、中、大猪及母猪阶段配方技术应用

参照"玉米-豆粕"型高蛋白日粮除粗蛋白质外的相关营养指标，采用低蛋白清洁日粮配方技术进行优化：其一是通过降低粗蛋白质水平，以降低豆粕用量；其二是降低配方中粗蛋白水平及使用谷物副产物和其他蛋白原料，达到降低日粮粗蛋白质水平及豆粕用量的目的。

表 6-8 小、中、大猪及母猪阶段配方和低蛋白推荐配方相关营养参照指标 （%）

阶段	粗蛋白质	赖氨酸	蛋氨酸+胱氨酸	苏氨酸	色氨酸	缬氨酸	异亮氨酸	总钙	总磷
小猪1	17	0.95	0.54	0.59	0.17	0.64	0.49	0.63	0.53
小猪2	15	0.95	0.54	0.59	0.17	0.64	0.49	0.63	0.53
中猪1	16	0.85	0.49	0.54	0.15	0.57	0.45	0.59	0.47
中猪2	14	0.85	0.49	0.54	0.15	0.57	0.45	0.59	0.47
大猪1	15	0.75	0.43	0.48	0.13	0.53	0.40	0.56	0.43
大猪2	13	0.75	0.43	0.48	0.13	0.53	0.40	0.56	0.43
怀孕猪1	15	0.70	0.47	0.53	0.12	0.51	0.40	0.60	0.50
怀孕猪2	13	0.70	0.47	0.53	0.12	0.51	0.40	0.60	0.50
哺乳猪1	17	0.90	0.48	0.57	0.18	0.77	0.54	0.84	0.73
哺乳猪2	15	0.90	0.48	0.57	0.18	0.77	0.54	0.84	0.73

注：氨基酸模式参照《猪营养需要量》（GB/T 39235—2020），氨基酸含量以标准回肠可消化需求量为基础。

三、猪饲料玉米豆粕减量替代示例（按地区）

（1）东北地区。仔猪和生长育肥猪日粮中可用10%~20%的稻谷和5%~10%的米糠替代玉米，玉米用量可至少降低15%；用5%的玉米蛋白粉、5%~15%的DDGS和合成氨基酸替代豆粕，豆粕用量可至少降低10%。

（2）华北地区。仔猪和生长育肥猪日粮中可用10%~20%的小麦和5%~15%的小麦麸或次粉替代玉米，玉米用量可至少降低15%；用5%的玉米蛋白粉、5%~15%的DDGS、5%~8%的棉粕、5%~10%的花生仁粕和合成氨基酸替代豆粕，生长育肥猪饲料中豆粕用量可降低至0。

（3）华中地区。仔猪和生长育肥猪日粮中可用10%~20%的糙米或稻谷、5%~15%的小麦麸或次粉和5%~10%的米糠粕替代玉米，玉米用量可降低为0；用5%~15%的菜粕、5%~15%的DDGS、5%~8%的棉粕和合成氨基酸替代豆粕，生长育肥猪饲料中豆粕用量可降低至0。

（4）华南地区。仔猪和生长育肥猪日粮中可用10%~15%的高粱、10%~20%的木薯粉、5%~10%的米糠粕和10%~15%的大麦替代玉米，玉米用量可降低至0；用5%~15%的菜粕和合成氨基酸替代豆粕，豆粕用量可至少降低5%。

（5）西南地区。仔猪和生长育肥猪日粮中可用10%~20%的小麦、10%~

20%的糙米或稻谷、5%~15%的小麦麸或次粉和5%~10%的米糠粕替代玉米，玉米用量可降低至0；用5%~8%的棉粕和合成氨基酸替代豆粕，豆粕用量可至少降低5%。

(6) 西北地区。仔猪和生长育肥猪日粮中可用10%~15%的高粱、10%~15%的大麦和10%~20%的青稞替代玉米，玉米用量可降低至0；用5%~8%的棉粕和合成氨基酸替代豆粕，豆粕用量可至少降低5%。

四、非常规饲料原料的推荐最高用量

《生猪低蛋白低豆粕多元化日粮生产技术规范》中，对生猪不同生理阶段日粮中非常规饲料原料的推荐最高用量见表6-9。

表6-9　生猪不同生理阶段日粮中非常规饲料原料推荐最高用量　　　（%）

项目	仔猪		生长育肥猪		母猪	
	3~10 kg	10~25 kg	25~50 kg	50 kg至出栏	妊娠母猪	泌乳母猪
能量饲料						
糙米	40	40	60	60	60	60
大豆皮	5	5	10	10	30	10
稻谷	—	10	30	30	30	20
高粱	—	10	80	80	80	80
裸大麦	25	80	80	80	80	80
皮大麦	15	25	25	25	80	20
米糠	—	10	30	30	30	10
木薯粉	—	15	30	30	30	30
苜蓿干粉	—	5	10	15	30	5
喷浆玉米皮	—	—	15	15	10	5
玉米皮	—	5	10	10	10	5
碎米	40	40	60	60	60	60
豌豆	10	15	20	20	30	30
小麦	45	45	80	80	80	80
小麦次粉	10	10	40	40	40	40
小麦麸	5	10	10	20	30	15

（续表）

项目	仔猪		生长育肥猪		母猪	
	3~10 kg	10~25 kg	25~50 kg	50 kg 至出栏	妊娠母猪	泌乳母猪
燕麦	15	40	40	40	40	30
蛋白质饲料						
大豆浓缩蛋白粉	10	10	—	—	—	—
干白酒糟	—	10	10	10	10	10
干啤酒糟	—	10	10	10	10	10
含可溶物的玉米干酒精糟	5	10	20	20	20	20
花生粕	—	—	10	10	10	—
葵花籽仁粕	—	5	10	15	15	10
米糠粕	—	10	30	30	30	10
棉籽粕	—	10	10	10	15	10
膨化大豆	10	10	—	—	—	—
乳粉	40	30	—	—	—	—
乳清粉	25	10	—	—	—	—
双低菜籽粕	—	10	15	15	15	15
甜菜粕	—	5	10	10	50	10
亚麻粕	—	—	5	5	5	—
鱼粉	15	15	—	—	5	5
玉米蛋白粉	—	5	5	5	5	5
玉米胚芽粕	10	20	20	20	30	15
芝麻粕	—	5	15	15	15	5

注：1. 注意饲料原料真菌霉素对替代比例的影响。
2. "—"表示不推荐使用或使用不经济。

五、生猪不同生理阶段日粮中豆粕使用限量

《生猪低蛋白低豆粕多元化日粮生产技术规范》中，对生猪不同生理阶段日粮豆粕使用限量见表6-10。

表 6-10　生猪不同生理阶段日粮中豆粕使用限量　　　　　　　　　（%）

仔猪		生长育肥猪				母猪	
3~10 kg	10~25 kg	25~50 kg	50~75 kg	75~100 kg	100 kg至出栏	妊娠母猪	泌乳母猪
15	16	13	10	8	5	8	16

六、仔猪、生长育肥猪及母猪低蛋白低豆粕多元化日粮的典型配方

仔猪、生长育肥猪低蛋白低豆粕多元化日粮典型配方见表6-11。母猪低蛋白低豆粕多元化日粮典型配方见表6-12。

表 6-11　仔猪、生长育肥猪低蛋白低豆粕多元化日粮典型配方　　　（%）

项目	仔猪			生长育肥猪		
	3~10 kg	10~25 kg	25~50 kg	50~75 kg	75~100 kg	100 kg至出栏
玉米	26.35	38.68	50.98	46.29	45.49	38.36
膨化玉米	26.18	18.50	—	—	—	—
小麦	5.00	8.00	8.00	8.00	10.00	10.00
高粱	—	—	5.00	6.00	8.00	10.00
木薯粉	—	—	5.00	6.00	8.00	13.44
皮大麦	—	3.00	4.00	5.00	5.00	5.00
小麦麸	4.00	5.00	5.00	6.50	6.50	8.00
大豆粕	13.52	7.75	4.20	—	—	—
膨化大豆	8.00	—	—	—	—	—
乳清粉	5.00	5.00	—	—	—	—
鱼粉	3.00	2.00	—	—	—	—
花生粕	—	3.00	4.00	—	—	—
含可溶物的玉米干酒精糟	—	—	—	5.00	6.00	5.73
米糠粕	—	—	2.00	3.00	2.00	3.00
菜籽粕	—	—	2.00	3.00	3.00	3.00
玉米蛋白粉	—	2.00	2.00	2.00	—	—

（续表）

项目	仔猪			生长育肥猪		
	3~10 kg	10~25 kg	25~50 kg	50~75 kg	75~100 kg	100 kg至出栏
棉籽粕	—	—	2.00	3.91	2.03	—
大豆油	2.00	1.50	1.00	1.00	—	—
添加剂预混合饲料	1.00	1.00	1.00	1.00	1.00	1.00
石粉	1.22	1.24	0.93	1.01	0.94	0.91
磷酸氢钙	—	—	0.98	0.43	0.27	0.03
磷酸二氢钙	0.95	0.93	—	—	—	—
葡萄糖	1.00	—	—	—	—	—
氯化钠	0.30	0.30	0.30	0.30	0.30	0.30
L-赖氨酸盐酸盐	0.90	0.92	0.75	0.77	0.66	0.56
DL-蛋氨酸	0.41	0.32	0.26	0.23	0.23	0.19
L-苏氨酸	0.36	0.31	0.24	0.22	0.22	0.18
L-色氨酸	0.07	0.08	0.06	0.07	0.07	0.06
L-缬氨酸	0.32	0.25	0.17	0.15	0.13	0.11
L-亮氨酸	0.26	0.07	0.01	—	0.05	0.04
异亮氨酸	0.16	0.15	0.12	0.12	0.11	0.09

注："—"表示本配方中未使用。

表6-12 母猪低蛋白低豆粕多元化日粮典型配方　　　　　　　　　　（%）

项目	妊娠母猪		哺乳母猪
	妊娠天数≤90天	妊娠天数>90天	
玉米	44.90	51.42	56.61
小麦	—	5.00	6.00
小麦麸	20.00	10.22	5.72
大豆粕	4.06	7.58	16.00
大豆皮	15.00	10.00	—
甜菜粕	10.89	5.00	—
含可溶物的玉米干酒精糟	—	3.00	3.00
菜籽粕	1.00	2.00	3.40

第六章 生猪低蛋白饲养之全价营养饲料的配制与使用

（续表）

项目	妊娠母猪		哺乳母猪
	妊娠天数≤90 天	妊娠天数>90 天	
棉籽粕	1.39	2.00	3.00
大豆油	—	—	2.12
添加剂预混合饲料	1.00	1.00	1.00
石粉	0.34	0.65	0.71
磷酸氢钙	0.74	1.13	1.58
氯化钠	0.40	0.40	0.40
L-赖氨酸盐酸盐	0.18	0.33	0.26
DL-蛋氨酸	—	0.07	—
L-苏氨酸	0.10	0.15	0.08
L-色氨酸	—	0.03	0.03
L-缬氨酸	—	0.02	0.09

注："—"表示本配方中未使用。

第七章 低蛋白日粮在生猪上的应用进展

第一节 低蛋白日粮对生猪生长性能的影响

一、低蛋白日粮在仔猪上的应用

仔猪断奶前后这一段时间是关键时间，影响动物的生长与健康。过去的研究表明，适当降低日粮粗蛋白质水平并补充重要氨基酸，不会对仔猪的生产性能产生负面影响，并且可有效降低仔猪的氮排放。研究表明，将日粮粗蛋白质含量从18%降低至15%，发现仔猪血清中尿素氮浓度减少了35.2%，日增重增加了0.71%，料肉比增加了3.76%。研究表明，将18%粗蛋白质的仔猪日粮降低至17%、15%、14%，结果表明日粮粗蛋白质降低1~3个百分点对仔猪生长性能没有影响；但是粗蛋白质水平降低至14%时则会影响动物的生长性能。低蛋白日粮抑制了仔猪肝脏IGF-I表达和分泌，从而限制了仔猪的生长；血清中缬氨酸和α-酮异戊酸也随日粮粗蛋白质水平的降低而降低，提示其可能在仔猪生长过程中发挥重要作用。

豆粕含有较高的粗蛋白质，但资源缺乏，主要靠进口，而我国棉籽饼粕、菜籽饼粕等常规蛋白质饲料资源却很丰富，因此可采用棉籽粕等代替豆粕配制低蛋白日粮。但棉籽饼粕、菜籽饼粕中氨基酸不平衡，同时含有较多的抗营养因子，可能会抑制仔猪生长，补充合成氨基酸不仅能平衡日粮氨基酸组成，还可缓解抑制因子的抑制作用。有研究者用棉籽粕替代50%的豆粕，然后补充9种氨基酸，结果发现，仔猪的采食量、日增重以及料肉比与对照组接近。低蛋白日粮技术同其他技术结合，其氮减排效果更为明显。如采用微粉碎技术能进一步提高饲料利用率，减少氮排放。有研究者降低1个百分点的粗蛋白质水平，然后采用普通粉碎和超粉碎两种方式加工原料，研究结果显示，仔猪氮排放分别减少26.8%、32.9%。在低蛋白日粮中添加酶制剂（如蛋白酶、木聚糖酶等）也是提高营养消化利用率的常用方式。研究发现，低蛋白日粮中添加

0.2%复合酶制剂，粗蛋白质表观消化率提高了19.8%，粪和尿中氮排放量降低42.3%。

除了对仔猪生长性能的影响外，低蛋白日粮还能改善仔猪肠道的健康，尤其是断奶仔猪。研究发现，日粮粗蛋白质水平从25.4%降低至22.5%或19.2%，仔猪腹泻率从17%降低至16%或11.0%；日粮粗蛋白质水平从20.2%降低至18.4%或16.3%，仔猪腹泻率从3.20%降低至2.40%或0.80%；日粮粗蛋白质水平从22.4%降低至20.4%或18.4%，仔猪腹泻率从18.1%降低至18.0%或4.6%。随着微生物高通量测序技术的发展，近年来的研究揭示了低蛋白日粮降低仔猪腹泻率的微生物调节机理。研究发现，与对照组相比，低蛋白日粮增加了仔猪结肠内容物微生物的Chao1和ACE指数，这两个指数的增加意味着微生物多样性的增加；低蛋白日粮降低了仔猪结肠厚壁菌门（Firmicutes）微生物丰度，这一结果表明低蛋白日粮减少了进入结肠中碳水化合物的量。

二、低蛋白日粮在生长育肥猪上的应用

生长育肥阶段是整个生猪饲养过程中饲料消耗最大的阶段，占总耗料的2/3，如何降低这一部分能耗对于提高养殖效益、减少排放具有重要意义。研究表明，降低生长育肥猪日粮中的粗蛋白质水平，可显著减少氮排放。日粮中粗蛋白质水平每降低1个百分点，总氮排放量降低8.0%，氨气排放量降低10%左右。低蛋白日粮中添加酶制剂显著提高生长育肥猪的生长性能、营养物质消化率，同时减少氨气和硫化氢气体浓度。研究发现，在生长育肥阶段使用14%和15%粗蛋白质的低蛋白日粮，发现血清中的氮水平分别比17%粗蛋白质日粮降低了16.1%和11.6%，粪便中氨气分别减少了17%和14.6%；而饲喂13%和14%粗蛋白质的低蛋白日粮较15%粗蛋白质的高蛋白日粮，生猪血清中的氮水平分别降低了10.1%和17.3%，粪便中氨气最高降低了15%。多数研究表明，日粮降低1%~4%粗蛋白质，对生长猪和育肥猪的生长性能、胴体性质、肉品质均无显著影响。

一些关键的氨基酸对生长育肥猪的生长性能有明显影响。目前，平衡低氮日粮一般添加了一些限制性的必需氨基酸，通常使用赖氨酸、蛋氨酸、苏氨酸和色氨酸等。降低色氨酸水平会显著降低育肥猪平均日增重和采食量，而降低同样水平的苏氨酸则无显著影响。通过分析血清中游离氨基酸含量发现，一些必需氨基酸（如异亮氨酸和氨酸）含量明显升高，说明缺乏色氨酸影响到其他氨基酸的利用，进而干扰猪的其他生理代谢。低蛋白饲料中色氨酸和缬氨酸

的短缺将显著影响猪的平均日增重。必需氨基酸中的一些支链氨基酸有利于育肥猪生长性能和健康状况的提升。补充氨酸、异亮氨酸和缬氨酸比补充赖氨酸、苏氨酸和蛋氨酸更有利于育肥猪平均日增重的提高，同时IgG和IgA等免疫因子表达水平上升，有利于机体免疫力的提高。

另外，除了补充必需氨基酸外，一些非必需氨基酸也可调控生长育肥猪对低蛋白日粮利用状况。研究者在12.5%和11%的低蛋白日粮中补充Glu和其他一些必需氨基酸，发现添加Glu可降低育肥猪的尿氮和总氮排放量，提高蛋白质利用效率，但对育肥猪的生产性能则无显著影响。除了考虑在低蛋白日粮中添加不同种类的氨基酸外，目前科研工作者还在尝试在生长育肥猪低蛋白日粮中添加不同形式的氨基酸。研究发现，同低蛋白日粮添加普通赖氨酸相比，添加微胶囊化的赖氨酸在减少生长育肥猪氮排放、提高生长性能、改善肉品质方面的效果更为明显。

三、低蛋白日粮在母猪上的应用

使用低蛋白日粮不仅可减少氮排放，同时可明显改善圈舍环境，从而有利于母猪健康状况和采食量的提高。母猪采食补充了主要必需氨基酸的低蛋白日粮后，除奶中IgG浓度稍微低于对照组外，其他指标同对照组一致。研究发现，肌肉生长抑制素通过表观调控介导了母源低蛋白日粮诱导的仔猪生长受阻。国内学者也对母猪低蛋白日粮开展了广泛研究。研究报道，饲喂低蛋白日粮能够提高哺乳母猪2%的采食量、10%的仔猪窝重、8.5%泌乳量，同时显著降低圈舍氨气浓度。研究发现，试验组妊娠期母猪饲喂粗蛋白质水平为9.5%的低蛋白日粮，对照组饲喂粗蛋白质水平为13.5%的日粮，结果显示，试验组母猪的平均总产仔数、平均产活仔数、平均初生窝重均和对照组差异不显著，但是氮的排放量和粪含氮量均显著降低。研究表明，低蛋白日粮同样适用于梅山母猪、长大二元杂交母猪、金华初产母猪等多个品种，在一定范围内降低日粮粗蛋白质水平不会影响这些母猪的生长和生产性能。Lys是玉米-豆粕型日粮的第一限制性氨基酸，对于母猪泌乳性能至关重要，降低母猪日粮粗蛋白质含量时需要补充赖氨酸。泌乳母猪日粮中绝大多数Lys用于泌乳，在低蛋白日粮中添加适当的Lys有利于提高母猪的泌乳性能（NRC，2012）。研究发现，低蛋白日粮中添加0.83%Lys能显著提高哺乳仔猪的平均日增重、减少母猪泌乳期失重以及降低粪氮排泄量。但Lys添加量并非越高越好，有研究者在母猪低蛋白日粮中添加不同水平的赖氨酸（0.9%~1.05%），结果显示，0.90%赖氨酸添加组比1.00%和1.05%赖氨酸添加组的仔猪窝均增重提高了

7.98%和9.81%，粪氮排放减少了15%左右。

第二节　低蛋白日粮对肉品质的影响

一、探讨低蛋白日粮对肉品质影响的意义

我国是世界上最大的肉类生产国和消费国，其中猪肉总产量占我国肉类总产量的65%左右。随着生活水平的提高，人们对畜产品的质量要求也越来越高。但长期以来对"快速"和"高产"的盲目追求导致猪肉品质显著下降。肉是以动物自身生物学特性和遗传为基础，以机体的正常营养代谢为平台，通过摄入养分，在生长发育过程中协调营养物质向肌肉组织的沉积而形成的。肉的食用和加工品质、性状主要取决于肌肉生长过程中的两个相互联系的生物学过程，即肌纤维的发育和肌内脂肪的生成。在畜禽的生长过程中，氮源可通过影响机体糖、脂肪和蛋白质代谢等，影响肌纤维的生长和类型的组成以及肌内脂肪的生成，最终影响肉品质。肌肉组织是动物机体的重要组成部分，也是氮营养素沉积的主要靶组织。肌肉组织的生长依赖蛋白质的沉积，其本质是蛋白质合成和蛋白质降解动态平衡的结果，氨基酸的感应与转运也参与调节，共同构成动物体内蛋白质代谢的动态平衡。因此，揭示肌肉生长发育调控的分子机制是改善猪肉品质的基础，也是深化对生命现象本质认识的主要内容，这对现代畜禽养殖和精准饲养有着重要启示。探讨低蛋白氨基酸平衡日粮的饲喂效果，并阐明肌肉组织中含氮物的周转与利用，重点从蛋白质代谢、能量代谢和脂质代谢等多方面探讨肌肉组织对低蛋白日粮的响应，这有助于优化肌肉组织中蛋白质高效沉积的日粮氨基酸模式，为提高肌肉组织氮营养素沉积效率和促进肌肉生长提供理论依据，也为畜禽肉品质调控技术的研发奠定重要的科学基础，为在畜禽养殖中科学应用低蛋白日粮提供借鉴。

二、低蛋白日粮对肉品质的调节机理

过去的研究表明，降低日粮粗蛋白质水平对畜禽肉品质有重要影响。降低日粮蛋白质水平补充必需氨基酸增加猪的背膘厚，减小眼肌面积，减轻内脏器官重量，增加能量利用率；降低日粮蛋白质水平减少生长猪肝脏分泌类胰岛素生长因子-I（IGF-1），降低肌肉和肝脏 IGF-1 基因表达，增加血浆中瘦素浓度，且其浓度与背膘厚呈正相关（$r=0.76$，$P<0.05$），IGF-1 浓度与平均日增重呈正相关（$r=0.91$，$P<0.05$）；日粮蛋白质水平对胰腺、肺、肝脏、肾、

胃和背最长肌蛋白质合成有明显影响。日粮粗蛋白质含量降低3个百分点对改善生长与育肥猪肉品质有积极作用，这一作用可能通过调节肌间脂肪含量、脂肪酸沉积、肌纤维特征和游离氨基酸模式而实现。饲喂低蛋白日粮可增加猪肌肉中大理石花纹。肌肉中大理石花纹的增加可能是低蛋白日粮粗蛋白质水平带来的必然结果，因为蛋白质供应量降低导致蛋白合成和肌肉生长受到抑制，引起多余的脂肪沉积到肌肉中。肉的嫩度是肉品质的一个关键指标，消费者通常偏好嫩度佳的牛肉。低蛋白日粮是增加肉嫩度的有效途径。

过去的研究基本证实，日粮粗蛋白质水平降低量低于3个百分点并补充赖氨酸、蛋氨酸、苏氨酸和色氨酸4种限制性氨基酸，通常不影响动物的生长性能，同时还能改善畜禽肉品质。而当日粮粗蛋白质水平降低量超过3个百分点时，机体则通过调节肌肉组织中的游离氨基酸库，下调mTORCI蛋白质合成通路并上调泛素-蛋白酶体系统蛋白质降解通路，显著抑制动物的生产性能以及肌肉生长；伴随肌肉组织蛋白质代谢的变化，肌细胞能量状态也随之改变，并且通过调控机体AMPKa/SIRT1/PGC-1a信号通路，影响线粒体生物合成的功能。如前面所述，降低日粮粗蛋白质水平可通过调节肌间脂肪沉积改善肉品质，但是日粮粗蛋白质水平不是降低得越多越好，因为降低过多不仅会影响动物的生长性能，同时会降低肉品质。因为在玉米-豆粕型日粮中，随着蛋白饲料原料在日粮中比重的减少，玉米添加比例必然会上升，玉米代谢能虽与豆粕接近，但是净能却高于豆粕，导致脂肪过度沉积，影响到肉的品质。

第三节 低蛋白日粮对消化、吸收和代谢的影响

一、低蛋白日粮对肠道氨基酸消化率的影响

在低蛋白日粮模型下，猪对氨基酸的消化和利用对猪的健康生长具有重要意义。低蛋白显著增加了育肥猪回肠末端大多数氨基酸的消化率，其中包括赖氨酸、蛋氨酸、半胱氨酸、苏氨酸、色氨酸、缬氨酸、苯丙氨酸、丙氨酸和甘氨酸。肠道营养物质的消化吸收主要与不同营养物质的消化酶活性和肠道营养物质吸收转运相关。低蛋白日粮可代偿性地提高胃蛋白酶原、胰蛋白酶原、胰糜蛋白酶、空肠羧基肽酶A和α-淀粉酶的表达，从而增加日粮养分（主要是蛋白质）的消化能力。

二、低蛋白日粮对氨基酸吸收转运的影响

大量的研究证实，低蛋白日粮显著降低了猪对 BCAAs 的摄取，但是不同阶段以及不同日粮配方对猪循环系统氨基酸影响存在差异。长期低蛋白日粮饲养显著降低了育肥猪血液和肌肉组织中精氨酸、缬氨酸、组氨酸、异亮氨酸和色氨酸等氨基酸的含量，而在仔猪阶段，血液和肌肉组织中丙氨酸和甘氨酸含量显著降低。氨基酸的吸收和转运与肠道氨基酸转运载体的功能密不可分，仔猪阶段肠道氨基酸转运载体较生长猪和育肥猪阶段更容易受到低蛋白日粮的影响，并且低蛋白日粮普遍上调酸性氨基酸转运载体的表达，而对碱性氨基酸转运载体的表达则具有一定的抑制作用。此外，低蛋白日粮平衡 BCAAs 后可显著改善肠道形态，促进肠细胞的增殖，提高肠道氨基酸转运载体的表达水平，最终促进肠道氨基酸的吸收与利用，从而改善蛋白质代谢。

三、低蛋白日粮对氨基酸代谢的影响

低蛋白日粮对氨基酸代谢有着明显的影响。研究发现，降低 3 个百分点的日粮粗蛋白质水平对猪（40 kg）门静脉和动脉中氨基酸浓度没有影响，而显著降低肝静脉中亮氨酸、脯氨酸、天冬氨酸浓度；降低 4.5 个百分点的日粮粗蛋白质水平显著降低猪门静脉中天冬氨酸和丝氨酸浓度，肝静脉中异亮氨酸、亮氨酸、苯丙氨酸、组氨酸、脯氨酸、天冬氨酸、丝氨酸、胱氨酸、酪氨酸浓度。降低 3 个百分点的日粮蛋白质水平，15%粗蛋白质组门静脉血浆中天冬氨酸、丝氨酸、胱氨酸、酪氨酸和 NH_3 和尿素的流通量以及 13.5%粗蛋白质组门静脉血浆中异亮氨酸、亮氨酸、苯丙氨酸、组氨酸、精氨酸、脯氨酸、天冬氨酸、丝氨酸、谷氨酸、甘氨酸、丙氨酸、胱氨酸、酪氨酸、必需氨基酸、非必需氨基酸、总氨基酸、NH_3 和尿素的流通量明显低于对照组（18%粗蛋白质）；日粮粗蛋白质水平从 18%降低至 15%或 13.5%，肝动脉血浆中所测氨基酸和氨气的流通量都显著降低；15%粗蛋白质组肝静脉血浆中异亮氨酸、亮氨酸、脯氨酸、天冬氨酸和酪氨酸流通量以及 13.5%粗蛋白质组门静脉血浆中异亮氨酸、亮氨酸、苯丙氨酸、组氨酸、精氨酸、脯氨酸、天冬氨酸、丝氨酸、谷氨酸、甘氨酸、丙氨酸、胱氨酸、酪氨酸、必需氨基酸、非必需氨基酸、总氨基酸和尿素的流通量明显低于对照组（18%粗蛋白质）。研究发现，降低日粮粗蛋白质水平如果仅平衡重要必需氨基酸将导致门静脉非必需氨基酸的净吸收量显著下降，从而造成肝脏动用大量的必需氨基酸以补偿性合成非必需氨基酸，这既体现了肝脏氨基酸代谢中枢的作用，又揭示了低蛋白日粮生长限制

机理。

第四节　低蛋白日粮对生猪氮平衡的影响

低蛋白日粮减少氮排放的效果明显，过去的研究表明，日粮蛋白质每降低1个百分点，动物氮排放降低10%，日粮粗蛋白质水平从18%分别下降至15%、13.5%，日粮蛋白质含量分别降低16.7%和25%；猪的粪氮排放量从8.91 g/d分别降低至7.16 g/d、6.30 g/d，猪的粪氨分别降低19.6%、29.3%；猪的尿氮排放量从13.0 g/d分别降低至11.2 g/d、10.2 g/d，猪的粪氮分别降低13.8%、21.5%；猪的总氮排放量从22.0 g/d分别降低至18.3 g/d、16.5 g/d，猪的尿氮排放量分别降低16.8%、25%。研究同时显示，日粮粗蛋白质水平从18%分别下降至15%、13.5%，粪氮排泄量占采食氮的比例从19.7%下降至18.0%、17.3%；总氮排放量占氮采食量的比例从48.5%下降至45.9%、45.3%；降低日粮蛋白质水平对尿氮排泄量占采食氮的比例没有影响。研究结果表明，粪氮排放量的降低程度大于日粮蛋白质的降低水平，而尿氮排放量的降低程度低于日粮蛋白质的降低水平，即随着日粮蛋白质水平的降低，尿氮排放量的降低程度明显低于粪氮。众所周知，猪尿氮排放量占总排放氮的比例为60%~70%，其排放在很大程度上决定着总氮的排放量。研究发现，低蛋白日粮所降低的尿氮排放量没有达到预期。因此，需要对目前的低蛋白日粮进行深入研究，以进一步降低尿氮排放量。

第八章 生猪低蛋白日粮的应用与案例分析

第一节 低蛋白日粮补充天冬氨酸对断奶至育肥阶段猪生长性能及肉品质性状的影响

我国饲用蛋白质资源严重匮乏以及大宗非粮蛋白资源利用率极低，严重制约了我国饲料业和畜牧业的发展。大力开发低蛋白饲粮配制技术是提高蛋白原料利用率、节约饲料资源和降低养殖成本的重要方法。美国 NRC（2012）营养需要量标准中仔猪、生长猪以及育肥猪配合饲料粗蛋白质（CP）需要推荐量分别是 20%、18% 和 16%，而低蛋白日粮是指在不影响生长性能的前提下按 NRC 推荐标准降低 2~4 个百分点的日粮。目前，对低蛋白日粮的研究大多只关注平衡必需氨基酸，却忽略了低蛋白日粮也可能导致非必需氨基酸失衡，从而降低猪生长性能。天冬氨酸（AsP）又称天门冬氨酸，虽传统营养学中被认为是非必需氨基酸，但其处于糖酵解、嘌呤嘧啶合成等代谢的中间枢纽位置，故在代谢中属于功能性氨基酸。其除了可参与机体蛋白质合成外，在能量代谢、免疫和抗氧化应激等方面都发挥着重要作用。有研究表明，AsP 能通过改变回肠末端微生物的菌群区系，进而影响猪的脂肪代谢。也有研究发现，日粮添加 0.5% 或 1.0% AsP 可提高肠道乳糖酶和蔗糖酶活性，改善肠道形态结构，进而反转因脂多糖引起的断奶仔猪生长性能下降。但在实践生产中，笔者团队前期研究发现，日粮添加 1.0% 的 AsP 不影响断奶仔猪的生长性能，但低蛋白日粮条件下添加 0.5% AsP 对断奶至育肥阶段猪生长性能、营养物质消化率和肉品质性状影响的研究尚无报道。湖南师范大学生命科学学院与中国科学院亚热带农业生态研究所的关鹏选取 20 头 45 日龄、体重相近（10.93±0.79）kg 的健康三元杂交（杜×长×大）断奶仔猪，随机分成两组，每组 10 个重复，每个重复 1 头猪，仔猪单栏饲养，试验期 84 d。对照组饲喂玉米-豆粕型低蛋白基础日粮，试验组饲喂在基础日粮中添加 0.5% 天冬氨酸的试验饲粮。结果发现，低蛋白日粮全程添加 0.5% 天冬氨酸可有效提高猪断奶阶段的生长性能，有利于促进其后期肌纤维的发育和改善其肉品质性状。

一、研究方案

1. 试验设计与动物分组

试验选取 20 头平均体重为（10.93±0.79）kg 的健康三元杂交（杜洛克×长白×大约克）断奶仔猪，随机分成两组，每组 10 个重复，每个重复 1 头猪，仔猪全部单栏饲养。试验周期共分为 3 个阶段：断奶阶段、生长阶段、育肥阶段，为期 84 d。在断奶、生长、育肥阶段，对照组（Con）分别饲喂粗蛋白质含量为 17%、15%、13% 的玉米-豆粕型基础日粮，试验组（AsP）饲喂在基础日粮中添加 0.5% 天冬氨酸的试验饲粮。天冬氨酸采用取代部分玉米原料的方式添加，非额外添加。基础日粮参照 NRC（2012）猪营养需要标准进行配制，基础日粮的组成及营养水平见表 8-1，基础日粮中不添加抗生素和防霉剂。

表 8-1　基础饲粮组成及营养水平（风干基础） （%）

项目	断奶阶段	生长阶段	育肥阶段
原料			
豆粕	14.2	19.5	15
玉米	63.5	67.5	78.36
豆油	2	2.38	0.9
石粉	0.74	0.89	0.55
氯化钠	0.4	0.3	0.3
麦麸	—	6.94	3
氧化锌	0.006	0.006	0.006
氯化胆碱	0.1	0.1	0.1
膨化大豆	7.5	—	—
鱼粉	3	—	—
乳清粉	3	—	—
葡萄糖	2.76	—	—
赖氨酸	0.61	0.46	0.27
蛋氨酸	0.18	0.09	—

（续表）

项目	断奶阶段	生长阶段	育肥阶段
苏氨酸	0.2	0.14	0.06
色氨酸	0.04	0.02	0.01
维生素预混料[1]	0.075	0.075	0.075
矿物质预混料[2]	0.819	0.819	0.819
磷酸氢钙	0.87	0.78	0.55
营养水平[3]			
消化能	14.33	14.20	14.20
粗蛋白	17.01	15.16	13.17
赖氨酸	1.34	1.17	0.82
蛋氨酸+半胱氨酸	0.78	0.56	0.42
天冬氨酸	1.27	1.42	1.11
苏氨酸	0.66	0.72	0.53
色氨酸	0.22	0.17	0.13

注：1) 维生素预混料为每千克饲粮提供：维生素 A 24 375 IU，维生素 B 17.5 mg，维生素 B_2 18.75 μg，维生素 B_6 9 mg，维生素 B_{12} 75 mg，维生素 D_3 7 500 IU，维生素 E 60 IU，维生素 K 37.5 mg，生物素 0.45 mg，叶酸 1.0 mg，D-泛酸 37.5 mg，烟酸 75 mg。2) 矿物质预混料为每千克饲粮提供：铜（硫酸铜）6 mg，铁（硫酸亚铁）100 mg，锰（硫酸锰）4 mg，锌（硫酸锌）100 mg，碘（碘化钾）0.14 mg，硒（亚硒酸钠）0.30 mg。3) 营养水平中色氨酸含量为计算值，其余为实测值。

2. 饲养管理

试验在中国科学院亚热带农业生态研究所动物楼进行，仔猪采用不锈钢单栏饲养。断奶、生长与育肥阶段均自由采食与饮水。每天准确记录每只猪的采食量与健康状况，并按照猪场常规饲养管理程序对仔猪进行其他饲养管理与免疫，定时进行猪舍的消毒与清扫，保持猪舍清洁与通风。

3. 指标测定与方法

生长性能准确记录各组试验猪的采食量，计算每头猪的平均日采食量（ADFI），并于试验第 1 d、28 d、63 d 和 84 d，以栏为单位空腹称重，计算每头猪的平均日增重（ADG），根据猪的 ADFI 和 ADG 计算料重比（F/G）。

血清生化指标分别于试验第 28 d、63 d 和 84 d，各组试验猪空腹 12 h 后，进行前腔静脉采血。并在 4℃、3 000 r/min 条件下离心 15 min 制备血清。于 −20℃ 冰箱中冻存。用于血清生化指标和血清游离氨基酸含量检测。

血清中的总蛋白（TP）、白蛋白（ALB）、谷丙转氨酶（ALT）、谷草转氨酶（AST）、碱性磷酸酶（ALP）、尿素氮（BUN）、葡萄糖（GLU）、血氨含量采用 CX4 型全自动生化分析仪（美国 Backman 公司）进行检测，试验操作均按相应试剂盒说明进行。

血清游离氨基酸吸取约 2 mL 样品于离心试管中，3 000 r/min 离心 5 min，准确吸取。上清液 1 mL 于另外的离心试管中，加入 8%磺基水杨酸 1 mL，混匀，静置 15 min，离心过后取下层水相，过 0.22 μm 滤膜后装入上样瓶存于 4℃，用氨基酸分析仪（L-8900，日本）测定游离氨基酸的含量。

营养物质表观消化率分别于育肥阶段试验结束前 3 d，以栏为单位进行粪便收集，固定收粪时间为每天下午 3 时，连收 3 d，采用盐酸不溶灰分（AIA）作为内源指示剂测定粗蛋白质（CP）、粗脂肪（EE）、粗灰分（ASH）、粗纤维（CF）表观消化率。

养分表观消化率（%）= 100-（饲粮中 AIA 含量/粪中 AIA 含量）×（粪中养分含量/饲粮中养分含量）×100。

肉品质性状屠宰后的胴体沿背中线分开，左半部分用于肉品质分析，参照《猪肌肉品质测定技术规程》（NY/T 821—2019）相关方法测定背最长肌的 pH 值、肉色等胴体品质指标。

实时荧光定量使用 TRIzol 试剂从背肌组织中分离出总 RNA。分离的 RNA 用 NanoDrop 2000c 分光光度计（Thermo，美国）测定 RNA 浓度和稳定性。利用逆转录试剂盒（Thermo，美国）合成了第一条 cDNA 链。每一个样本用 SYBR-Green 实时 PCR 系统进行 3 次评估。PCR 程序如下：95℃ 5 min，在 95℃下扩增 45 个循环 10 s，60℃ 10 s，72℃ 15 s，扩增检测慢速氧化型肌纤维（MyHC1）、快速氧化型肌纤维（MtHC2a）、快速酵解型肌纤维（MyHC2b）、中间型肌纤维（MyHC2x）和内参（β-actin）的表达。使用 $2^{-\Delta\Delta Ct}$ 方法计算相对表达。引物如表 8-2 所示。

表 8-2 本试验所用引物序列

基因	序列号	引物序列（5′→3′）
β-actin	XM003124280.3	F：CTGCGGCATCCACGAAACT R：AGGGCCGTGATCTCCTTCTG
MyHC1	NM213855.2	F：AAGGGCTTGAACGAGGAGTAGA R：TTATTCTGCTTCCTCCAAAGGG
MyHC2a	NM_214136.1	F：CTCTGAGTTCAGCAGCCATGA R：GATGTCTTGGCATCAAAGGGC

(续表)

基因	序列号	引物序列（5′→3′）
MyHC2b	NM001123141.1	F：GGTACATCTAGTGCCCTGCT R：GCCTCAATGCGCTCCTTTTC
MyHC2x	NM001104951.2	F：TTGACTGGGCTGCCATCAAT R：GCCTCAATGCGCTCCTTTTC

4. 数据处理及统计分析

采用 Excel 2010 进行试验数据整理，并用 SPSS 22.0 软件进行独立样本 T 检验。以 $P<0.05$ 作为差异显著性判断标准。

二、低蛋白日粮添加 AsP 对猪在断奶至育肥阶段生长性能的影响

由表 8-3 可知，与对照组相比，断奶阶段，试验组 ADG 较对照组提高了 15.69%（$P<0.05$），F/G 极显著降低了 17.03%（$P<0.05$），ADFI 无显著差异（$P>0.05$）；生长阶段与育肥阶段，试验组与对照组相比，ADFI、ADG、F/G 均无显著差异（$P>0.05$）。断奶至育肥阶段生猪饲喂补充 0.5% AsP 的低蛋白日粮，从整体效果来看，对其生长性能无显著影响。以玉米-豆粕为基础并通过平衡 Lys、Met、Thr 和 Trp 等氨基酸的低蛋白猪饲料，目前在猪养殖中已成功应用。本试验结果发现，低蛋白日粮添加 0.5% AsP 对猪在生长和育肥阶段的生长性能无显著影响，但能够有效改善其在断奶阶段的平均日增重和料重比。提示猪在断奶阶段对 AsP 的需求增加，低蛋白日粮不足以满足其正常的营养需求。这可能是因为 AsP 作为一种功能性氨基酸，在低蛋白日粮条件下添加 AsP 可促进仔猪机体能量、蛋白质等代谢，改善肠道功能，进而有效缓解仔猪断奶应激和提高免疫力，而生长育肥阶段猪已适应环境，体内合成的 AsP 足以满足正常需求，故对其生长性能无显著影响。同时，本试验结果也与石海峰和段杰林研究结果一致，表明断奶仔猪在免疫或氧化应激条件下，日粮添加 0.5% 或 1% 的 AsP 可有效改善仔猪生长性能。

表 8-3 低蛋白日粮添加 AsP 对猪断奶、生长、育肥阶段生长性能的影响

项目	对照组	试验组	P 值
断奶阶段（1~4 周）			
初重（kg）	10.93±0.79	11.05±0.62	0.909
第 4 周末重（kg）	25.09±1.10	27.54±1.28	0.183

(续表)

项目	对照组	试验组	P值
1~4周平均日采食量（kg）	1.16±0.03	1.12±0.06	0.631
1~4周平均日增重（kg）	0.51±0.02	0.59±0.03 *	0.032
1~4周料重比	2.29±0.07	1.90±0.05 **	0.001
生长阶段（5~9周）			
第9周末重（kg）	55.68±0.76	56.16±1.89	0.841
5~9周平均日采食量（kg）	1.90±0.09	1.92±0.08	0.843
5~9周平均日增重（kg）	0.82±0.05	0.82±0.04	0.944
5~9周料重比	2.32±0.06	2.37±0.10	0.685
育肥阶段（10~12周）			
第12周末重（kg）	79.02±1.43	76.88±2.76	0.556
10~12周平均日采食量（kg）	2.99±0.16	2.99±0.15	0.995
10~12周平均日增重（kg）	1.09±0.05	0.99±0.05	0.195
10~12周料重比	2.76±0.10	3.04±0.13	0.115
断奶至育肥阶段（1~12周）			
1~12周平均日采食量（kg）	1.91±0.07	1.91±0.07	0.996
1~12周平均日增重（kg）	0.78±0.03	0.78±0.03	0.978
1~12周料重比	2.44±0.03	2.44±0.05	0.989

注：*表示存在显著性差异（$P<0.05$），**表示存在极显著性差异（$P<0.01$）。

由表8-4可知，断奶阶段，与对照组相比，试验组断奶仔猪血清ALB和ALP显著升高（$P<0.05$），分别升高了30.19%和33.64%，但对TP、ALT、AST等无显著影响（$P>0.05$）；生长阶段与育肥阶段，与对照组相比，试验组血清ALB、ALP、TP、ALT、AST等均无显著差异（$P>0.05$）。众所周知，血清中TP和ALB指标能够反映机体蛋白质代谢和免疫力情况，血清中TP含量升高，则表明机体蛋白质合成增加，血清ALB能够清除自由基，同时能够保护机体免疫系统。本研究发现，低蛋白日粮中添加0.5% AsP能够显著提高猪在断奶阶段血清中的ALB和TP含量，但对生长和育肥阶段无显著影响，这也进一步说明低蛋白日粮添加AsP可提高断奶阶段生长性能的原因。AsP不仅可以促进血清中免疫指标的升高，也有研究表明AsP可以作为中枢和外周神经系统中的神经递质，在调节免疫反应中发挥作用，并且AsP还能够参与巨噬细胞中精氨酸-NO循环，促进细胞中NO的生成，能够增强机体抗微生物和有害细胞的能力，这也可能是 AsP 能通过改善仔猪免疫力，从而改善仔猪生长性能的原因。

表 8-4 低蛋白日粮添加 Asp 对猪在断奶、生长、育肥阶段的血液生化的影响

项目	对照组	试验组	P 值
断奶阶段（1~4 周）			
总蛋白（g/L）	46.27±4.71	52.07±3.02	0.308
白蛋白（g/L）	28.55±2.51	37.17±2.25*	0.026
谷丙转氨酶（U/L）	34.35±4.86	37.50±3.02	0.581
谷草转氨酶（U/L）	60.83±8.70	68.14±5.73	0.486
碱性磷酸酶（U/L）	105.83±8.51	141.43±10.35*	0.025
尿素氮（mmol/L）	2.55±0.24	2.80±0.59	0.703
葡萄糖（mmol/L）	2.52±0.39	2.56±0.57	0.956
生长阶段（5~9 周）			
总蛋白（g/L）	57.60±3.39	59.26±2.45	0.694
白蛋白（g/L）	36.83±2.88	38.34±1.59	0.642
谷丙转氨酶（U/L）	48.27±3.97	47.91±3.63	0.949
谷草转氨酶（U/L）	40.40±2.44	42.29±4.45	0.748
碱性磷酸酶（U/L）	147.50±18.49	140.57±7.30	0.719
尿素氮（mmol/L）	2.63±0.37	3.06±0.30	0.383
葡萄糖（mmol/L）	4.93±0.24	4.99±0.21	0.871
育肥阶段（10~12 周）			
总蛋白（g/L）	65.55±2.32	66.47±2.09	0.773
白蛋白（g/L）	43.68±1.73	45.49±1.35	0.422
谷丙转氨酶（U/L）	47.13±2.96	53.78±2.53	0.118
谷草转氨酶（U/L）	42.17±2.48	45.29±3.74	0.517
碱性磷酸酶（U/L）	144.00±10.93	153.17±8.77	0.524
尿素氮（mmol/L）	3.05±0.26	3.14±0.46	0.870
葡萄糖（mmol/L）	5.33±0.26	5.04±0.70	0.723

注：*表示存在显著性差异（$P<0.05$）。

三、低蛋白日粮添加 Asp 对血清游离氨基酸含量及营养物质表观消化率的影响

由图 8-1 可知，断奶阶段，与对照组相比，试验组断奶仔猪血清 Pro、Met、Phe 和 Thr 含量显著降低（$P<0.05$），分别降低了 35.49%、47.66%、22.64% 和 23.66%。试验组断奶仔猪血清 AsP、HIS 和 TYR 极显著低于对照组（$P<0.05$），分别降低了 26.93%、48.42% 和 50.41%。与对照组相比，试验组断奶仔猪血清氨态氮和 Lys 极显著升高（$P<0.05$），分别提高了 34.13% 和 57.30%。生长阶段，与对照组相比，试验组生长猪血清中 Asp 和 Lys 含量显著低于对照组（$P<0.05$），分别降低了 25.33% 和 20.63%；试验组生长猪血清氨态氮含量极显著降低了 19.74%（$P<0.05$）。育肥阶段，试验组与对照组相比，血清 Asp 和 THR 含量显著降低（$P<0.05$），分别降低了 29.10% 和 30.33%。由表 8-5 可知，与对照组相比，育肥猪总能、粗蛋白质、粗脂肪、粗灰分和粗纤维表观消化率极显著升高（$P<0.05$），分别升高了 3.08%、4.69%、4.07%、21.50% 和 38.35%。动物机体氨基酸代谢和蛋白质沉积情况可通过血清游离氨基酸的变化得到体现。本研究发现，低蛋白日粮添加 0.5% Asp 可显著降低猪在断奶、生长、育肥阶段血清中 Asp 的含量，表明低蛋白情况下，Asp 能够促进猪机体对血清游离 Asp 的利用率，可更好地维持猪生长过程中肠道的发育及能量状态；Pro 和 Thr 能够阻止淋巴细胞的凋亡，并促进抗体的产生，本研究证实，低蛋白日粮添加 0.5% Asp 极显著降低了断奶仔猪血清中 Pro 的含量，并显著降低了断奶仔猪和育肥猪血清 Thr 水平，表明添加 Asp 有利于促进断奶仔猪和育肥猪血清中 Pro 和 Thr 的利用，改善机体免疫状态；Lys 是猪第一限制性氨基酸，其不仅能够进入三羧酸循环，为蛋白质合成供能，并参与机体酶、骨骼肌和一些激素的合成，Met 属于含硫氨基酸，其代谢物不仅在缓解氧化应激方面发挥重要作用，还能为机体蛋白质和核酸甲酰化提供甲基，提高蛋白活性，在本试验中，日粮添加 Asp 极显著提高了断奶仔猪血清中 Lys 含量，并使 Met 含量显著降低，表明在低蛋白情况下，日粮添加 0.5% Asp 有利于断奶仔猪的蛋白沉积。众所周知，豆粕中含有的抗胰蛋白酶、尿毒酶等能够破坏小肠结构进而影响饲料的消化吸收，低蛋白氨基酸平衡日粮更加有利于猪对营养物质的利用，胡琴等研究表明，低蛋白日粮能够有效提高育肥猪干物质和粗脂肪消化率，本研究也获得类似结果，同时，本试验还发现低蛋白日粮添加 0.5% Asp 可显著提高育肥猪总能、粗蛋白质等表观消化率。本试验结果表明，低蛋白日粮添加 0.5% Asp 可提高全程饲养（育肥猪）血清

中氨基酸利用率和营养物质表观消化率,这可能与 Asp 能够提高肠黏膜中二糖酶的活性和调节肠道氨基酸转运载体的表达相关,对于育肥阶段养分表观消化率提高,生长性能却没有显著改变,可能与猪在此阶段对营养物质的利用率不充分有关,但其具体原因,仍需要进一步研究。

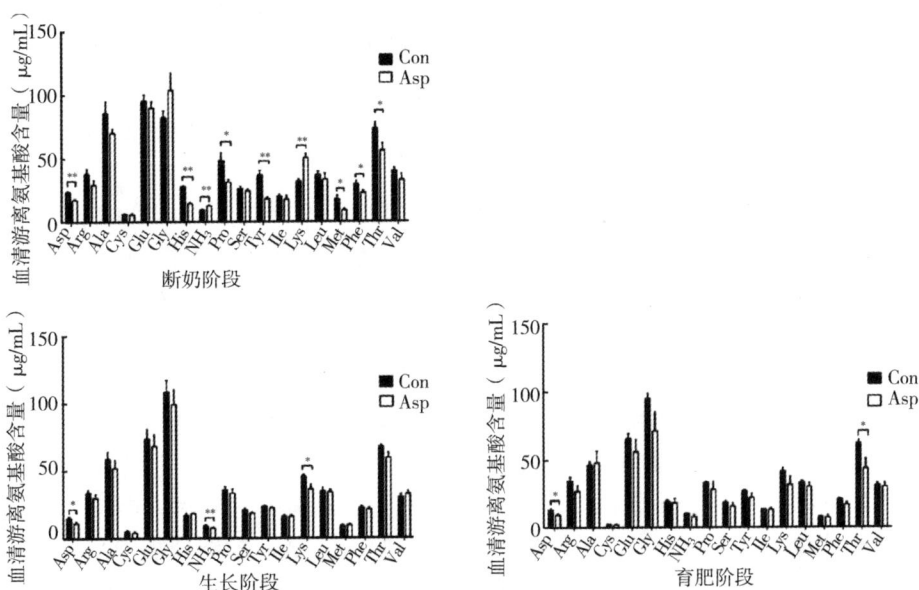

图 8-1 低蛋白日粮添加 Asp 对猪断奶、生长、
育肥阶段的血清游离氨基酸的影响

表 8-5 低蛋白日粮添加 Asp 对育肥猪养分表观消化率的影响 （%）

项目	对照组	试验组	P 值
总能	92.47±0.34	95.32±0.43**	0.001
粗蛋白质	90.33±0.96	94.57±0.62**	0.008
粗脂肪	90.48±0.40	94.16±0.70**	0.002
粗灰分	62.46±0.49	75.89±0.80**	0.000
粗纤维	72.18±1.47	99.86±0.05**	0.001

注：*，表示存在显著性差异（$P<0.05$）；**，表示存在极显著性差异（$P<0.01$）。

四、低蛋白日粮添加 Asp 对猪在育肥阶段肉品质和肌纤维相关基因 MRNA 表达量的影响

由表 8-6 可知,屠宰后 45 min,试验组肉色与 pH 较对照组均无显著差异($P>0.05$);屠宰后 24 h,与对照组相比,试验组肉色、pH、剪切力均无显著差异($P>0.05$),但试验组熟肉率极显著提高了 6.49%($P<0.05$)。

由图 8-2 可知,与对照组相比,试验组 *MyHC*1 的 mRNA 的相对表达量显著提高了 57%($P<0.05$),*MyHC*2a、*MyHC*2b 和 *MuHC*2x 等 mRNA 的相对表达量无显著差异($P>0.05$)。

育肥猪的肉质性状受到多种因素调节,其中肌纤维类型对肉品的 pH、肉色、嫩度、肌内脂肪含量等具有重要的影响。猪的肌纤维在代谢上可分为慢速氧化型(*MyHC*1)、快速氧化型(*MyHC*2a)、快速酵解型(*MyHC*2b)和中间型(*MyHC*2x)等 4 种类型。研究表明,蛋白水平影响肌纤维类型的组成,饲喂低蛋白日粮的猪具有更高比例的氧化型肌纤维,氧化型肌纤维脂质含量更高,其中慢速氧化型(*MyHC*1)有利于增加猪肉的嫩度与多汁性。本研究也获得类似结果,在低蛋白条件下,全程饲喂 0.5% Asp 可显著提高 *MyHC*1 的 mRNA 表达量,并显著提高了肉品熟肉率;而熟肉率、系水力能够体现肉品的多汁性,这也进一步说明低蛋白日粮添加 0.5% Asp 能够增加肉品的多汁性。低蛋白日粮添加 0.5% Asp 对肉品质具有一定改善作用,其原因可能与 Asp 能够促进肌纤维向 1 型肌纤维转化有关,通过改变肌纤维的类型来调节肌内脂肪含量;其次,Asp 还可能通过调节脂肪细胞中脂质的合成和分解来调节脂肪含量。研究表明,Asp 能够改善肠道微生物的丰度,肠道微生物及其代谢物可通过与肠上皮细胞 G 蛋白偶联受体结合调控宿主机体的代谢反应,从而影响营养物质沉积。还有研究发现,肠道微生物代谢产生的短链脂肪酸通过与 G 蛋白偶联受体结合能够调节脂肪的生成与分解,从而影响脂肪的沉积,这可能也是 Asp 能够改善肉质的一个重要原因。

表 8-6 低蛋白日粮添加 Asp 对育肥猪肉品质的影响

项目	对照组	试验组	P 值
屠宰后 45 min			
肉色			
亮度 L*	48.83±0.79	49.41±0.94	0.650

(续表)

项目	对照组	试验组	P 值
红度 a	16.26±0.64	16.63±0.50	0.652
黄度 b*	3.36±0.14	3.50±0.25	0.635
pH 值	6.65±0.12	6.76±0.06	0.411
屠宰后 24 h 肉色			
亮度 L*	52.35±0.80	52.86±1.38	0.759
红度 a*	20.65±0.69	20.76±0.73	0.918
黄度 b*	10.11±0.55	11.29±0.39	0.101
pH 值	5.49±0.02	5.44±0.02	0.086
系水力（%）	30.92±1.31	32.06±1.28	0.549
熟肉率（%）	63.75±0.85	67.89±0.89**	0.007
剪切力（N）	73.64±6.25	62.28±5.68	0.205

注：*，表示存在显著性差异（$P<0.05$）；**，表示存在极显著性差异（$P<0.05$）。

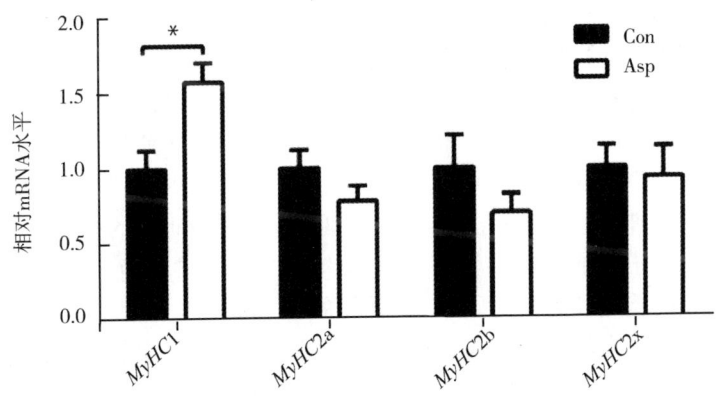

图 8-2 低蛋白日粮添加 Asp 对育肥猪肌纤维分子相对表达量的影响

五、小结

断奶至育肥阶段猪全期饲喂添加 0.5% Asp 的低蛋白日粮，仅对断奶阶段仔猪生长性能具有改善作用；但通过全期饲喂，低蛋白日粮补充 0.5% Asp 却可提高营养物质表观消化率，促进血清氨基酸利用率，并通过提高 $MyHC1$ 的 mRNA 表达量改善肉品熟肉率，有利于改善肉品质性状。

第二节 低蛋白日粮不同氨基酸平衡模式对藏香猪生产性能、肉品质的影响

近年来养猪业发展迅猛，我国作为养猪大国，蛋白原料需要从国外大量进口，受非洲猪瘟和新冠疫情的影响，豆粕等蛋白原料的价格持续上涨，因此如何降低蛋白质使用量、降低饲料成本以及改善因为养殖数量增加带来的环境问题显得尤为重要。

低蛋白日粮氨基酸平衡模式是近些年研究的热点，其本质是在不影响动物生产性能的前提下，添加晶体氨基酸、降低基础日粮中蛋白原料的使用量，从而达到降本增效的目的。氨基酸平衡模式的研究、开发和应用，为降低对蛋白原料的需求量以及畜牧业可持续发展，开辟了新的途径。传统玉米-豆粕型日粮中玉米赖氨酸（Lys）的含量很低，所以在日粮中需要更多的豆粕才能满足家畜对 Lys 的需求，这间接提高了蛋白原料的使用，高蛋白质（HP）日粮氨基酸含量过高，会造成动物体内氮含量过多无法完全吸收，从而造成环境污染，不仅增加了动物的养殖成本，还会危害动物的健康，减少经济效益。低蛋白日粮有促进动物生长、减少氮排放等优点，解决了高蛋白质日粮饲喂过程中的一系列问题，因此低蛋白日粮在动物生产中的应用研究越来越受到关注。

随着人们生活水平的提高，对更健康、更美味、更有营养的猪肉的需求日益增长。在这种情况下，中国本土猪品种正重新成为研究的重点。与非中国商业猪种相比，中国本土猪种具有更好的肉质（如樱桃红色、高水平的大理石花纹、柔软的质地和优良的风味）、较低的生长率和瘦肉率，是一种能够满足消费者多样化需求的资源。藏香猪作为中国本土猪种，生长在青藏高原的牧区和半牧区，长期生活在洁净、无污染的高原环境中，具有听觉灵敏、生活能力强、耐寒耐粗饲等优点，是发展高原地区养猪业的重要种质资源。因此，开展藏香猪氨基酸平衡模式的研究具有重要意义。青海大学畜牧兽医科学院的张俊峰选取 4 月龄健康藏香猪 36 头，按照平均体重接近的原则，随机分为 3 组，每组 3 个栏，每个栏 4 头猪，分别饲喂藏香猪肉氨基酸比例日粮（TPM 组）、中国 NYT 2004 地方猪氨基酸比例日粮（NYT 组）、美国 NRC 2012 猪营养氨基酸比例日粮（NRC 组）。结果表明日粮低蛋白条件下，与 TPM 组和 NYT 组日

粮氨基酸比例相比，NRC 组日粮氨基酸比例能够显著提高藏香猪生产性能和肉品质、营养表观消化率，是最佳氨基酸平衡模式。

一、研究方案

1. 试验设计及饲养管理

试验设计按照平均体重接近的原则，将 36 头藏香猪随机分为 3 组（TPM 组、NYT 组、NRC 组），每组 3 栏，每栏 4 头猪。TPM 组日粮参考藏香猪肉中氨基酸比例配制、NYT 组日粮参考中国 NYT 2004 地方猪营养指南推荐氨基酸比例水平配制、NRC 组日粮参考美国 NRC 2012 猪营养指南推荐氨基酸比例水平配制，3 组日粮氨基酸的比例如表 8-7 所示，基础日粮组成及营养水平如表 8-8 所示。

表 8-7 日粮氨基酸比例

氨基酸	TPM 组	NYT 组	NRC 组
赖氨酸	100.00	100.00	100.00
蛋氨酸	28.20	26.70	28.60
苏氨酸	55.30	64.40	64.30
色氨酸	31.80	17.80	17.00
异亮氨酸	69.40	53.30	52.70
缬氨酸	70.60	67.80	67.00

猪只自由采食，自由饮水，每天饲喂 3 次（7:30—8:30、12:00—13:00、16:30—17:30），保持圈舍干燥通风，定期消毒，预饲期 7 d，试验期 113 d。

表 8-8 基础日粮组成以及营养水平（干物质基础）

项目	TPM 组	NYT 组	NRC 组
日粮组成			
玉米（%）	60.00	55.93	58.89
菜籽饼（%）	1.00	1.02	1.00
石粉（%）	1.47	1.49	1.47
大豆粕（%）	2.59	3.71	1.51
预混料（%）	2.03	2.24	2.13
小麦麸（%）	15.00	15.25	14.66

（续表）

项目	TPM 组	NYT 组	NRC 组
喷浆玉米皮（%）	10.00	10.17	10.00
稻壳（%）	6.50	6.71	6.60
植物油（%）	0.10	2.32	1.65
L-异亮氨酸（%）	0.24	0.06	0.24
L-苏氨酸（%）	0.08	0.19	0.36
食盐（%）	0.31	0.31	0.30
L-缬氨酸（%）	0.04	0.05	0.23
L-色氨酸（%）	0.18	0.06	0.10
DL-蛋氨酸（%）	0.03	0.03	0.12
L-赖氨酸（%）	0.43	0.46	0.74
营养水平			
消化能（MJ/kg）	12.12	12.12	12.12
粗蛋白质（%）	12.00	12.00	12.00
钙（%）	0.72	0.67	0.69
总磷（%）	0.41	0.40	0.42
赖氨酸（%）	0.85	0.90	1.12
蛋氨酸（%）	0.24	0.24	0.32
苏氨酸（%）	0.47	0.58	0.72
色氨酸（%）	0.27	0.16	0.19
异亮氨酸（%）	0.59	0.48	0.59
缬氨酸（%）	0.60	0.61	0.75

注：1. 预混料为每千克日粮提供维生素 A 250 kIU，维生素 B_2 154 mg，Fe 2 250 mg，维生素 D_3 68 mg，维生素 B_6 118 mg，Mn 650 mg，烟酸（维生素 B_3）713 mg，Zn 2 125 mg，维生素 K_3 60 mg，泛酸（维生素 B_5）276 mg，维生素 B_1 29 mg，Cu 2 125 mg。

2. 钙、总磷是实测值，其余均为计算值。

2. 指标测定

生产性能试验开始前和试验结束后对猪空腹称重，计算平均日增重（ADG）=（末体重-初始体重）/总天数。收集每天的剩余料，计算平均日采食量（ADFI）=（总采食量-剩余量）/总天数，料重比（F/G）= 平均日采食量/平均日增重。

第八章 生猪低蛋白日粮的应用与案例分析

屠宰性能 屠宰结束后去除头、蹄、尾、内脏，称量胴体重，计算屠宰率。屠宰率（%）=胴体重/末体重×100。

肉品质测定 从倒数第一根肋骨和第二根肋骨之间取背最长肌测定肌肉pH值（便携式pH计）、滴水损失（套袋法）、熟肉率（蒸煮法）、肉色（肉色仪）、嫩度（剪切力值法）、背膘厚（游标卡尺）和眼肌面积（游标卡尺测定宽和高，眼肌面积=宽×高×0.7）。

氨基酸含量测定 取背最长肌测定氨基酸含量：①样品水解：准确称取液氮研磨混匀样品0.2000 g，加入5 mL、6 mol/L的盐酸溶液，剧烈涡旋振荡1 min，混匀密封，110℃恒温烘箱中反应24 h。②衍生化：样品取出冷却至室温，加入5 mL、6 mol/L的氢氧化钠溶液拧紧盖子，剧烈涡旋振荡1 min混匀，5 000r/min离心10 min，取上清液1 mL于5 mL棕色离心管，加入1 mL 0.5 mol pH=9.0的碳酸氢钠溶液，再加入1 mL DNFB溶液，涡旋混匀1 min，密封，60℃恒温水浴锅中避光反应60 min。取出冷却至室温，用pH值为7.0的磷酸盐缓冲液定容至5 mL，涡旋混匀1 min，避光静置15 min，取1 mL过0.22 μm滤膜待测。③主要仪器：HPLC-1200，安捷伦HPLC-1100；检测器：DAD；色谱柱：安捷伦C 18 4.6 mm×250 mm，0.5 μm；柱温：40℃；流速：1 mL/min；进样量：20 μL；波长：360 nm；流动相；洗脱方式：等度洗脱。

脂肪酸含量测定 取背最长肌测定脂肪酸含量：①样品提取纯化：准确称取1G混匀样品，加入5 mL提取液，高速振荡混匀，置于50℃水浴超声提取90 min，4 000r/min离心，转移上清液，重复提取1次，合并两次提取液。加入2 mL饱和氯化钠溶液，振荡混匀30s，4 000 r/min离心10 min，转移下层氯仿，加入0.5 g无水硫酸钠干燥，振荡混匀30 s，4 000 r/min离心10 min，转移上清液，50℃氮气吹干氯仿，得到脂肪。加入5 mL正己烷，3 mL氢氧化钾甲醇，振荡混匀，60℃烘箱甲酯化30 min，4 000 r/min离心10 min，取上清液1 mL过0.22 μm滤膜待测。②主要仪器：GC-7890；色谱柱：DB-FFAP（60 mm×0.25 mm）；检测器：FID；进样量：1 μL；后检测器温度：280℃；进样口：250℃；流速：1 mL/min；柱温箱：180℃；氢气：空气：氮气为40∶400∶40；分流模式：50∶1。

营养物质表观消化率测定 日粮、粪样中干物质（DM）、粗蛋白质（CP）、粗脂肪（EE）、酸性洗涤纤维（ADF）、中性洗涤纤维（NDF）含量测定参照《饲料分析及饲料质量检测技术》（张丽英等，2007）中的方法；钙（CA）：高锰酸钾溶液指示剂法；磷（P）：磷钼钒酸比色法；三氧化二铬（Cr_2O_3）：火焰原子吸收光谱法。

各营养物质的表观消化率测定：三氧化二铬（Cr_2O_3）指示剂法。

表观消化率（%）= [（1-（A1/A）×（B/B1）] ×100；

式中：A 为饲料中某成分的含量,%；A1 为粪便中相应成分的含量,%；B 为饲料中指示剂（Cr_2O_3）的含量,%；B1 为粪便中指示剂的含量,%。

统计分析，先用 Excel 2019 对数据初步整理，使用 SPSS 23.0 软件对数据进行单因素方差分析，用 Duncan 氏法进行多重比较，结果用"平均数±标准差"表示，$P<0.05$ 表示差异显著。

二、低蛋白氨基酸平衡日粮对藏香猪生长性能的影响

如表 8-9 所示，NYT 组的末体重、平均日增重、平均日采食量较 TPM 组分别提高了 35.60%、74.77%、8.19%（$P<0.05$）。料重比降低 37.64%（$P<0.05$）。NRC 组末体重、平均日增重、平均日采食量较 TPM 组分别提高了 46.92%、98.45%、22.72%（$P<0.05$），料重比降低 38.15%（$P<0.05$）。说明 NRC 组的生长性能最优。评估低蛋白饮食的第一个因素是生长性能，包括 ADG、ADFI 和 F/G。研究证明，当添加前 4 种限制性氨基酸（L-赖氨酸、DL-蛋氨酸、L-苏氨酸和 L-色氨酸）时，日粮 CP 降低至 NRC（1998）推荐的 3% 以内不会损害生长育肥猪的生长性能（Prandini 等，2013）。然而，当日粮 CP 水平降低超过 3% 时，仅在膳食中补充前 4 种限制性氨基酸时，观察到对生长性能的抑制作用（Yue 等，2008）。进一步的研究表明，与喂食高蛋白饲料的猪相比，CP 降低 4.8%，同时添加前 4 种限制性氨基酸，生长性能依然显著降低（Roux 等，2011）。

日粮蛋白质是畜禽氨基酸的重要来源，蛋白质摄入不足导致其生长和健康状况不佳（Wang 等，2015），日粮中蛋白质水平过高会对畜禽的生产性能造成负面影响，增加饲料成本，造成蛋白质浪费和环境污染。张洁等（2020）发现，当日粮 CP 从 20% 降低至 18% 时，不会显著影响仔猪生长性能，但日粮 CP 进一步降低至 17% 时，仔猪生长性能显著下降，其结果表明添加合成氨基酸的日粮水平保持在 18% 比较合适。曾燕霞等（2017）对 60 kg 左右的生长猪使用粗蛋白质含量为 14.8%、13.86%、12.86% 的日粮，结果表明将 CP 水平降低 1~2 个百分点同时补充相应的氨基酸对猪的生长性能没有显著的影响。朱金清等（2021）研究表明，在育肥猪日粮中将 CP 水平从 17.42% 降低至 14.42%，同时添加氨基酸而使氨基酸保持平衡，可以提高猪的生产性能，降低料重比。

然而，对于饮食中 CP 水平进一步下降时可能影响猪的生产性能。Zhang

等（2016）研究表明，喂食 LP 饲料（蛋白质水平降低 4.5%CP）的育肥猪的表现与喂食正常蛋白质饲料的猪相似。可能是日粮中补充 Lys、Met、Trp、Thr、Ile 和 Val 已经满足了猪必需氨基酸要求。然而，当日粮 CP 下降超 6%时，对断奶仔猪的生长性能有不利影响（Wu 等，2018）。Gallo 等（2014）也有同样的发现，日粮 CP 下降超 6%时，对 90~130 kg 的育肥猪生长性能造成不利的影响。

而张克英等（2017）结果表明，从 20% CP 降低至 12% CP 和 14% CP 并添加氨基酸，能够提高猪的日增重和降低料重比，导致这一原因可能是猪的品种和饲料组成。本试验结果表明，在低蛋白日粮下，NRC 组的平均日采食量和平均日增重高于其他两组，料重比低于其他两组，其原因可能是赖氨酸是猪的第一限制性氨基酸，对猪的生长起着重要作用，NRC 组的赖氨酸含量高于其他两组。研究表明，通过补充结晶氨基酸降低日粮 CP 含量，可以提高氮利用率，降低饲料成本和氮排泄，而不会影响猪的生长性能（曾燕霞等，2017）。本研究结果表明，在低蛋白日粮下，与其他两组相比，NRC 组能够提高猪生产性能，降低料重比。

表 8-9　低蛋白氨基酸平衡对藏香猪生长性能的影响

指标	TPM 组	NYT 组	NRC 组	P 值
初始体重（kg）	5.48±0.04	5.45±0.04	5.45±0.04	0.590
末体重（kg）	10.55±0.76[b]	14.31±1.59[a]	15.50±1.86[a]	0.020
平均日增重（g）	49.67±7.25[b]	86.81±15.84[a]	98.57±17.94[a]	0.010
平均日采食量（g）	580.86±10.46[b]	628.45±9.07[b]	712.81±16.38[a]	<0.010
料重比	11.69±1.14[a]	7.29±0.57[b]	7.23±0.48[b]	0.040

注：同行数据肩标相同字母表示差异不显著（$P>0.05$），不同小写字母表示差异显著（$P<0.05$）。

三、低蛋白氨基酸平衡日粮对藏香猪屠宰性能的影响

如表 8-10 所示，NRC 组背膘厚较 NYT 组提高 24.96%（$P<0.05$）。NYT 组胴体重、眼肌面积、屠宰率较 TPM 组分别提高 54.40%、78.70%、13.81%（$P<0.05$）。NRC 组、胴体重、眼肌面积、组盲肠 pH、屠宰率较 TPM 组分别提高 94.97%、118.70%、4.69%、30.51%（$P<0.05$）。说明 NRC 组的屠宰性能最优。胴体特征包括胴体长度、胴体重量、屠宰率、背膘厚度、腰眼面积、瘦肉率和脂肪率，是评估低蛋白饮食的第二个因素。段佳琪等（2020）试验

结果表明，日粮中 CP 水平从 16% 降低至 14% 和 12%，同时并平衡赖氨酸、蛋氨酸、苏氨酸、色氨酸，可以降低饲料成本，对猪的生长性能和胴体品质没有影响。周利平等（2016）研究表明，日粮中 CP 水平从 18% 降低至 15% 并平衡必需氨基酸，对猪的生长性能和胴体品质没有影响。张克英等（2017）结果表明，在 20~35 kg、35~60 kg、60~100 kg 阶段，LP 日粮有利于改善猪肉的风味和嫩度，然而，当日粮 CP 提高时，可能会对猪肉品质造成负面影响。研究表明，喂食低蛋白饲料的猪，屠宰时腰眼面积减少和背膘厚度增加（Morazán 等，2015）。本研究表明在饲喂低蛋白日粮的猪中，NRC 组的眼肌面积、胴体重、背膘厚度、屠宰率都高于 NYT 组和 TPM 组，其原因可能是通过分解代谢和日粮中 N 的尿液排放量减少，减少了热量损失，从而提高了能量的利用率（Zhou 等，2020）。NRC 组的盲肠 pH 值和小肠 pH 值高于 NYT 组和 TPM 组，其原因可能是 NRC 组添加的合成氨基酸比较多，氨基酸代谢产生氨，肠道内氨合成铵根离子（NH_4^+），造成盲肠 pH 值偏高。也有研究表明降低日粮 CP 水平不会显著影响眼肌面积、背膘厚度、胴体重（Suárez-Bel-Loch 等，2016；Zhou 等，2015），这种差异可能与不同品种（非中国商业品种与中国本土猪品种）的差异有关，因此，有必要进一步探索藏香猪氨基酸平衡模式的潜在机制。

表 8-10 低蛋白氨基酸平衡对藏香猪屠宰性能的影响

指标	TPM 组	NYT 组	NRC 组	P 值
背膘厚（mm）	7.12±0.76[ab]	6.17±0.96[b]	7.71±0.50[a]	0.060
胴体重（kg）	5.57±0.16[b]	8.60±1.39[a]	10.68±1.58[a]	0.003
皮厚（mm）	1.68±0.46	2.44±0.80	2.32±0.16	0.256
眼肌面积（cm²）	3.85±0.92[b]	6.88±0.96[a]	8.42±0.25[a]	0.036
小肠 pH	6.71±0.06	6.71±0.13	6.77±0.10	0.728
盲肠 pH	6.39±0.06[b]	6.54±0.10[ab]	6.69±0.09[a]	0.014
屠宰率（%）	52.80±3.92[b]	60.09±3.39[a]	68.91±3.49[a]	0.002

注：同行数据肩标相同字母表示差异不显著（$P>0.05$），不同小写字母表示差异显著（$P<0.05$）。

四、低蛋白氨基酸平衡日粮对藏香猪肉品质的影响

如表 8-11 所示，NRC 组熟肉率较 TPM 组提高 7.75%，肉色 B^* 降低 22.46%（$P<0.05$）。TPM 组、NRC 组肉色 a^* 较 NYT 组提高 30.24%、

29.01%。说明 NRC 组的肉品质最好。肉类质量是评估低蛋白饮食的第三个因素，主要通过以下参数进行评估：pH、颜色、WHC（滴水损失、挤压损失和烹饪损失）和嫩度（剪切力）（Hofmann 等，1994）。不断积累和出现的证据表明，改变膳食 CP 对猪的 pH_{24h} 和 WHC 没有显著影响（Alonso 等，2010）。本试验结果表明，在低蛋白日粮下，三组之间的滴水损失、pH_{24h}、剪切力没有显著差异。然而，在观察肉色时，报告的结果相互矛盾。也有研究表明，当限制膳食 CP 时，L^*、A^* 和 B^* 的值升高（Kerr 等，2003），可能是因为猪的品种和日粮组成不同。本试验研究表明，饲喂低蛋白日粮时，NRC 组的 L^* 和 B^* 的数值低于其他两组，而 A^* 值高于其他两组，说明与其他两组相比，NRC 组能够改善藏香猪的肉质。

表 8-11 低蛋白氨基酸平衡对藏香猪肉品质的影响

指标	TPM 组	NYT 组	NRC 组	P 值
剪切力（N）	51.23±6.11	51.40±7.95	50.38±11.99	0.968
滴水损失（%）	9.57±2.22	9.71±2.63	9.43±1.60	0.971
熟肉率（%）	68.65±3.14[b]	70.76±5.00[ab]	73.85±3.01[a]	0.016
pH_{24}	6.16±0.17	6.13±0.18	6.09±0.24	0.735
肉色 L^*	46.05±3.26	44.02±2.93	43.45±3.03	0.190
肉色 A^*	12.66±1.71[a]	9.72±1.24[b]	12.54±1.67[a]	0.035
肉色 B^*	8.86±0.79[a]	7.25±0.99[a]	6.87±0.52[b]	0.045

注：同行数据肩标相同字母表示差异不显著（$P>0.05$），不同小写字母表示差异显著（$P<0.05$）。

五、低蛋白氨基酸平衡日粮对藏香猪肌肉脂肪酸和氨基酸的影响

如表 8-12 所示，NRC 组肌肉中辛酸、十三酸、花生酸、二十四碳酸含量较 TPM 组提高 66.66%、85.71%、50.00%、50.00%，而棕榈酸、二十三碳酸降低 33.33%、33.33%（$P<0.05$）。NRC 组棕榈酸、二十三碳酸较 NYT 组降低 42.86%、33.33%，而二十四碳酸含量提高 100%（$P<0.05$）。NRC 组藏香猪肌肉中棕榈油酸、十七碳酸、芥酸、神经酸含量较 TPM 组提高 200.00%、32.54%、37.68%、100.00%（$P<0.05$），而外周血红细胞膜脂肪酸含量降低 51.08%（$P<0.05$）。

NRC 组共轭亚麻酸、二十二碳六烯酸含量较 TPM 组提高 13.66%、33.33%，而 γ-亚麻酸、α-亚麻酸、二十碳三烯酸含量降低 11.80%、

20.54%、14.86%（$P < 0.05$）。NYT 组共轭亚麻酸含量较 TPM 组提高 19.43%，而 γ-亚麻酸、α-亚麻酸含量降低 10.07%、17.07%（$P<0.05$）。说明 NRC 组藏香猪肌肉中脂肪酸含量高于其他两组，NRC 组的肉质也优于其他两组。脂肪酸组成对肉类质量、肉类营养价值以及人类健康的各个方面都有重要影响（Wood 等，2008）。例如棕榈酸、珍珠酸和外周血红细胞膜脂肪酸有造成疾病的风险，当过量摄入时，将增加心血管疾病、糖尿病和心脏病的风险（Calder 等，2015）。在本研究中，与 TPM 组和 NYT 组相比，NRC 组棕榈酸、外周血红细胞膜脂肪酸含量显著降低。因此，NRC 组可能会降低心血管疾病和心脏病的风险。研究表明，神经酸和芥酸有增强免疫力作用，NRC 组的神经酸和芥酸含量显著高于其他两个组，能够增强细胞免疫和体液免疫。油酸是猪体内从头合成脂肪的主要产物，其浓度随着猪的增肥而增加。脂肪酸组成主要受胸最长肌、半膜肌蛋白质减少和皮下脂肪的影响。然而，胸最长肌的变性比半膜肌更强。与对照蛋白日粮相比，喂食低蛋白日粮猪的脂肪（包括肌内脂肪）分布均匀，皮下脂肪中观察到 N-3 脂肪酸和 N-6 脂肪酸的减少，可能是喂食低蛋白日粮猪的 ADFI 较低，所以这些脂肪酸的含量较低（Tous 等，2014）。有研究表明，不饱和脂肪酸，特别是 n3-PUFA，有益于人类健康，也与肉类的风味有关（Schwingshackl 等，2012）。在目前的研究中，低蛋白日粮 NRC 组的 N3-PUFA 与其他两组相比，数值显著降低，与以往的研究相矛盾，可能与猪的品种有关。此外，建议肉类的 PUFA∶SFA 比率高于 0.4（Wood 等，2004）。

表 8-12　低蛋白日粮氨基酸平衡对藏香猪肌肉中脂肪酸含量的影响　　（g/kg）

指标	TPM 组	NYT 组	NRC 组	P 值
饱和脂肪酸（SFA）				
辛酸 C8∶0	0.03±0.01[b]	0.04±0.01[ab]	0.05±0.01[a]	0.037
葵酸 10∶0	0.02±0.01	0.03±0.02	0.03±0.023	0.293
十一酸 C11∶0	0.03±0.01	0.03±0.01	0.03±0.01	0.772
十三酸 C13∶0	0.07±0.01[b]	0.10±0.05[ab]	0.13±0.02[a]	0.023
十五酸 C15∶0	0.97±0.05	1.06±0.05	1.06±0.08	0.965
棕榈酸 C16∶0	0.06±0.01[a]	0.07±0.01[a]	0.04±0.01[b]	0.039
珍珠酸 C17∶0	21.61±1.96	23.21±2.49	23.99±1.22	0.134
硬脂酸 C18∶0	0.27±0.03	0.25±0.02	0.25±0.02	0.746

(续表)

指标	TPM 组	NYT 组	NRC 组	P 值
花生酸 C20:0	0.04 ± 0.01^b	0.06 ± 0.02^a	0.06 ± 0.01^a	0.018
山酸 C22:0	0.15 ± 0.02	0.17 ± 0.02	0.16 ± 0.01	0.355
二十三碳酸 C23:0	0.09 ± 0.02^a	0.09 ± 0.02^a	0.06 ± 0.01^b	0.007
二十四碳酸 C24:0	0.01 ± 0.00^b	0.01 ± 0.01^b	0.02 ± 0.011^a	0.035
单不饱和脂肪酸（MUFA）				
棕榈油酸 C16:1	0.02 ± 0.00^b	0.02 ± 0.01^b	0.06 ± 0.02^a	0.005
十七碳酸 C17:1	1.69 ± 0.17^b	1.86 ± 0.28^b	2.24 ± 0.16^a	0.032
反油酸 C18:1Trans	0.01 ± 0.01	0.01 ± 0.01	0.01 ± 0.01	0.082
油酸 C18:1	0.14 ± 0.04	0.12 ± 0.01	0.14 ± 0.02	0.131
外周血红细胞膜脂肪酸 C20:1N9	1.39 ± 0.42^a	1.07 ± 0.34^{ab}	0.68 ± 0.22^b	0.028
芥酸 C22:1	0.69 ± 0.14^b	0.64 ± 0.15^b	0.95 ± 0.23^a	0.017
神经酸 C24:1	0.02 ± 0.00^b	0.02 ± 0.01^b	0.04 ± 0.02^a	0.039
多不饱和脂肪酸（PUFA）				
反亚油酸 C18:2Trans	0.04 ± 0.01	0.03 ± 0.01	0.03 ± 0.01	0.517
共轭亚麻酸 C18:2	9.88 ± 0.59^b	11.80 ± 0.67^a	11.23 ± 0.13^a	0.008
γ-亚麻酸 C18:3N6	44.07 ± 1.26^a	38.87 ± 2.18^b	39.63 ± 1.38^b	0.002
α-亚麻酸 C18:3N3	19.62 ± 1.42^a	15.59 ± 1.53^b	16.27 ± 1.66^b	0.016
2-γ-麻酸 C20:3N6	1.12 ± 0.09	1.12 ± 0.25	1.13 ± 0.05	0.646
二十碳三烯酸 C20:3N3	0.74 ± 0.01^a	0.74 ± 0.04^a	0.63 ± 0.03^b	0.009
二十二碳二烯酸 C22:2	0.03 ± 0.01	0.02 ± 0.01	0.03 ± 0.01	0.276
二十二碳六烯酸 C22:6	0.03 ± 0.00^b	0.03 ± 0.01^b	0.04 ± 0.01^a	0.037

注：同行数据肩标相同字母表示差异不显著（$P>0.05$），不同小写字母表示差异显著（$P<0.05$）。

如表 8-13 所示，NRC 组肌肉中赖氨酸、精氨酸含量较 NYT 组提高 56.45%、28.27%（$P<0.05$）。NYT 组精氨酸含量较 TPM 组降低 18.04%、而组氨酸含量提高 57.83%（$P<0.05$）。NRC 组肌肉中天冬氨酸、谷氨酸、甘氨酸、脯氨酸、丙氨酸含量较 NYT 组提高 56.86%、50.42%、41.09%、42.25%、37.18%（$P<0.05$）。TPM 组肌肉中谷氨酸、甘氨酸、丙氨酸含量较 NYT 组提高 38.77%、23.80%、27.06%（$P<0.05$）。说明 NRC 组藏香猪肌肉中氨基酸含量最高。除脂肪酸外，Hu 等（2017）研究表明，肉类质量部分由

氨基酸的组成和含量反映，其中一些氨基酸，如 Arg、Leu、Met、Glu 和 Asp，在肉类的香气和风味中起着重要作用。谷氨酸盐在改善猪肉风味方面起着重要作用，因为它对不愉快气味具有缓冲作用（Liu 等，2019）。研究发现，喂食低蛋白饲料增加了猪肌肉中的游离氨基酸，这可能与氨基酸供应不平衡和肌肉中蛋白质分解代谢增加有关（Qin 等，2017）。Lys、His、Gly、Pro、Ala 对猪的生长性能起着重要作用，NRC 组的 Lys、HisGly、Pro、Ala 含量高于其他两组。所以能够提高藏香猪的生长性能。研究表明，NRC 组的 Arg、Leu、Met、Glu、AsP 含量均高于 TPM 组和 NYT 组。因此，在饲喂低蛋白日粮时，与 NYT 组和 TPM 组相比，NRC 组能够明显改善藏香猪的肉质风味。

表 8-13 低蛋白日粮氨基酸平衡对藏香猪肌肉中氨基酸含量的影响 （mg/kg）

指标	TPM 组	NYT 组	NRC 组	P 值
必需氨基酸				
赖氨酸	12.90±3.62^{ab}	9.23±1.03^{b}	14.44±2.75^{a}	0.038
蛋氨酸	3.57±0.88	3.47±0.55	3.83±0.59	0.753
苏氨酸	7.08±1.45	7.24±0.98	7.51±1.25	0.378
异亮氨酸	9.04±1.07	9.18±1.54	9.34±1.36	0.949
缬氨酸	2.39±0.19	2.52±0.18	2.90±0.12	0.636
精氨酸	12.75±1.83^{a}	10.45±0.40^{b}	13.52±1.19^{a}	0.020
组氨酸	2.68±0.58^{b}	4.23±1.15^{a}	3.67±0.44^{ab}	0.056
亮氨酸	14.13±3.11	14.82±1.69	15.14±2.57	0.378
苯丙氨酸	8.30±1.56	7.82±1.47	8.75±1.12	0.651
非必需氨基酸				
天冬氨酸	15.84±4.38^{ab}	11.45±0.80^{b}	17.96±2.74^{a}	0.038
谷氨酸	27.74±6.73^{a}	19.99±1.37^{b}	30.07±4.47^{a}	0.035
丝氨酸	7.09±0.78	7.60±0.65	7.27±0.66	0.411
甘氨酸	9.31±1.13^{a}	7.52±1.02^{b}	10.61±0.74^{a}	0.040
脯氨酸	9.98±1.41^{ab}	8.26±0.43^{b}	11.75±1.32^{a}	0.060
丙氨酸	13.43±2.32^{a}	10.57±0.82^{b}	14.50±1.22^{a}	0.018
酪氨酸	4.19±1.00	3.86±0.65	4.65±0.86	0.524

注：同行数据肩标相同字母表示差异不显著（$P>0.05$），不同小写字母表示差异显著（$P<0.05$）。

六、低蛋白氨基酸平衡日粮对藏香猪表观消化率的影响

如表8-14所示,NRC组粗蛋白质、粗脂肪、中性洗涤纤维、钙表观消化率较TPM组提高32.75%、3.09%、20.40%、10.94%($P<0.05$)。NRC组粗蛋白质、粗脂肪、中性洗涤纤维表观消化率较NYT组提高40.08%、8.10%、17.25%($P<0.05$)。说明NRC组的大部分表观消化率最高。黄建等(2017)研究表明,在NRC(1998)推荐的日粮CP水平下,CP水平降低4个百分点以上时,CP表观消化率降低,同时随CP水平的降低,EE表观消化率有增加的趋势,对CF、CA、P表观消化率没有影响。日粮蛋白质水平在14.8%的基础上降低1%~2%时,对育肥猪的生长性能和营养物质的表观消化率没有显著影响(Wang等,2022)。于树龙等(2015)研究表明,将日粮CP水平从17%降低至16%、15%、14% 3个阶段时,3个组P、CA、DM、EE表观消化率均明显提高,其中CP15%组P表观消化率最高,CP14%组CA、DM、EE表观消化率最优,CP14%和CP15%表观消化率最好。但随着CP水平的降低,ADF、NDF表观消化率也随着降低,低CP不能提高ADF、NDF表观消化率。当CP从17%降低至14%时,对生长猪大部分营养表观消化率效果最明显。本研究结果发现,在饲喂低蛋白日粮的条件下,NRC组的CP、EE、NDF消化率显著高于TPM组和NYT组,但不能提高EE消化率。其原因很可能是合成氨基酸比完整蛋白质更容易被吸收,增加低蛋白日粮中必需氨基酸的含量也可以改善断奶仔猪的DM表观总消化道消化率。此外,由于必需氨基酸水平增加而促进肠道发育,可能会对猪日后的营养利用产生积极影响(Zhou等,2020),NRC组添加的合成氨基酸含量高于其他两组。总而言之,NRC组藏香猪大部分营养表观消化率效果最好。

表8-14 低蛋白日粮氨基酸平衡对藏香猪表观消化率的影响 (%)

指标	TPM组	NYT组	NRC组	P值
干物质	76.21±1.14	77.03±3.2	78.40±3.7	0.752
粗蛋白质	56.89±3.52[b]	53.91±1.10[b]	75.52±0.37[a]	0.005
粗脂肪	86.81±1.89[b]	82.79±0.87[c]	89.50±0.53[a]	0.007
中性洗涤纤维	53.72±3.24[b]	55.16±0.81[b]	64.68±1.73[a]	0.009
酸性洗涤纤维	49.29±4.67	48.11±3.63	49.81±3.62	0.123

(续表)

指标	TPM 组	NYT 组	NRC 组	P 值
钙	53.06±3.95^b	56.85±2.39^{ab}	58.87±1.46^a	0.049
总磷	58.22±2.63	54.74±4.29	58.59±2.06	0.123

注：同行数据肩标相同字母表示差异不显著（$P>0.05$），不同小写字母表示差异显著（$P<0.05$）。

七、小结

日粮低蛋白条件下，与藏香猪肉中氨基酸比例、NYT 推荐的日粮氨基酸比例相比，NRC 推荐的日粮氨基酸比例能够显著提高藏香猪营养表观消化率、生产性能和肉品质，是最佳的氨基酸平衡模式。

第三节 低蛋白日粮对杜长大猪生长性能、肉品质和抗氧化的影响

近年来，我国养猪业快速发展，但随之而来的蛋白饲料资源短缺和环境污染压力骤增等问题也日益突出。因此，建立养猪业快速、健康、可持续发展策略成为行业研究热点。研究发现，在氨基酸平衡条件下应用低蛋白日粮技术，可改善饲料资源短缺问题，减少氮排放，降低生产成本。研究表明，饲粮粗蛋白质水平降低 1.5%，不仅能提高仔猪生产性能和减少腹泻发生，而且猪粪氮含量和舍内氨气含量也极显著下降。合理运用低蛋白饲粮技术，对猪生长性能和健康状况未产生负面影响，还可以降低血液尿素氮含量。因此，实践中应用低蛋白饲粮是可行的。但研究表明，将蛋白水平降低且不补充氨基酸的情况下，会明显降低生产性能，因此只有正确运用低蛋白日粮策略才能取得理想的生产效果。已有的相关研究报道集中于猪生长的某一阶段，如保育阶段、生长或育肥阶段，而较少贯穿于保育—生长—育肥的整个过程。东北农业大学动物科学技术学院张俊杰选取平均体质量（24.6±0.95）kg/头的杜洛克猪×长白×大白杂交猪（杜长大杂交猪）63 头，随机分 3 组，即对照组（基础饲粮）、低蛋白Ⅰ组（粗蛋白水平较对照低 1%）和低蛋白Ⅱ组（粗蛋白水平较对照低 2%），每组 3 个重复，每个重复 7 头猪，试验期 105 d，分为 3 个饲养阶段，第 1 阶段猪体质量为 25～50 kg/头，第 2 阶段为 50～75 kg/头，第 3 阶段为 75～110 kg/头。结果发现，在补充氨基酸的基础上饲喂低蛋白饲粮，对生长育肥猪的生长性能、肉品质、血液生化指标无显著负面影响，且可在一定程度上

提高肌肉抗氧化能力。

一、研究方案

1. 试验设计与日粮

选取平均体质量（24.6±0.95）kg/头的杜洛克猪×长白×大白（杜长大杂交猪）63头，公母数量相近，随机分为对照组（基础饲粮）、低蛋白Ⅰ组、低蛋白Ⅱ组，每处理组3个重复，每重复7头猪。预饲期7 d，试验期105 d。试验分为3个饲养阶段：第1阶段猪体质量为25～50 kg/头，第2阶段为50～75 kg/头，第3阶段为75～110 kg/头，每个处理组平均体质量达标时同时进入下一阶段。对照组、低蛋白Ⅰ组、低蛋白Ⅱ组在第1阶段分别饲喂粗蛋白质水平为16%、15%、14%的饲料，第2阶段分别饲喂粗蛋白质水平为15%、14%、13%的饲料，第3阶段分别饲喂粗蛋白质水平为14%、13%、12%的饲料，且2个低蛋白组额外补充赖氨酸、蛋氨酸、色氨酸、苏氨酸4种必需氨基酸，使得对照组与处理组同一阶段的4种氨基酸回肠可消化氨基酸水平一致。

试验饲粮参照NRC（2012）猪营养需要，其中粗蛋白水平主要根据《仔猪、生长育肥猪配合饲料》（T/CFIAS001—2018）团体标准推荐和限量值，配制3种不同粗蛋白质水平的饲粮，饲粮组成及营养水平见表8-15。

2. 饲养管理及样品采集

试验期105 d，采用发酵床猪舍，每圈设有单独料槽和鸭嘴式饮水器，按照猪场管理，定期进行免疫、驱虫和消毒等程序，采食和饮水自由。试验结束后，随机选取9头（每个处理3头，每个重复1头）体质量相近的猪，禁食12 h后称体质量。屠宰时，采集血清，用离心机3 500 r/min离心10 min，分离血清并置于-20℃冷冻保存，用于血液生化指标的测定。取左侧胴体最后肋骨处背最长肌用于肉品质的测定。部分肉样-20℃冷冻保存，用于抗氧化能力。

表8-15 饲粮组成及营养水平（风干基础） （%）

项目	第1阶段			第2阶段			第3阶段		
	对照组	低蛋白Ⅰ组	低蛋白Ⅱ组	对照组	低蛋白Ⅰ组	低蛋白Ⅱ组	对照组	低蛋白Ⅰ组	低蛋白Ⅱ组
玉米	64.40	67.70	71.00	64.24	67.04	70.73	63.76	66.95	70.18
豆粕	20.40	17.50	14.30	17.20	14.60	11.20	13.90	11.00	8.00
米糠粕	5.00	5.00	5.00	7.00	7.00	7.00	9.00	9.00	9.00
米糠	5.00	5.00	5.00	7.00	7.00	7.00	9.00	9.00	9.00

(续表)

项目	第1阶段			第2阶段			第3阶段		
	对照组	低蛋白Ⅰ组	低蛋白Ⅱ组	对照组	低蛋白Ⅰ组	低蛋白Ⅱ组	对照组	低蛋白Ⅰ组	低蛋白Ⅱ组
大豆油	2.20	1.61	1.30	2.00	1.70	1.20	2.00	1.60	1.20
石粉	1.18	1.20	1.20	1.20	1.20	1.20	1.10	1.10	1.15
磷酸氢钙	0.52	0.54	0.55	0.16	0.18	0.20	0.13	0.23	0.31
赖氨酸	0.24	0.34	0.44	0.20	0.28	0.39	0.13	0.23	0.31
蛋氨酸	0.06	0.09	0.12	0.00	0.00	0.02	0.00	0.00	0.00
色氨酸	0.00	0.01	0.03	0.00	0.00	0.01	0.00	0.00	0.01
苏氨酸	0.00	0.02	0.06	0.00	0.01	0.06	0.00	0.00	0.02
氯化钠	0.40	0.40	0.40	0.40	0.40	0.40	0.50	0.50	0.50
氯化胆碱	0.20	0.20	0.20	0.20	0.20	0.20	0.20	0.20	0.20
预混料[1]	0.40	0.40	0.40	0.40	0.40	0.40	0.40	0.40	0.40
合计	100.00	100.00	100.00	100.00	100.00	100.00	100.00	100.00	100.00
营养水平[2]									
代谢能（MJ/kg）	13.07	13.24	13.15	13.24	13.17	13.09	13.19	13.10	13.07
净能（MJ/kg）	10.38	10.38	10.38	10.38	10.38	10.38	10.38	10.38	10.38
粗蛋白质	16	15	14	15	14	13	14	13	12
钙	0.62	0.62	0.62	0.55	0.55	0.55	0.49	0.49	0.49
有效磷	0.27	0.27	0.27	0.20	0.20	0.20	0.17	0.17	0.17
标准回肠可消化氨基酸									
赖氨酸	0.98	0.98	0.98	0.87	0.87	0.87	0.76	0.76	0.75
蛋氨酸	0.32	0.33	0.33	0.24	0.24	0.24	0.21	0.21	0.21
苏氨酸	0.58	0.58	0.58	0.54	0.54	0.54	0.47	0.47	0.47
色氨酸	0.17	0.17	0.17	0.15	0.15	0.15	0.13	0.13	0.13

注：1) 预混料为每千克全价料提供：烟酸 30 mg，维生素 A 4 400 IU，生物素 0.2 mg，维生素 D_3 500 IU，泛酸 15 mg，维生素 E 28 IU，维生素 K 30.5 mg，维生素 B_1 2 mg，维生素 B_2 5 mg，维生素 B_6 4 mg，叶酸 0.5 mg，铜 6 mg，铁 72 mg，锰 6 mg，锌 72 mg，硒 0.3 mg，碘 0.2 mg。

2) 营养水平为计算值。

3. 指标测定

生长性能的测定，试验猪平均体质量达到 50 kg/头，75 kg/头和 110 kg/头左右时，空腹称量试验猪体质量，统计和记录试验猪各试验阶段的饲料消耗量及健康情况，计算平均日采食量（ADFI）、平均日增质量（ADG）和料重比（F/G）。

肉色是将背最长肌切去表层，在肉样切面上覆盖透氧薄膜静置 1 h，置于室内漫射光下，光强 750 lx 以上评定。按照 Minolta Chroma Meter Ⅱ 全自动色度仪使用说明测定肉色。同一肉样重复测定 3 次后取平均值。肉色用亮度（L^*）、红度（A^*值）和黄度（B^*值）3 个指标表示。

屠宰后取背最长肌肉样，修去肌外膜。将试样切取修整为 2 cm×3 cm×5 cm 肉样，称质量。用鱼线穿过肉样，悬挂于聚乙烯塑料保鲜袋中密封，确保袋内悬挂肉样沿着肌纤维方向垂直向下，且肉样并未接触袋壁。将其悬挂在 4℃冰箱中 24 h 后，取出肉样并用滤纸拭去肉样表层汁液后称质量，计算滴水损失，每个肉样 3 个重复。

屠宰后取背最长肌肉样，称质量。放于保鲜袋中，将温度计插于肉样中，排空袋内空气，密封。置于 80℃恒温水浴锅中加热，待肉样中插入温度计达到恒温 80℃时开始计时。20 min 后将袋内肉样取出，用滤纸吸干水分，放于室温，5 min 后称质量，计算蒸煮损失，每个肉样 3 个重复。

使用南京建成生物工程研究所试剂盒测定抗氧化能力，按照说明书测定肌肉样品的总蛋白（TP）含量、过氧化氢酶（CAT）活性、总抗氧化能力（T-AOC）和超氧化物歧化酶（SOD）活性。

取屠宰时采取的血清，按照南京建成生物工程研究所试剂盒说明书测定总蛋白（TP）、白蛋白（ALB）、甘油三酯（TG）、总胆固醇（TC）、高密度脂蛋白胆固醇（HDL-C）、低密度脂蛋白胆固醇（LDL-C）和尿素氮（BUN）含量。

4. 数据处理与分析

试验数据用"平均值±标准差"表示，先使用 Microsoft Excel（2003）整理和初步计算，然后采用 SPSS 20.0 统计软件进行单因素方差分析（one-way-ANOVA），差异显著者用 Duncan 法进行多重比较，$P<0.05$ 表示差异显著。

二、低蛋白饲粮对杜长大三元猪生长性能的影响

由表 8-16 可知，在各个阶段和试验全期，3 个处理组平均日采食量、平均日增质量和料重比均差异不显著（$P>0.05$），且 3 组之间初始体质量与终末

体质量差异也不显著（$P>0.05$）。研究表明，当饲粮中粗蛋白质水平降低至14%时对仔猪生长性能无显著影响。潘磊等发现，当仔猪或育肥猪饲粮蛋白质水平降低2%~4%且添加必需氨基酸时，不会对猪生长性能造成影响，但血清中非必需氨基酸含量升高。由此推测，育肥猪可通过提高蛋白质吸收利用率来弥补饲粮中蛋白水平的不足和自身对必需氨基酸的需求。如果降低饲粮蛋白水平同时不补充必需氨基酸，则对生产性能造成负面影响，但会在补充外源氨基酸之后得到改善。李宁等研究表明，平衡低蛋白日粮中必需氨基酸后可显著提高平均日增质量和采食量，但色氨酸缺乏时这2个指标值显著降低，苏氨酸和含硫氨基酸不足时无显著影响。本试验结果表明，在不同生长阶段将蛋白水平降低1~2个百分点同时补充必需氨基酸，对猪平均日增质量、料重比和平均日采食量均无显著影响，这与Zhang等和Hinson等研究认为"饲粮蛋白水平降低4个百分点或更多时对仔猪生长性能产生负面影响"的结果不同。这可能是由于粗蛋白质水平存在一个阈值，降低幅度过大将难以通过补充氨基酸和改善蛋白质消化吸收效率弥补生产性能的损失。另外，本试验使用发酵床模式，该模式对改善猪舍的空气环境、提高营养物质吸收等具有积极作用。

表8-16 低蛋白饲粮对猪生长性能的影响

项目	对照组	低蛋白Ⅰ组	低蛋白Ⅱ组
初始体质量（kg）	23.64±3.97	25.35±4.78	24.81±4.31
终末体质量（kg）	111.19±8.61	113.38±12.68	111.82±12.19
平均日采食量（kg/头）ADFI			
第1阶段	1.45±0.06	1.44±0.05	1.44±0.05
第2阶段	2.53±0.14	2.55±0.13	2.54±0.11
第3阶段	3.10±0.09	3.17±0.09	3.25±0.08
试验全期	2.25±0.09	2.27±0.02	2.27±0.05
平均日增质量（kg/头）ADG			
第1阶段	0.64±0.03	0.66±0.03	0.65±0.03
第2阶段	0.92±0.03	0.91±0.06	0.87±0.08
第3阶段	1.02±0.02	1.03±0.06	1.01±0.05
试验全期	0.83±0.02	0.84±0.02	0.82±0.04
料重比F/G			
第1阶段	2.28±0.10	2.18±0.05	2.23±0.06

(续表)

项目	对照组	低蛋白Ⅰ组	低蛋白Ⅱ组
第2阶段	2.76±0.06	2.80±0.07	2.94±0.14
第3阶段	3.04±0.10	3.06±0.08	3.21±0.20
试验全期	2.71±0.04	2.69±0.03	2.76±0.10

注：同行数据后标相同字母表示差异不显著（$P>0.05$），标不同字母表示差异显著（$P<0.05$）。

三、低蛋白饲粮对杜长大三元猪肉质的影响

由表8-17可知，3个试验组杜长大三元猪的肉质红度a^*、黄度b^*、亮度L^*均无显著性差异（$P>0.05$）。低蛋白Ⅱ组的滴水损失显著高于对照组（$P<0.05$），但2个低蛋白组间差异不显著（$P>0.05$）。蒸煮损失在3个试验组间差异不显著（$P>0.05$）。肉品质是影响人们进行猪肉消费的重要感官品质，主要包括肉的色泽、多汁性、风味及嫩度。就目前研究而言，饲粮中蛋白水平是否会对肉品质造成影响存在争议。研究表明，饲喂低蛋白质饲粮对肉品质有改善作用，可能原因是低蛋白质饲粮可以促进机体内蛋白质周转。Teye等研究发现，低蛋白质饲粮对肉pH、肉色和滴水损失均无显著影响。本试验中各组的肉色指标、蒸煮损失均无显著差异，这与Lebret的研究结果一致；但低蛋白Ⅱ组滴水损失显著上升，系水力下降。张克英等研究发现，随着饲粮蛋白水平升高，滴水损失先下降后上升；葛长荣等研究表明，随着饲粮蛋白水平降低，滴水损失会逐渐降低。这可能与低蛋白日粮饲喂时间的长短和补充的氨基酸模式存在差异有关。但目前为止，关于低蛋白氨基酸平衡日粮对猪肉品质影响的研究较少，因此对氨基酸补充的影响还有待进一步研究。

表8-17 低蛋白饲粮对猪肉肉质的影响

项目	对照组	低蛋白Ⅰ组	低蛋白Ⅱ组
红度a^*	7.87±1.77	6.69±1.07	7.76±1.77
黄度b^*	6.29±2.13	4.64±0.94	5.07±0.94
亮度L^*	51.19±3.5	48.51±2.12	46.37±1.40
滴水损失（%）	4.45±1.4[ab]	5.54±1.13[ab]	6.93±0.59[a]
蒸煮损失（%）	30.11±5.14	34.20±3.74	32.43±1.81

注：同行数据肩标相同字母表示差异不显著（$P>0.05$），标不同字母表示差异显著（$P<0.05$）。

四、低蛋白饲粮对杜长大三元猪肉抗氧化能力的影响

由表 8-18 可知,低蛋白Ⅱ组杜长大三元猪肉总蛋白含量显著低于对照组($P<0.05$)。虽然 3 组间 CAT 活性差异不显著($P<0.05$),但低蛋白Ⅱ组的总抗氧化能力与对照组相比显著上升($P<0.05$),2 个处理组 SOD 活性均显著高于对照组($P<0.05$)。当机体抗氧化能力下降时,会引起生理功能的紊乱,猪抗氧化能力也可通过肌肉中的各项指标来反映。机体中抗氧化酶,如 CAT、谷胱甘肽过氧化物酶(GSH-Px)、SOD 等是维持机体抗氧化能力的主要屏障。CAT 主要参与活性氧代谢过程,GSH-Px 催化过氧化物的分解,SOD 清除氧化产生的自由基,并终止后续反应。而 T-AOC 是反映机体抗氧化性能的综合指标,机体内脂质过氧化的情况则由丙二醛(MDA)体现。吴邦元研究表明,在低蛋白日粮中添加蛋氨酸可显著提高肝脏中的 GSH-Px 和血清中 SOD 活性,从而提高抗氧化能力,同时缺乏蛋氨酸时会使 MDA 含量升高,影响抗氧化能力。本试验中低蛋白Ⅱ组 T-AOC 含量和 SOD 活性与对照组相比显著上升,这可能是由于补充氨基酸促进了机体的氨基酸平衡,在改善蛋白质氨基酸吸收的同时防止脂质过氧化,提高了抗氧化能力。

表 8-18 低蛋白饲粮对猪肉抗氧化能力的影响

指标	对照组	低蛋白Ⅰ组	低蛋白Ⅱ组
总蛋白(g/L)	4.11 ± 0.29^a	3.64 ± 0.40^{ab}	3.26 ± 0.10^b
CAT(U/mg)	1.59 ± 0.37	0.92 ± 0.53	1.93 ± 0.73
T-AOC(mmol/mg)	0.06 ± 0.01^b	0.07 ± 0.02^{ab}	0.10 ± 0.01^a
SOD(U/mg)	76.31 ± 4.16^b	84.61 ± 2.86^a	83.63 ± 1.80^a

注:同行数据肩标相同字母表示差异不显著($P>0.05$),标不同字母表示差异显著($P<0.05$)。

五、低蛋白饲粮对杜长大三元猪血液生化指标的影响

由表 8-19 可知,低蛋白Ⅱ组杜长大三元猪血清总胆固醇浓度显著高于低蛋白Ⅰ组($P<0.05$)。但包括总蛋白、白蛋白、甘油三酯、高密度脂蛋白胆固醇、低密度脂蛋白胆固醇和尿素氮在内的其他指标,在 3 个试验组间差异均不显著($P>0.05$)。血液生化指标是机体各器官及组织功能是否正常的直观反映,日粮蛋白质水平及氨基酸平衡与血液生化指标关系密切,低蛋白氨基酸平衡饲粮甚至有提高血清游离氨基酸含量的趋势。血清中总蛋白和白蛋白含量反映机体内蛋白质代谢旺盛程度,本试验中二者差异不显著,表明降低饲粮蛋白

水平不会引起机体代谢紊乱，对机体蛋白质合成没有显著影响。石宝明等在低蛋白日粮中添加酪氨酸后发现血清尿素氮水平降低。氨基酸过量或氨基酸代谢紊乱时尿素氮含量增加，但氨基酸平衡良好时尿素氮含量则下降。本试验中低蛋白Ⅱ组血清尿素氮水平与对照组差异不显著但有下降趋势，这表明猪体内氨基酸平衡良好，蛋白质氨基酸利用率提高；同时降低饲粮中蛋白水平对其他血液生化指标并无显著影响，这与马文锋的研究结果一致。说明在补充必需氨基酸情况下降低饲粮蛋白水平对猪体蛋白质合成无负面影响，同时氨基酸利用率趋于提高。

表 8-19 低蛋白饲粮对猪血液生化指标的影响

指标	对照组	低蛋白Ⅰ组	低蛋白Ⅱ组
总蛋白（mg/mL）	47.09±1.20	43.16±5.52	44.44±2.55
白蛋白（g/L）	42.11±5.40	36.22±1.34	36.25±5.89
甘油三酯（mmol/L）	0.41±0.02	0.30±0.08	0.41±0.14
总胆固醇（mmol/L）	2.21±0.18^{ab}	1.87±0.35^{b}	2.49±0.32^{a}
高密度脂蛋白胆固醇（mmol/L）	1.78±0.14	1.72±0.34	1.98±0.30
低密度脂蛋白胆固醇（mmol/L）	0.48±0.06	0.57±0.10	0.61±0.09
尿素氮（mmol/L）	13.38±1.00	13.69±3.39	11.85±1.27

注：同行数据肩标相同字母表示差异不显著（$P>0.05$），标不同字母表示差异显著（$P<0.05$）。

六、小结

在本试验条件下，低蛋白日粮对杜长大猪的生长性能、肉品质和血液生化指标基本无显著负面影响，且低蛋白日粮可在一定程度上提高肌肉抗氧化能力。

第四节 低蛋白日粮对仔猪小肠形态、消化酶及血清生化指标的影响

目前，我国养猪业面临的两大问题是优质饲料蛋白资源紧缺和环境氮污染。为缓解这两大问题，使用低蛋白质同时添加合成氨基酸以满足生长需要已成为行之有效的策略。动物体第一限制性氨基酸是赖氨酸，其次为蛋氨酸、苏氨酸、色氨酸等必需氨基酸。而目前这4种氨基酸已实现工业化生产并在猪日

粮配方中广泛使用。日粮营养物质的消化与吸收主要依赖于小肠。而肠道生形态功能正常的主要影响因子之一是日粮粗蛋白质水平。肠绒毛高度、隐窝深度、V/C 值等能够反映小肠形态与功能是否正常。小肠绒毛上又有肠微绒毛，肠绒毛与微绒毛主要作用是增大肠道表面积从而提高肠道吸收能力。因此，小肠绒毛高度越高、表面积越大、则肠道吸收功能越强。据 Zhang 等报道，日粮仅添加赖氨酸、蛋氨酸、苏氨酸、色氨酸后，粗蛋白质水平降低至一定程度时，仔猪十二指肠、空肠、回肠的绒毛高度显著降低。而在满足赖氨酸、蛋氨酸、苏氨酸、色氨酸的同时添加支链氨基酸（如亮氨酸、异亮氨酸、缬氨酸等）则能使受损的肠绒毛得到修复。Ren 等研究表明，在日粮满足所有必需氨基酸时，粗蛋白质水平降低至 17.32%对肠绒毛高度影响不显著。但邓敦研究得出仔猪饲粮蛋白质水平从 20.7%降至 12.7%时已不能满足仔猪的氨基酸需要，显著降低内脏及肌肉组织的蛋白质合成。

消化酶由胃肠道及肝胰脏等消化系统和消化腺合成与分泌。消化酶的主要作用是消化水解日粮中营养物质，消化酶本身也是一种蛋白质。胰蛋白酶主要由胰脏分泌经自激活或肠激酶激活后发挥其蛋白水解作用。在不同肠段肠腔及肠细胞中，消化酶的分泌受到摄入蛋白质的种类、数量、氨基酸组成及其消化产物的影响。Debray 等研究表明，日粮营养成分的种类与含量对肠道消化酶分泌及活力有重要影响。据郝瑞荣等报道，日粮蛋白质水平从 24%降至 20%时对仔猪胃、十二指肠和空肠食糜消化酶的活性无显著影响，而当降至 18%时仔猪胃蛋白酶、十二指肠胰蛋白酶及空肠糜蛋白酶的活性显著下降。据方桂萍等在鱼上的研究表明，一定程度上，当日粮蛋白质水平提高时，肠道胰蛋白酶活性增高，进而增强对日粮蛋白质的消化能力，促进肠道对蛋白质与氨基酸的消化吸收以及机体的氮代谢；但同时其研究结果表明日粮蛋白水平对脂肪酶活性影响不显著。

在血清生化指标中，总蛋白、白蛋白及球蛋白能够反映肠道蛋白吸收与机体蛋白代谢情况，而血清尿素氮能够反映肠道与机体的氮利用与沉积，血糖、总胆固醇及甘油三酯则能反映机体的能量代谢水平。血清总蛋白能够反映日粮粗蛋白质水平以及机体对蛋白质的消化吸收情况。当日粮蛋白水平含量较低时会降低机体蛋白合成作用，而日粮蛋白水平较高时机体氮沉积增强。机体内蛋白质与氨基酸经精氨酸循环代谢最终生尿素氮。当日粮蛋白水平较高或氨基酸比例相对平衡时，机体蛋白合成增强，氮利用率提高。因此，血清尿素氮含量能够反映机体氮代谢情况。另据 Heo 等报道，饲喂低蛋白日粮能够降低血清尿素氮含量。基于此，南京农业大学孟祥龙随机选取 28 日龄断奶杜长大三元杂交仔猪54头［（9.58±0.62）kg］，随机分为3组，单栏饲养，每组18个重复，各组日粮粗蛋白质水平分别为20%（NRC，2012）、17%、14%，在试验期第10 d、25 d、45 d各组分别随机选取6头屠宰采样。对试验期45 d仔猪十二指肠、空肠、回肠的绒毛高度、隐窝深度及其比值进行测量并统计分析，结果发现满足赖氨酸、蛋氨酸、苏氨酸、色氨酸需要量后，日粮粗蛋白质水平降低3%，仔猪十二指肠绒毛高度显著降低，仔猪血清尿素氮显著降低。日粮粗蛋白质水平降低6%，仔猪十二指肠绒毛高度显著降低，空肠绒毛高度极显著降低；胰脏脂肪酶、回肠胰蛋白酶、胰脏脂肪酶活力均显著降低；肥育猪胰脏脂肪酶活力显著升高；仔猪血清尿素氮、总胆固醇均显著降低。

一、研究方案

1. 试验设计与试验动物

采用玉米-豆粕型日粮，参考NRC（2012）以及理想氨基酸模型，形成仔猪（10~30 kg）的日粮配方，3组日粮蛋白水平分别为20% CP（NRC，2012）、17% CP、14% CP，同时满足4种必需氨基酸（赖氨酸、蛋氨酸、苏氨酸、色氨酸）的需要量。试验日粮组成见表8-20。试验随机选取健康、体重相近（长沙湘乡某猪场的阉公猪）的28日龄断奶杜长大三元杂交仔猪54头（9.58±0.62 kg）。使用20% CP日粮预饲3 d后，随机分为3组，分别饲喂三种不同粗蛋白质含量日粮，每组18头，18个重复，单栏饲养，自由饮水，试验期45 d。分别在试验第10 d、25 d、45 d各组随机选取6头，先前腔静脉采血，后屠宰采集肠道组织、食糜以及胰脏组织以备后续分析。每天8:00开始打扫猪舍及猪栏卫生，8:30 饲喂，17:00开始打扫猪舍及猪栏卫生，17:30饲喂，自由饮水，预饲3 d。每天做好观察记录，主要观察猪的采食、健康、精神状态、毛色、体况以及是否腹泻等。整个试验期间按照正常饲养管理程序进行打扫清除粪尿等卫生工作及消毒、驱虫、免疫等防疫工作。

表8-20 仔猪试验日粮组成及组分（%干物质基础）

原料	日粮		
	14% CP	17% CP	20% CP
玉米	71.8	66.5	63.7
豆粕	13.4	18.8	19.8
乳清粉	4.4	4.3	4.3
鱼粉	1.5	4	9

（续表）

原料	日粮		
	14% CP	17% CP	20% CP
大豆油	4.1	2.6	0.8
赖氨酸	0.88	0.62	0.38
蛋氨酸	0.27	0.19	0.1
苏氨酸	0.33	0.21	0.09
色氨酸	0.08	0.04	0.01
磷酸氢钙	1.15	0.74	0
石粉	0.79	0.7	0.52
食盐	0.3	0.3	0.3
1%预混料	1	1	1
合计	100	100	100
营养成分（%）			
消化能（MJ/kg）	14.6	14.6	14.6
粗蛋白质	14.09	17.09	20.05
赖氨酸	1.23	1.23	1.23
蛋氨酸+胱氨酸	0.68	0.68	0.68
苏氨酸	0.73	0.73	0.73
色氨酸	0.2	0.2	0.2
精氨酸	0.68	0.9	1.09
组氨酸	0.31	0.39	0.46
异亮氨酸	0.45	0.59	0.7
亮氨酸	1.1	1.3	1.5
苯丙氨酸	0.54	0.68	0.79
缬氨酸	0.5	0.64	0.77
必需氨基酸	6.43	7.35	8.15
非必需氨基酸	5.98	7.47	8.72
必需氨基酸/总氨基酸	0.52	0.5	0.48

注：预混料为每千克全价料提供：维生素 A 10 800 IU；维生素 D_3 4 000 IU；维生素 E 40 IU；维生素 K_3 4 mg；维生素 B 6 mg；维生素 B_2 12 mg；维生素 B_6 6 mg；维生素 B_1 20.05 mg；生物素 0.2 mg；叶酸 2 mg；烟酸 50 mg；铁 100 mg；铜 150 mg；锰 40 mg；锌 100 mg；碘 0.5 mg；硒 0.3 mg。

2. 样品的采集与预处理

仔猪屠宰（屠宰前不绝食）后，迅速剖开腹腔，分离并剪取胰脏组织置于 2 mL 冻存管中，迅速将冻存管投入液氮中保存，用于消化酶活力测定；将十二指肠、空肠、回肠分离并结扎幽门瓣、回盲瓣，用手术剪剪取 2 cm 肠段，经 PBS 缓冲液清洗后，置于含有 4% 的多聚甲醛溶液中固定，12~24 h 后，经脱水、透明、透蜡、包埋、切片，然后进行 HE 染色，以备观察小肠组织形态并测定绒毛长度与隐窝深度。

仔猪屠宰（屠宰前不绝食）后，剖开腹腔，结扎幽门瓣、回盲瓣，取出消化器官，分离并结扎十二指肠、空肠和回肠，迅速取出十二指肠、空肠、回肠食糜样品，将食糜样品置于灭菌的 2 mL 冻存管，上述所有操作过程均在冰冷的台面上进行。所有的样品在取出后迅速放入液氮中冷冻，然后送回实验室保存于-20℃冰箱，用于消化酶活力的测定。

仔猪前腔静脉采血，静置 2~4 h 后，3 000 r/min 离心，10 min，取上层血清于 2 mL 灭菌离心管中，-20℃保存，用于血清生化指标的测定。

3. 指标的测定与方法

使用 NIKONEclipseBoi 显微镜进行小肠组织 HE 染色切片的照片拍摄（选定合适视野和光度后拍摄）。使用 Imagemotic2000-1.3 进行测量长绒毛高度与隐窝深度。

十二指肠、空肠、回肠及胰脏组织的脂肪酶、胰蛋白酶，胰脏组织总蛋白的测定均使用南京建成生物科技有限公司相应试剂盒并参照试剂盒说明书进行测定。肠道食糜 pH 的测定：将肠道各部位食糜取出于 4℃解冻后，vertex300，30 s，37℃水浴条件下，使用 pH 计直接测定 pH 值。

所有血清样品中总蛋白、白蛋白、球蛋白、尿素氮、葡萄糖、总胆固醇、甘油三酯的含量均使用全自动生化分析仪参照各指标试剂盒说明书进行测定。

4. 数据的处理与分析

试验数据采用 Excel 2010 进行初步处理，用 SPSS 20.0 软件进行统计分析，采用单因子方差（One-WayANOVA）分析进行差异显著性检验，并采用 Doncan's 比较，以 $P<0.05$ 作为差异显著性判断标准（消化酶活力及 pH 值数据以"平均值±标准差"形式给出）。

二、低蛋白日粮对仔猪小肠形态的影响

由表 8-21 可知，日粮满足赖氨酸、蛋氨酸、苏氨酸、色氨酸需要量后，随日粮 CP 水平下降，在仔猪试验期 45 d，十二指肠绒毛高度 14% CP 组、

17% CP 组均显著低于 20% CP 组（$P<0.05$），14% CP 组与 17% CP 组差异不显著（$P>0.05$）；随日粮 CP 水平的下降，十二指肠隐窝深度（$P=0.091$）、V/C 值（$P=0.053$）均有降低的趋势；空肠绒毛高度 14% CP 组极显著低于 17% CP 组、20% CP 组（$P<0.05$），17% CP 组与 20% CP 组差异不显著（$P>0.05$），隐窝深度 3 组间均差异不显著（$P>0.05$）。小肠形态的衡量指标主要有绒毛高度、隐窝深度、V/C 值等。肠绒毛与微绒毛主要作用是增大肠道表面积从而提高肠道吸收能力。因此，小肠绒毛高度越高、表面积越大，则肠道吸收功能越强。日粮蛋白质与氨基酸可直接参与肠上皮细胞代谢或刺激胃肠激素分泌来影响肠道形态。本试验研究结果显示，满足赖氨酸、蛋氨酸、苏氨酸、色氨酸需要量后，当日粮蛋白水平降低至 17% 时，与对照组（20% CP）相比，十二指肠绒毛高度显著降低，且随日粮 CP 水平的下降，十二指肠隐窝深度以及 V/C 值均有降低的趋势，空肠绒毛高度 14% CP 组极显著低于 17% CP 组、20% CP 组（$P<0.05$）

这与 Zhang 等报道报道相一致。其原因可能因仔猪肠道处在快速生长发育阶段，其需要外界持续的营养供应以满足需要。另外也可能与仔猪肠道发育不完善或日粮氨基酸供应不足或氨基酸比例不平衡有关。本研究结果显示，日粮粗蛋白水平降低至 17%、14% 时，对仔猪回肠绒毛高度、隐窝深度及 V/C 值影响不显著。这与 Opapeju 等研究得出结论相反。Opapeju 等试验仔猪与本试验仔猪不同之处在于，其仔猪在 17 d 左右断奶，而本试验仔猪为 28 d 断奶，其试验期为 21 d，而本试验期为 45 d，另外日粮蛋白来源也有很大不同。因此，其原因可能与仔猪所处的生长阶段和日粮蛋白来源不同有关。

表 8-21 低蛋白日粮对仔猪（试验期 45 d）小肠形态的影响

部位	CP 水平	绒毛高度（μm）	隐窝深度（μm）	V/C 值
十二指肠	14%	493.42[a]	235.82	2.14
	17%	481.55[a]	252.15	1.94
	20%	587.81[b]	266.27	2.24
	SEM'	15.99	5.96	0.05
	P	0.011	0.091	0.053
空肠	14%	387.75[A]	189.3	2.11
	17%	448.24[B]	212.15	2.18
	20%	448.85[B]	204.67	2.27
	SEM	8.85	5.24	0.04
	P	0.004	0.182	0.242

(续表)

部位	CP 水平	绒毛高度（μm）	隐窝深度（μm）	V/C 值
回肠	14%	324.62	152.33	2.25
	17%	350.95	159.09	2.26
	20%	333.91	157.15	2.18
	SEM	5.89	3.13	0.04
	P	0.165	0.675	0.639

注：SEM′，平均标准误；a,b,c，表示同部位不同 CP 水平差异显著（$P<0.05$），A,B,C，表示同部位不同 CP 水平差异显著（$P<0.05$）；（$n=6$）。（下同）

三、低蛋白日粮对仔猪消化酶活力及小肠食糜 pH 的影响

由表 8-22 可知，日粮满足赖氨酸、蛋氨酸、苏氨酸、色氨酸需要量后，在仔猪试验期 10 d 时，随日粮 CP 下降，胰脏脂肪酶活力下降，14% CP 组显著低于 20% CP 组（$P<0.05$）14% CP 组与 17% CP 组、17% CP 组与 20% CP 组差异均不显著（$P>0.05$）；3 组间空肠 pH 值均差异不显著（$P>0.05$）；在仔猪试验期 25 d 时，随日粮 CP 下降，空肠脂肪酶活力先上升后下降，17% 组显著高于 14% CP 组与 20% CP 组（$P<0.05$），14% CP 组与 20% CP 组差异不显著（$P>0.05$）；回肠胰蛋白酶活力下降，14% CP 组显著低于 20% CP 组（$P<0.05$），14% CP 组与 17% CP 组、17% CP 组与 20% CP 组差异均不显著（$P>0.05$）；三组间空肠 pH 值均差异不显著（$P>0.05$）；在仔猪试验期 45 d 时，随日粮 CP 下降，胰脏脂肪酶活力下降，14% CP 组显著低于 20% 组（$P<0.05$），14% CP 组与 17% CP 组、17% CP 组与 20% CP 组差异均不显著（$P>0.05$）；三组间空肠 pH 值均差异不显著（$P>0.05$）；回肠 pH 值 14% CP 组显著低于 20%CP 组（$P<0.05$），14% CP 组与 17% CP 组、17% CP 组与 20% CP 组差异均不显著（$P>0.05$）。口腔、胃肠道及肝胰脏等消化器官和腺体是消化酶合成与分泌的主要场所。消化酶的主要作用是消化水解日粮中营养物质，其本身也是一种蛋白质。胰蛋白酶主要由胰脏分泌经自激活或肠激酶激活后发挥其蛋白水解作用。在不同肠段肠腔及肠细胞中，消化酶的分泌受到摄入蛋白质的种类、数量、氨基酸组成及其消化产物的影响。本试验中，当仔猪日粮粗蛋白质水平降低至 17%时，仅空肠脂肪酶活力显著增加；当日粮粗蛋白质水平降低至 13%时，胰脏及回肠脂肪酶、回肠蛋白酶活力显著下降，回肠 pH 显著升高。Yue 等研究结果表明，仔猪日粮平衡所有必需氨基酸后，粗蛋白质水平可降至 18.9%对仔猪空肠乳糖酶、蔗糖酶和麦芽糖酶活性没有显著

影响，若进一步降低日粮粗蛋白质水平，则酶活力显著下降。其原因可能是日粮蛋白水平的过度降低造成某些非必需氨基酸限制或缺乏，从而影响消化酶的合成、分泌以及活力。

表8-22 低蛋白日粮对仔猪消化酶活力及小肠食糜 pH 的影响

试验期	部位	CP水平	脂肪酶	胰蛋白酶	pH
10 d	十二指肠	14%	148.29±35.31	—	—
		17%	273.98±111.62	—	—
		20%	155.35±72.47	—	—
	空肠	14%	5 084.25±1 033.81	14 931.67±293.79	6.80±0.28
		17%	4 601.7±2 624.11	17 050.00±2 917.09	6.38+0.56
		20%	3 662.54±925.72	14 785.28±130.31	6.26±0.51
	回肠	14%	1 473.29±327.75	8 239.80±254.95	—
		17%	1 148.49±284.75	8 873.75±34.36	—
		20%	1 390.49±142.50	8 566.33±251.17	—
	胰脏	14%	2 529.54±360.61[a]	61.99±13.25	—
		17%	7 206.78±599.52[ab]	—	—
		20%	19 416.56±5 962.33[b]	172.06±47.49	—
25 d	十二指肠	14%	398.27±52.16	2 506.67±53.33	—
		17%	496.66±102.00	—	—
		20%	553.15±95.88	432.08±60.41	—
	空肠	14%	3 041.13±447.49[a]	1 1805.83±341.87	5.54±0.42
		17%	7 609.90±1 627.65[b]	1 1650.83±268.72	5.94±0.55
		20%	2 509.17±540.15[a]	10 984.33±1 398.50	4.68±0.41
	回肠	14%	1 333.88±263.78	7 295.33±384.34[a]	—
		17%	2 181.68±221.96	8 612.83±92.11[b]	—
		20%	2 215.52±667.39	8 395.83±217.06[b]	—
	胰脏	14%	2 201.73±448.69	37.72±9.37	—
		17%	2 378.80±11.90	39.03±8.28	—
		20%	2 029.80±309.09	21.27±9.36	—

(续表)

试验期	部位	CP 水平	脂肪酶	胰蛋白酶	pH
45 d	十二指肠	14%	527.26±73.54	—	—
		17%	2 311.45±1 367.65	—	—
		20%	2 174.93±225.97	—	—
	空肠	14%	1 233.40±317.95	12 382.78±204.36	5.87±0.71
		17%	1 339.32±340.41	12 391.39±226.16	6.26±0.52
		20%	1 348.74±447.30	12 193.33±172.39	6.01±0.70
	回肠	14%	1 980.19±260.37	5 660.60±181.18	8.29±0.21^a
		17%	2 602.49±499.12	54 870.00±255.13	8.03±0.33^{ab}
		20%	2 902.18±373.59	6 274.4±414.36	7.88±018^b
	胰脏	14%	10 335.73±2 202.923^a	76.01±20.72	—
		17%	4 271.90±4 256.36^{ab}	48.92±6.68	—
		20%	21 836.48+3 536.62^b	153.85±116.06	—

注：胰脏组织脂肪酶与胰蛋白酶活力单位分别为 U/gprot、U/mgprot；"—"表示样品缺失或酶活力未能测出。

四、低蛋白日粮对仔猪血清生化指标的影响

由表 8-23 可知，日粮满足赖氨酸、蛋氨酸、苏氨酸、色氨酸需要量后，随粗蛋白水平的下降，在仔猪试验期 10 d 时，随日粮 CP 下降，3 组间血清中总蛋白、白蛋白、球蛋白、葡萄糖、尿素、总胆固醇、甘油三酯含量均差异不显著（$P>0.05$）；在仔猪试验期 25 d 时，随日粮 CP 下降，血清中葡萄糖含量下降，14% CP 组与 17% CP 组显著低于 20% CP 组（$P<0.05$），14% CP 组与 17% CP 组差异均不显著（$P>0.05$）；随日粮 CP 下降，血清中尿素氮含量下降，14% CP 组显著低于 17% CP 组与 20% CP 组（$P<0.05$），17% CP 组显著低于 20% CP 组（$P<0.05$）；血清中甘油三酯含量上升，14% CP 组极显著高于 17% CP 组与 20% CP 组（$P<0.05$），17% CP 组与 20% CP 组差异均不显著（$P>0.05$）。

在仔猪试验期 45 d 时，随日粮 CP 下降，血清中尿素氮含量下降，14% CP 组与 17% CP 组极显著低于 20% CP 组（$P<0.05$），14% CP 组与 17% CP 组差异均不显著（$P>0.05$）；随日粮 CP 下降，血清中总胆固醇含量上升，

14% CP 组显著高于 17% CP 组与 20% CP 组（$P<0.05$），17% CP 组与 20% CP 组差异均不显著（$P>0.05$）。血清生化指标中，不同指标能够反映不同营养物质在体内的代谢情况。血清总蛋白能够反映日粮粗蛋白水平以及机体对蛋白质的消化吸收情况。当日粮蛋白水平含量较低时会降低机体蛋白合成作用，而日粮蛋白水平较高时机体氮沉积增强。机体内蛋白质与氨基酸经精氨酸循环代谢最终生尿素氮。因此，血清尿素氮含量能够反映机体氮代谢情况。本试验研究结果显示，仔猪日粮蛋白水平降低至 17% CP 与 13% CP 时，血清尿素氮含量均显著下降。这与辛亮等研究报道结果相一致。另外，本研究结果还表明，日粮蛋白水平降低 3% 时，血清葡萄糖含量显著降低，日粮蛋白水平降低 6% 时，血清总胆固醇及甘油三酯含量显著降低。这与辛亮等在保育仔猪上的研究结果相一致。另有报道指出，日粮蛋白水平降低首先影响机体能量代谢中葡萄糖的代谢，其次为脂类代谢，本试验结果与此相符合。

表 8-23　低蛋白日粮对仔猪血清生化指标的影响

试验期	CP 水平	总蛋白 （g/L）	白蛋白 （g/L）	球蛋白 （g/L）	葡萄糖 （mmol/L）	尿素 （mmol/L）	总胆固醇 （mmol/L）	甘油三酯 （mmol/L）
10 d	14%	59.20	37.00	22.20	5.30	3.80	2.02	0.60
	17%	55.20	35.60	19.60	5.90	3.30	1.60	0.64
	20%	51.98	31.46	20.52	5.14	4.78	1.76	0.74
	SEM	1.43	1.02	0.79	0.25	0.35	0.99	0.05
	P	0.10	0.06	0.42	0.45	0.21	0.21	0.47
25 d	14%	48.28	31.63	16.65	5.38^a	2.20^a	2.05	0.86^a
	17%	49.00	32.70	16.30	6.053^a	2.30^b	2.10	0.53^b
	20%	50.37	32.02	18.35	7.90^b	4.07^c	1.85	0.62^b
	SEM	1.19	0.79	0.59	0.30	0.26	0.07	0.053
	P	0.78	0.86	0.35	0.001	<0.01	0.35	0.007
45 d	14%	57.8	37.80	20.00	5.10	2.24^a	2.44^a	0.68
	17%	55.80	37.00	18.80	5.50	3.03^a	2.15^b	0.54
	20%	58.90	39.40	19.50	6.13	4.65^b	1.95^b	0.36
	SEM	1.07	0.64	0.78	0.22	0.32	0.66	0.11
	P	0.49	0.30	0.83	0.17	<0.01	0.026	

注：胰脏组织脂肪酶与胰蛋白酶活力单位分别为 U/gprot、U/mgprot；"—" 表示样品缺失或酶活力未能测出。

五、小结

满足赖氨酸、蛋氨酸、苏氨酸、色氨酸需要量后，日粮粗蛋白质水平降低3%，仔猪十二指肠绒毛高度显著降低，仔猪血清尿素氮显著降低。满足赖氨酸、蛋氨酸、苏氨酸、色氨酸需要量后，日粮粗蛋白质水平降低6%，仔猪十二指肠绒毛高度显著降低，空肠绒毛高度极显著降低；仔猪血清尿素氮、葡萄糖、甘油三酯、总胆固醇均显著降低。

第五节 不同蛋白源低蛋白日粮对肥育猪血液生化指标及小肠氨基酸转运载体表达量的影响

早期研究日粮中蛋白质在机体内利用情况时，关注点更多在于日粮自身的变化，而没有从日粮和受体之间系统地阐述两者之间的互作关系。小肠是蛋白质消化吸收的主要场所，对小肠内氨基酸转运载体的研究，为机体对日粮的反馈效果提供了新的思路。随着分子生物学技术的不断进步，逐渐从分子角度揭示了氨基酸的转运系统。

血液生化指标是营养物质代谢的重要参数，可以体现出蛋白质在机体内的吸收利用情况，有助于对日粮中蛋白质在机体内的合成、分解代谢有更全面的认识。血液中氮代谢、脂代谢、糖代谢之间存在着密切的联系，而氮代谢在营养物质之间的转化以及代谢程度上起到关键作用。因此，从吸收、代谢层面可以揭示氮代谢、脂代谢、糖代谢之间的相互作用。

研究表明，棉籽粕和玉米胚芽粕已经应用在多种动物日粮并产生较好的效果。吉林农业大学动物科学技术学院白晓鹭通过选取48头重量为(58.65 ± 3.71) kg 杜×长×大杂交育肥猪，随机分为4个组，每组设4个重复。对照组饲喂正常蛋白水平（15% CP）日粮（SBM15），3个处理组饲喂低蛋白水平（11% CP）日粮，分别为豆粕组（SBM11），豆粕+棉籽粕+玉米胚芽粕组（SCCM11），棉籽粕+玉米胚芽粕组（CCM11）。按照标准回肠可消化氨基酸需要量添加合成氨基酸至日粮必需氨基酸平衡。结果发现，饲喂SCCM11组日粮可以显著降低尿素氮的生成，提高了育肥猪对蛋白质、糖、脂类等营养物质的吸收效率，并增加了EAAC1、CAT1、BOAT1在空肠后段及回肠的表达。

一、研究方案

1. 试验动物及试验设计

试验选取48头初始体质量（58.65±3.71）kg、健康状况良好的杜×长×大杂交阉公猪，采用单因素完全随机化设计，随机分4个组，每组4个重复，每个重复3头猪。每头试验猪采用单笼饲养，预试期7 d，正试期28 d。

2. 试验日粮

试验日粮参照NRC（2012）50~80 kg育肥猪营养需要，以净能体系配制日粮。对照组（SBM15）饲喂正常蛋白水平（15% CP）日粮，主要蛋白源是豆粕。3个处理组饲喂低蛋白水平（11% CP）日粮，主要蛋白源分别为豆粕（SBM11）、棉籽粕和玉米胚芽粕50%等氮替代豆粕（SCCM11）、棉籽粕和玉米胚芽粕100%等氮替代豆粕（CCM11）（表8-24）。各组日粮参照NRC（2012），按照标准回肠可消化氨基酸需要量添加合成氨基酸。

3. 饲养管理

在整个试验过程中，所有试验猪自由采食、自由饮水。每天3次饲喂，分别是07：30、12：30、17：30，平均温度控制在25℃左右。所有试验猪在吉林农业大学试验农场进行饲养试验。

表8-24 日粮组成及营养成分（干物质基础） （%）

原料组成	SBM15	SBM11	SCCM11	CCM11	营养成分[②]	SBM15	SBM11	SCCM11	CCM11
玉米	71.50	77.50	77.00	76.60	净能（MJ/kg）	10.36	10.36	10.36	10.36
豆粕	18.00	6.00	3.00		粗蛋白质	14.93	10.97	11.04	11.08
棉粕			2.45	4.90	粗纤维	3.00	3.00	3.00	3.00
玉米胚芽粕			1.76	3.52	有效磷	0.23	0.23	0.23	0.23
稻壳粉	1.29	2.82	2.22	1.63	钙	0.59	0.59	0.59	0.59
大豆油	4.05	5.50	5.50	5.50	SID[③]赖氨酸	0.91	0.91	0.91	0.91
赖氨酸（98%）	0.25	0.59	0.65	0.70	SID 蛋氨酸+半胱氨酸	0.51	0.51	0.51	0.51
蛋氨酸（98%）	0.36	0.43	0.43	0.43	SID 苏氨酸	0.56	0.55	0.56	0.56
苏氨酸（98%）	0.17	0.34	0.36	0.38	SID 色氨酸	0.17	0.17	0.16	0.16
色氨酸（98%）	0.06	0.11	0.11	0.11	SID 异亮氨酸	0.47	0.47	0.47	0.48
异亮氨酸（98%）	—	0.24	0.27	0.30	SID 亮氨酸	0.94	0.91	0.91	0.91
亮氨酸（98%）	0.06	0.26	0.29	0.32	SID 苯丙氨酸	0.59	0.59	0.59	0.59

(续表)

原料组成	SBM15	SBM11	SCCM11	CCM11	营养成分②	SBM15	SBM11	SCCM11	CCM11
缬氨酸（98%）	0.09	0.27	0.27	0.27	SID 缬氨酸	0.54	0.55	0.54	0.54
苯丙氨酸（98%）	0.05	0.25	0.25	0.25	SID 组氨酸	0.31	0.31	0.32	0.31
组氨酸（80.1%）	0.04	0.14	0.15	0.14					
磷酸氢钙	0.72	0.86	0.81	0.78					
石粉	0.94	0.96	1.00	1.02					
食盐	0.30	0.30	0.30	0.30					
沸石	1.12	2.43	2.18	1.85					
1%预混料①	1.00	1.00	1.00	1.00					

注：①每千克预混料中含：钴 1 mg，铜 150 mg，铁 150 mg，锌 120 mg，锰 80 mg，碘 0.3 mg，硒 0.3 mg；烟酸 10 mg，泛酸钙 5 mg，叶酸 0.4 mg，生物素 0.05 mg；维生素 A 38 000 000 IU，维生素 D_3 8 000 000 IU，维生素 E 90 000 IU，维生素 K_3 1 mg，维生素 B_1 1 mg，维生素 B_2 2 mg，维生素 B_6 1.2 mg，维生素 B_{12} 0.01 mg，抗氧化剂 0.02 mg；②营养成分除净能（NE）、粗蛋白质（CP）为实测值，其余均为计算值；③SID：氨基酸标准回肠消化率。

4. 样品采集与制备

试验第 28 d，每组选取 6 头健康、无疾病的育肥猪空腹采集前腔静脉血 10 mL，置于真空采血管中。3 500 r/min，离心 10 min，取上清液分装于 1.5 mL 离心管，-20℃ 保存待测。29 d，所有试验猪进行心脏放血并迅速打开腹腔，分离出十二指肠、空肠前段、后段、回肠组织样品，生理盐水洗净后放入冻存管并倒入液氮冷冻，转至-80℃ 保存待测。

5. 测定指标及方法

血清生化指标的测定采用全自动血液生化分析仪（Trilogy 公司，美国）测定总蛋白（TP）、白蛋白（ALB）、尿素（UREA）、谷草转氨酶（AST）、谷丙转氨酶（ALT）、胆固醇（CHOL）、血糖（Glu）。采用直接法测定高密度脂蛋白（HDL）、低密度脂蛋白（LDL）（南京建成生物试剂有限公司）。采用酶联免疫法（ELISA）测定胰岛素（INS）、胰岛素样生长因子 I（IGF-1）（南京建成生物试剂有限公司）。

总 RNA 提取及 cDNA 合成取各肠段组织样品 50~100 mg，组织总 RNA 采用 Trizol（In-vitrogen）一步抽提法进行。1% 琼脂糖凝胶电泳及紫外比色法测定 RNA 条带及浓度，用以品质的鉴定。cDNA 的合成依据 Rever-TraAceqPCRRTKit（TOYOBOCodeNO.FSQ-101）试剂盒进行操作。

荧光定量 PCR 分析根据 GenBank 上猪的基因序列，引物 5.0 软件设计引物并交由上海生工生物技术公司合成引物（表8-25）。18S作为管家基因对目的基因转录水平进行标定。采用IQ TMSYBR® Green（BIO-RAD170-8882）荧光染料对CDNA进行目的基因相对定量分析。反应体系为20 μL：10 μL IQ TMSYBR® Green，2 μL反转录模板（CDNA），0.6 μL上游引物和0.6 μL下游引物，6.8 μL无酶水。反应条件：95℃ 3 min，95℃ 15 s，58℃ 1 min，40个循环后，95℃ 30 s，58℃ 15 s。目的基因的相对表达量采用$2^{-(\Delta\Delta Ct)}$法，对照组的目的基因相对表达量设定为1。$\Delta\Delta Ct$ =（Ct 目的基因-Ct_{18s}）处理组-（Ct 目的基因-Ct_{18s}）对照组。

表8-25 荧光定量PCR引物参数

基因	引物序列（5′→3′）	产物大小（bp）	退火温度（℃）
EAAC1	ATAGAAGTTGAAGACTGGGAAAT GTGTTGCTGAACTGGAGGAG	199	58
CAT1	TGCCCATACTTCCCGTCC GGTCCAGGTTACCGTCAG	192	58
B^0AT1	ACAACAACTGCGAGAAGGAC GATAAGCGTCAGGATGTTCG	149	58
18S	AATTCCGATAACGAACGAGACT GGACATCTAAGGGCATCACAG	145	58

统计分析数据处理和分析采用SPSS19.0软件进行单因素方差分析，各组间采用Duncan's法进行多重比较，以$P<0.05$（差异显著）作为差异显著性判断标准。分析结果用"$\bar{X}\pm S$"表示。

二、低蛋白日粮不同蛋白源对育肥猪血液生化指标的影响

由表8-26可知，SBM15、SBM11和SC-CM11组血清TP、ALB含量显著高于CCM11组（$P<0.05$）。SBM11组的HDL含量显著低于SBM15和SCCM11组（$P<0.05$）。SCCM11组的INS含量显著低于SBM15和CCM11组，IGF-1含量在4个组中最高，尿素氮含量显著低于SBM15和SBM11组（$P<0.05$）。CCM11组的ALT含量显著低于其他各组，CHOL含量显著高于其他各组，LDL含量显著低于SBM15和SCCM11组（$P<0.05$）。血清TP及ALB含量可以反映出蛋白质在机体内的合成、分解状况。本试验表明，SBM11、SCCM11组TP和ALB含量显著高于CCM11组。原因有可能是CCM11组日粮仅由棉籽粕、玉米胚芽粕组成，这2种蛋白源较低的蛋白消化率影响了机体内蛋白质的合

成。血清尿素氮是机体内蛋白质、氨基酸代谢的终产物，部分氨基酸经分解代谢，直接脱氨基，通过鸟氨酸循环合成。血清尿素氮可以作为蛋白质代谢或日粮氨基酸平衡的参照。本试验结果显示，SCCM11组的尿素氮含量在4个组中最低。其原因可能是SCCM11组日粮是由豆粕、棉籽粕、玉米胚芽粕3种完整蛋白组成，丰富了日粮氨基酸的组成并起到了互补作用，促进氨基酸的平衡。虽然CCM11组由棉籽粕、玉米胚芽粕2种完整蛋白组成，但是，由于棉酚造成的棉籽粕品质较差，降低了氮素的利用，限制了机体对氨基酸的合成代谢，加速了氨基酸的分解代谢，导致尿素氮含量高于SCCM11组。ALT和AST参与转氨基反应，能够反映出蛋白质的合成程度以及机体代谢水平。本试验中，CCM11组的ALT含量最低，说明合成蛋白的能力下降。这与CCM11组的TP、ALB含量显著低于其他各组的结果相符。INS起到调节细胞对葡萄糖和氨基酸吸收的作用，增进蛋白质、脂肪、糖原的合成。结果显示，SC-CM11组的INS含量显著低于SBM15和CCM11组。这与李建平等报道的INS分泌增加促进蛋白质合成的结果并不相符。其原因可能是SCCM11组日粮中的蛋白质在小肠内持续降解以及氨基酸在小肠内的吸收，增加了葡萄糖在肠道内的供能，进而减少了血液中葡萄糖含量，导致INS含量偏低。IGF-1作为调控蛋白质代谢的重要参数，能够促进细胞对氨基酸和葡萄糖的吸收，提高蛋白质的合成效率。本试验结果表明，SCCM11组的IGF-1含量最高。其原因有可能是SCCM11组日粮中氨基酸更加平衡且含有优质蛋白源，完整蛋白互补性强，增加了机体蛋白质的合成，这与SCCM11组TP、ALB含量较高的结果相符。

表8-26 低蛋白日粮不同蛋白源对肥育猪血液生化指标的影响

指标	SBM15	SBM11	SCCM11	CCM11
TP (g/L)	74.70±2.84^a	73.12±3.23^a	73.50±2.31^a	63.96±4.36^b
ALB (g/L)	46.60±4.42^a	42.55±2.01^a	45.20±1.45^a	37.70±1.64^b
UREA (mmol/L)	4.83±1.11^a	3.83±0.28^b	2.95±0.65^c	3.15±0.83^c
AST (U/L)	27.06±1.78	27.26±3.23	26.41±7.17	27.05±7.18
ALT (U/L)	92.94±24.08^a	69.6±20.94^{ab}	56.72±6.18^b	23.6±20.94^c
GLU (mmol/L)	5.90±0.36	5.73±0.34	5.93±0.12	6.05±0.20
CHOL (mmol/L)	1.73±0.17^b	1.61±0.16^b	1.83±0.29^b	2.34±0.12^a
HDL (mmol/L)	2.60±0.26^a	1.99±0.17^b	2.64±0.05^a	2.37±0.45^{ab}
LDL (mmol/L)	0.94±0.13^a	0.43±0.05^d	0.78±0.07^b	0.60±0.05^c

(续表)

指标	SBM15	SBM11	SCCM11	CCM11
INS (mIU/L)	84.07±9.47[a]	73.51±3.87[bc]	66.51±2.18[c]	81.69±5.91[ab]
IGF-1 (U/mL)	8.55±0.87[b]	8.18±1.77[b]	12.38±0.24[a]	9.28±1.12[b]

注：同行肩标相同小写字母表示组间差异不显著（$P>0.05$），不同小写字母表示组间差异显著（$P<0.05$）。

三、低蛋白日粮不同蛋白源对肥育猪小肠黏膜氨基酸转运载体EAAC1相对表达量的影响

由图8-3可知，SBM15组EAAC1在空肠后段、回肠的表达量显著高于其他各组（$P<0.05$）。SBM11组EAAC1在小肠各段的表达量均显著低于SCCM11组（$P<0.05$）。SCCM11组的EAAC1在十二指肠显著高于其他各组，在空肠后段、回肠的表达量显著高于CCM11组（$P<0.05$）。

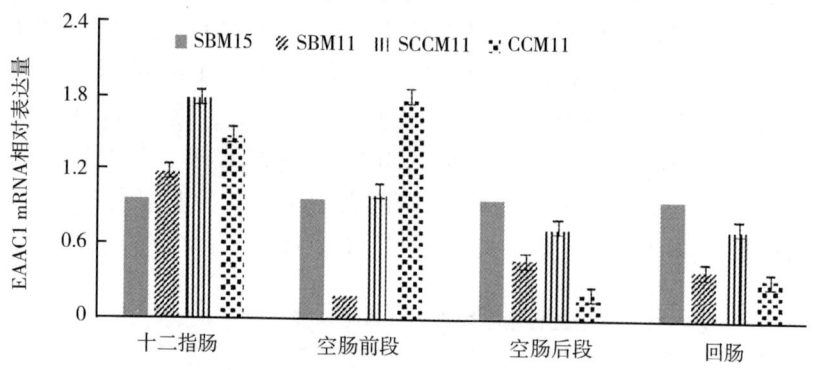

图8-3 小肠黏膜EAAC1 mRNA相对表达量

由图8-4可知，SBM15组的CAT1在小肠各段的表达量均显著高于SBM11和CCM11组（$P<0.05$）。SBM11组的CAT1在空肠前段、后段显著高于CCM11组（$P<0.05$）。SCCM11组的CAT1在小肠各段的表达量均显著高于CCM11组（$P<0.05$）。

由图8-5可知，与其他各组相比，SBM15组在十二指肠显著提高了BOAT1的表达量（$P<0.05$）。SBM11和SCCM11组的BOAT1在空肠前段、后段、回肠显著高于CCM11组（$P<0.05$）。CCM11组BOAT1在空肠前段、后段、回肠的表达量在4个组中最低（$P<0.05$）。

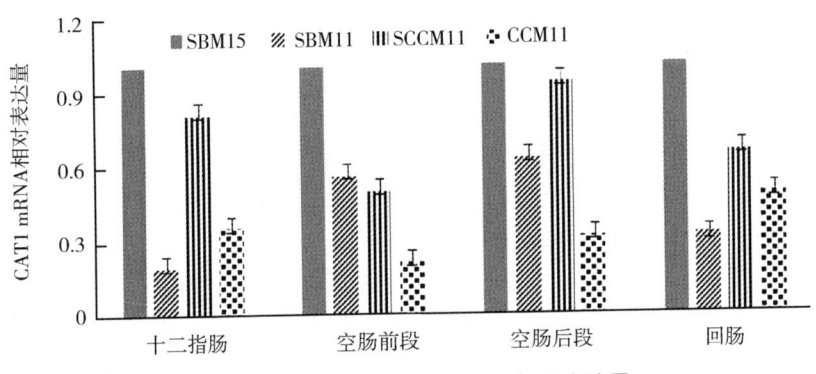

图 8-4 小肠黏膜 CAT1 mRNA 相对表达量

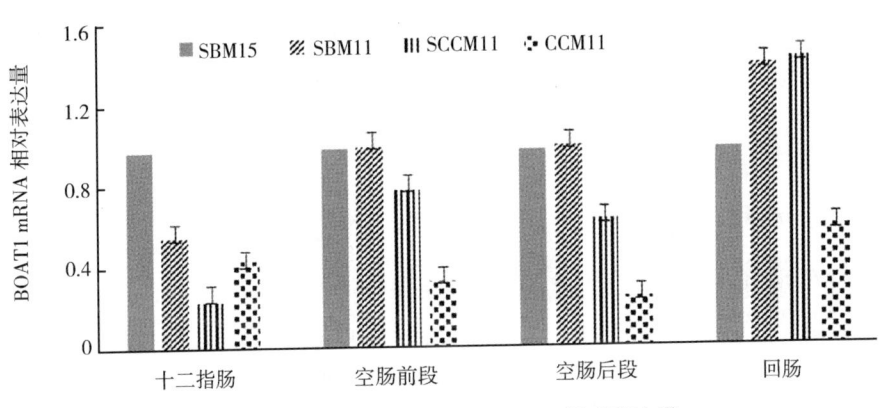

图 8-5 小肠黏膜 BOAT1 mRNA 相对表达量

氨基酸为极性小分子物质，是机体重要的组成成分，它不能自由穿过细胞膜，需要相应的载体蛋白协助完成转运。肠黏膜细胞腔顶膜的氨基酸转运载体负责将氨基酸从小肠肠腔转入细胞质。EAAC1 属于钠离子支持型酸性转运蛋白，在所有组织均有表达，小肠最多，负责酸性氨基酸的转运。CAT1 是细胞中最主要的 y+ 系统转运蛋白，几乎存在于所有组织，负责转运碱性氨基酸。BOAT1 转运所有中性氨基酸，尤其对大型脂肪族氨基酸的转运。HUMPHREY 等报道，营养物质转运载体 mRNA 表达量可以反映出由于动物营养成分和水平的改变而出现的适应性变化。通过测定小肠氨基酸转运载体的表达可以反映出单个细胞转运蛋白的能力。HE 等研究表明，蛋白水平、日粮组成、底物浓度、生长因子、激素等都可以作为调节氨基酸转运载体表达的因素。然而，低蛋白水平不同蛋白源日粮对相应氨基酸转运载体在小肠不同肠段表达的影响鲜有报道。本试验表明，随着日粮蛋白水平的降低，CAT1 在小肠各段的表达量均呈下降趋势，这与 SHI 等的研究结果相一致。但是，本试验中低蛋白日粮组的 EAAC1 在十二指肠，BOAT1 在回肠的表达量高于正常蛋白组，这与上述观点不符。其原因可能是当机体需要该营养物质时，通过特定的感受器或传感器，启动肠道细胞信号传导路径，上调了该部位基因的表达量以满足需要。在低蛋白水平下，SCCM11 组的 EAAC1、CAT1、BOAT1 在空肠后段、回肠的表达量显著高于 CCM11 组。其原因可能与氨基酸底物浓度有关。FENG 等研究表明，肠道内氨基酸底物浓度可以调节相应转运载体基因的表达。表 8-26 中 SCCM11 组的总蛋白、白蛋白含量显著高于 CCM11 组，也能从侧面解释 SCCM11 组氨基酸转运载体表达量高的结果。Taylor 报道，由于氨基酸转运载体具有的感受及转运能力，其表达水平有很强的特异性。不同蛋白水平及蛋白源日粮由于氨基酸组成及含量的不同，在小肠内产生不同的响应情况，导致特异性受体和感受器信号的差异，最终通过肠道细胞转导通路进行氨基酸转运载体的基因表达。因此，蛋白水平及蛋白源的不同都会造成小肠内不同肠段氨基酸转运载体产生差异性的表达。

四、小结

在低蛋白水平下，添加合成氨基酸至日粮必需氨基酸平衡，饲喂 SCCM11 组日粮显著降低了尿素氮的生成，提高了育肥猪对蛋白质、糖、脂类等营养物质的吸收效率，并显著提高了 EAAC1、CAT1、BOAT1 在空肠后段、回肠的表达量。这些研究对于改善育肥猪低蛋白日粮蛋白源的科学配合利用具有重要的意义。

参考文献

白晓鹭，孙会，曹克飞，等，2018. 不同蛋白源低蛋白日粮对肥育猪血液生化指标及小肠氨基酸转运载体表达量的影响［J］. 中国兽医学报，38（7）：1394-1399.

关鹏，王晨昱，胡鲜，等，2022. 低蛋白日粮补充天冬氨酸对断奶至育肥阶段猪生长性能及肉品质性状的影响［J］. 畜牧兽医学报，53（10）：3500-3510.

广东省农业技术推广中心，2023. 猪低蛋白清洁日粮应用技术［M］. 广州：广东科技出版社.

毛战胜，等，2019. 猪的营养与饲料配制［M］. 北京：中国农业科学技术出版社.

孟祥龙，2017. 低蛋白日粮对不同阶段猪小肠形态、消化酶及血清生化指标的影响［D］. 南京：南京农业大学.

孙志洪，2020. 畜禽氨基酸代谢与低蛋白日粮技术［M］. 北京：化学工业出版社.

王佳贯，2009. 高效健康养猪关键技术［M］. 北京：化学工业出版社.

魏刚才，2016. 快速养猪出栏法［M］. 北京：化学工业出版社.

闫益波，2023. 猪高效饲养与疫病防治问答［M］. 北京：中国农业科学技术出版社.

张俊峰，王磊，吴国芳，等，2023. 低蛋白日粮不同氨基酸平衡模式对藏香猪生产性能、肉品质的影响［J］. 中国饲料（9）：105-113.

张俊杰，朱佳良，任立权，等，2023. 低蛋白饲粮对杜长大猪生长性能、肉品质和抗氧化的影响［J］. 西北农林科技大学学报（自然科学版），51（1）：17-23.

张明秀，2021. 猪的高效生产与经营管理［M］. 北京：中国农业科学技术出版社.

张永康, 2022. 养猪实用技术 [M]. 银川：阳光出版社.

张丽英, 2007. 饲料分析及饲料质量检测技术 [M]. 北京：中国农业大学出版社.

周晓智, 2020. 生猪绿色养殖与科学管理 [M]. 昆明：云南大学出版社.